Arcum ▪ Vectrum

deutsche-internetadressen.de

mit den 800 wichtigsten Adressen zum Thema

Auto & Motor online

Herausgegeben von Jörg Krichbaum und
Jens Fricke

mit Texten von
Nicole Anten, Beate Bongardt, Patricia Drewes, Clemens Dreyer, Jens Fricke, Christian Gruber, Steffen Heemann, Romina Kochius, Jörg Krichbaum, Christiane Kroll, Laurenz Lenkewitz, Manfred Luckas, John Moritz, Gabi Netz, Angelika Nitsch, Anja Nowka, Olaf Salié, Christoph Sauerwein, Tanja Senicer, Susanne Speth, Cläre Stauffer, Hella Strümpell, Murat Tunakan, Josef Weiß und Nicole Wille

Redaktion
Jens Fricke

Grafik und Screen-Shots
Petra Piskar

Internet-Service
Yvonne Salms und Lisa Glatz

Arcum ▪ Vectrum

Auto & Motor online

ist der 14. Band in der Reihe
deutsche-internetadressen.de

Der von uns für das Internet entwickelte deutsche Suchkatalog heißt:

www.vectrum.de

Der Text- bzw. Adressenteil des vorliegenden Buches ist ab der 44. Kw 2000 vollständig im Internet präsent.

Inhaltsverzeichnis

Inhaltsverzeichnis 7
Adressverzeichnis 8
Homepageverzeichnis 15
Vorwort 16

Behörden & Institutionen 18
Messen 18
Verbände & Vereine 21

Fans & Szene 31
Clubs & Vereine 31
Fanszene 36
Internationale Modelle 42

Formel 1 46
Boxenstopp 46
Fahrer 48
Teams 49

Handel & Hersteller 52
Gebrauchtwagenbörsen 52
Händler 62
Hersteller 72
Modelle 91

Motor & Sport 94
Motorrad 94
Motorsport 106
Rennstrecken .112

Oldies & Goldies 115
Auto-Museen .115
Oldtimer 117

Presse & Medien 124
Bücher & Verlage 124
Fanzines 125
Zeitschriften & Online-Magazine 126

Recht & Geld 135
Fahrschulen 135
Finanzierung .137
Kfz-Versicherung 141
Sicherheit 146
Verkehrsrecht 149

Reise & Verkehr 151
Autoreisen 151
Mietwagen 152
Navigation & Routenplaner 157
Radarfallen 160
Verkehrsinformationen 162
Wohnmobile 164

Service & Zubehör 167
HiFi 167
Reifen 172
Sonderfahrzeuge & Umbauten 175
Tuning 183
Werkstätten 189
Zubehör 194

Tanken & Rasten 201
Alternative Antriebe 201
Benzinpreise .203
Mineralölfirmen 205
Tankstellen 208

Adressverzeichnis

http://abtshop.web-world.de 36
http://AutoNr.net 31
http://autoshow2000.carpoint.msn.com/
autoshow2000/home.asp 18
http://autovision.kps.de 19

http://bleifuss.funonline.de 125
http://buypower.vauxhall.co.uk 75

http://cars.infosys.de/index.phtml/rpo 153
http://classiccars.de 117

http://davinci.ch/lotus/index.htm 33
http://deuvet.de 22

http://espn.go.com 130

http://home.germany.net/Uwes-Rollerseiten 98
http://home.pages.de/~twinclub 33
http://home.snafu.de/w.grygier 149
http://home.t-online.de/home/AMC.Gruenstadt.e.V/
frinhalt.htm 33
http://home.t-online.de/home/autoradio-
navigation/index.htm 168
http://home.t-online.de/home/bussgeld/menu.html . .149
http://home.t-online.de/home/caar-d/caarcom.htm . . .34
http://home.t-online.de/home/caar-d/linksund.htm . .119
http://home.t-online.de/home/Eger.ComputerLab . . .159
http://home.t-online.de/home/EWG-Fahrschule/
ewg.htm 137
http://home.t-online.de/home/Guenter-Voss/
guenterr.htm 43
http://home.t-online.de/home/heinkel-club 34
http://home.t-online.de/home/JMLedercollection 98
http://home.t-online.de/home/ketten-theiss/
homepage.htm 98
http://home.t-online.de/home/Kuesters-ClassiX/
mx.htm 119
http://home.t-online.de/home/Lienke/bifaz.htm 23
http://home.t-online.de/home/NKA-Autoklima/
index.htm 190
http://home.t-online.de/home/perschel 143
http://home.t-online.de/home/R-Schindler 37
http://home.t-online.de/home/Siegbert.Schulz 190
http://home.t-online.de/home/US-Auto-Schroeder/
us.htm 67
http://home.t-online.de/home/Uwe_Fritz/
homepage.htm 43
http://home.t-online.de/home/UweH.Reuter/
homepage.htm 43

http://imperium.de/907 125

http://korona-iso.de 178

http://lamborghini.itg.net .81
http://listen.to/mg.f 43

http://member.aol.com/snelec/htmlib.htm 170
http://members.aol.com/APDberlin 24
http://members.aol.com/campherzog 166
http://members.aol.com/ktimport 198
http://members.aol.com/pedigmbh/seite1.htm 202
http://members.aol.com/tourerweb 99
http://members.tripod.de/opel_classix 44
http://members.xoom.com/zett3 44

http://oldieweb.com 120
http://ourworld.compuserve.com/homepages/
Mklein/dehome.htm 122

http://prinz.hannover.sgh-net.de/~hcuhrig/
pages/oldtimer.html 122

http://rcswww.urz.tu-dresden.de/~eichmann/
vcd_landesverband.htm 35
http://route.web.de 160
http://rover.wiesbaden.netsurf.de/~kastroll/
millebilder/IMAGES1.HTM 122

http://tuvessen.com 27

http://userpage.chemie.fu-berlin.de/diverse/
doc/kfz.html 164

http://werbeagentur-mandl.de/capri 123

http://www.24h-le-mans.com/2000 112
http://www.4adodge.com 72
http://www.4x4plus.ch 126

http://www.a1ring.at 112
http://www.aaaa.de 52
http://www.aav.de 183
http://www.ace-online.de 31
http://www.acl.lu 21
http://www.acm.mc/acm.html 106
http://www.ac-schnitzer.de 183
http://www.action-protection.de 175
http://www.acura.com 72
http://www.adac.de 162
http://www.adac.de 21
http://www.ad-central.de .189
http://www.afg.de/index.htm 62
http://www.a-frais.at 157
http://www.agip.de 205
http://www.ah-net.de 52
http://www.ail.de 137
http://www.aixam-mega.fr .72
http://www.akb-bank.de .138
http://www.akkry.fi/nesterallyfinland 107
http://www.ald.de 138
http://www.alfaromeo.de 73
http://www.aliter.de/deutschland/index.html 162
http://www.alles-ka.de 91
http://www.alpina.de 183
http://www.alpine-europe.com 167
http://www.amazon.de 124
http://www.ami-leipzig.de .18
http://www.anhaenger-wolf.de 175
http://www.aprilia.de 94
http://www.aral.de 205
http://www.aral-waschstrassen.de 205
http://www.ar-c.de 151
http://www.arcd.de 31
http://www.arden.de 62
http://www.ardos.de/autoboerse 52
http://www.armeeshop.de .62
http://www.ar-ophoff.com 184

http://www.arrows.com .49
http://www.a-senna.com .48
http://www.as-partei.de .21
http://www.aspect-online.de .141
http://www.astonmartin.co.uk .73
http://www.atu.de .194
http://www.aucon.de .157
http://www.audi.com .73
http://www.audibank.de .138
http://www.audi-ingolstadt.de .62
http://www.audioshop.de .167
http://www.audi-partner.de .63
http://www.audi-tt.de .91
http://www.augen.co.at/sehtest.htm .146
http://www.auma.de .18
http://www.a-und-f.com .189
http://www.a-und-o.de .142
http://www.austria-info.at/cabrio .151
http://www.auto.de .126
http://www.autobahnkirche.de .21
http://www.autobecker.de .63
http://www.autobild.de .126
http://www.autoboersedeutschland.de .53
http://www.autoboerse-online.de .53
http://www.autocity.de .53
http://www.autodirekt.de .142
http://www.auto-duenki.ch/Benzinpreise.htm .203
http://www.autoeuro.de .53
http://www.autoexplorer.de .54
http://www.autofinder.de .54
http://www.auto-frau.de .54
http://www.autogalerie-rs.de .63
http://www.autohaug.de .64
http://www.autohaus.bertelsmann.de .127
http://www.autohaus.bertelsmann.de/shop/index.html .124
http://www.autohaus-berolina.de/halensee .64
http://www.autohaus-wolfsburg.de .64
http://www.autoinfo.de .54
http://www.autojournal.de .127
http://www.autokatalog.de .54
http://www.automechanik.de .195
http://www.automechanika.de .18
http://www.automedia-online.com .127
http://www.automobile.de .55
http://www.automobil-info.de .64
http://www.auto-motorrad.de .127
http://www.auto-motor-sport.de .128
http://www.autonavigation.de .158
http://www.auto-news.de .128
http://www.auto-nrw.de .55
http://www.autop-hebetechnik.de .189
http://www.autopool.de .55
http://www.autopopp.de .64
http://www.autoportal24.de .55
http://www.autos.lokales.de .55
http://www.autosalon.de .56
http://www.autoscout24.de .56
http://www.autoshop.de .57
http://www.autostadt.de .19
http://www.autovermietung.de .152
http://www.autoverwertung24.com .195
http://www.autoweb.at .57
http://www.autowelt-koenig.de .64
http://www.autozeitung.de .128
http://www.avd.de .147
http://www.avd.de .31
http://www.avital.com .147
http://www.axon.de .138
http://www.azlk.ru .73

http://www.baika.de .22
http://www.barchetta.cc/All.Ferraris .42
http://www.baumanns-amw.de .65
http://www.bayerninfo.de .163
http://www.bbs-ag.com .184
http://www.bdzv.de/online .129
http://www.beetle.de .91
http://www.beetster.de .184
http://www.befabelzig.de .175
http://www.behindertenfahrzeuge.de .176
http://www.beijing-jeep.com/english/index.html .74
http://www.belmot.de .142
http://www.benettonf1.com/home/index.php3 .50
http://www.benzinpreise.de .204
http://www.bertone.it .185
http://www.betaweb.net/hmt-kluge/index.htm .189
http://www.bike-forum.de .94
http://www.bikerslive.de .94
http://www.bikertermine.de .94
http://www.biketec.de .94
http://www.bilstein.de .195
http://www.biodiesel.de/suche.htm .208
http://www.birkin.co.za .74
http://www.bitter-automobile.de .74
http://www.blaupunkt.de .167
http://www.bm-bikershop.com .95
http://www.bmv.de .22
http://www.bmvbw.de/index.html .163
http://www.bmw.de .74
http://www.bmw.de/partner/ah_zeisler .65
http://www.bmwbank.de .138
http://www.bmw-c1.de .95
http://www.bmw-nl-duesseldorf.de .65
http://www.bobrink.de .65
http://www.boeckmann.com .176
http://www.boesti.de .164
http://www.borgward-ig.de .31
http://www.bosch.de/aad .195
http://www.bpamoco.com .205
http://www.bpexpress.de .36
http://www.bpplus.com .205
http://www.bpplus.com/cardsites/ode/default.htm .158
http://www.brandt-polarus.de .176
http://www.braunroth.de .65
http://www.bridgestone.com .172
http://www.bridgestone-eu.com/dayton/default.htm .172
http://www.bridgestone-eu.com/fs/default.htm .172
http://www.bristolcars.co.uk .75
http://www.britishamericanracing.com .50
http://www.british-cars.de .32
http://www.brose.de .196
http://www.bugatti.ch .75
http://www.bugatti.vintageweb.net/bugatti.htm .117
http://www.buick.com .75
http://www.burning-out.de .95
http://www.bussgeldrechner.de .149
http://www.bvdm.de .95

http://www.cadillaceurope.com .75
http://www.callawaycars.com .76
http://www.call-data-net.com/fahrschule/index.htm .135

http://www.cameltrophy.com 107
http://www.capital.de 142
http://www.caranddriver.com 129
http://www.Caravan-Vermietung.com 165
http://www.carclubs.com 32
http://www.car-finder.net 57
http://www.cargarantie.de 143
http://www.carglass.de 190
http://www.carnews.de 129
http://www.carprofessional.de 138
http://www.carsandmore.de 57
http://www.carsandparts.com 125
http://www.car-sharing.de 152
http://www.carsharing.org 152
http://www.car-site.de 37
http://www.carsonline.de 57
http://www.CarStereoComponents.de 168
http://www.car-truck.com 129
http://www.cartuning.com 185
http://www.cas-software.de 158
http://www.castrol.com 206
http://www.caterham.co.uk 76
http://www.ccsys.de 160
http://www.chevroleteurope.com 76
http://www.chrysler.de 76
http://www.circuitodejerez.com 113
http://www.citroen.de 77
http://www.clarion-usa.com 168
http://www.classic-avenue.nl/index-d.html 117
http://www.classiccars.de/Termine/ZZTermin.htm ...118
http://www.classic-data.de 118
http://www.classicdriver.com 125
http://www.classic-wheels.de 118
http://www.cleverfahren.de 204
http://www.clever-tanken.de 204
http://www.clio.de 92
http://www.club.triumph.org.uk 32
http://www.colani.ch 185
http://www.conoco.com 206
http://www.continental.de 172
http://www.cotc.com 37
http://www.coverart.de 196
http://www.crb-roadtuning.ch 185

http://www.daewoo-auto.com 77
http://www.daewoo-electronics.de/99/html/
index_c.htm 168
http://www.daihatsu.de 77
http://www.daimlerchrysler.com 77
http://www.dat.de 139
http://www.datsun.org 42
http://www.davc.de 32
http://www.dea.de 206
http://www.dekra.de 147
http://www.delorean.de 42
http://www.deunet.com/rka 118
http://www.deutsche-shell.de 206
http://www.deutsches-museum.de 115
http://www.dialog.bayern.com 143
http://www.dianaelectronic.de/gps 158
http://www.dino-online.de/seiten/go06zau.htm 129
http://www.dmal.net 139
http://www.dmc-online.com 37
http://www.doma.de 139
http://www.donkervoort.nl 77
http://www.dostask.de 208
http://www.dragster.de 107
http://www.driveandtravel.de/oldtimer/home.htm ...151
http://www.drive-in.at 130
http://www.drive-online.net 153
http://www.drm.de 165
http://www.dtmb.de 115
http://www.dundw.de 196
http://www.dunlop.de 173
http://www.dvw-ev.de 22
http://www.dvz.de/original/org010.htm 208

http://www.elf-oil.de 207
http://www.eller-montan.de 208
http://www.ems-ulm.de 177
http://www.enduro-net.de 96
http://www.enduro-online.de 96
http://www.era-beschichtung.de/index.htm 177
http://www.esc-gmbh.de/oldie 118
http://www.esso.de 207
http://www.esso-tankstelle.de 209
http://www.estate-center.com/sparrow/index.html ...201
http://www.eu-neuwagen.de 58
http://www.euro-car-market.de 65
http://www.europa.de 143
http://www.europcar.de 153

http://www.f1jordan.com 50
http://www.f1-news.com 46
http://www.f1photo.com 46
http://www.fahren-lernen.de 135
http://www.fahrschule.de 135
http://www.fahrschulen.com 135
http://www.fahrschul-info.de 135
http://www.fahrschulportal.de 136
http://www.fahrtips.de 136
http://www.faircar.de 58
http://www.falk-online.de 151
http://www.faszination-oldtimer.de/markt/
index.html 58
http://www.faszination-oldtimer.de/programm/
index.html 131
http://www.ferrari.it 50
http://www.ferrari.it 78
http://www.ferrari-deutschland.de 78
http://www.fiat.de 78
http://www.fiatbank.de 139
http://www.fiatbarchetta.com 43
http://www.fina.de 207
http://www.firstsurf.com/t_promille.htm 147
http://www.fischer.geranet.de 136
http://www.fittipaldi.de 186
http://www.flensburg-online.de/kba 23
http://www.ford.de 78
http://www.fordbank.de 139
http://www.fordchar.cz/classic 115
http://www.formel1-net.de 46
http://www.formel-eins.de 46
http://www.formelticket.de 47
http://www.formula-one.com 47
http://www.frankenline.com/schank.html 177
http://www.frentzen.de 48
http://www.fuehrerschein.de 136
http://www.fuehrerschein.net 137

http://www.garmin.de 148
http://www.gdv.de 23

http://www.gebrauchtwagen.de 58
http://www.gebrauchtwagen-welt.de 58
http://www.gehlert.de 66
http://www.generationgolf.de 92
http://www.ghost-riders.com 96
http://www.gimmel.de/pferde.htm 177
http://www.gm.com 79
http://www.gmc.com 79
http://www.gmev.com 201
http://www.gm-motorrad.de 97
http://www.gohm.de 66
http://www.goldenoldies-wettenberg.de/index2.html . .33
http://www.goodyear.de 173
http://www.gottfried-schultz.de 66
http://www.greencars.de .137
http://www.grundboerse.de .59
http://www.grundig.de 168
http://www.gute-fahrt.de .131
http://www.guzzi.de 97

http://www.hagmans.de 143
http://www.hammerdeals.de 59
http://www.hansa-leasing.de 139
http://www.harley-davidson.de 97
http://www.heckmanngmbh.de 19
http://www.heckmanngmbh.de/kalender/
index/X001-99_d.html 97
http://www.hein-gericke.de 97
http://www.hekosoft.de/digimap 159
http://www.hella.de 196
http://www.hertz.de 153
http://www.hessennet.de/firmen/eckart_fahrzeugbau .177
http://www.historischer-filmservice.de 131
http://www.hkt7.de 79
http://www.hockenheimring.de 113
http://www.holden.com.au .79
http://www.holiday-cars.de 153
http://www.honda.de 79
http://www.honda.de 98
http://www.honda2000.com 201
http://www.hpv.org 201
http://www.hs-elektronik.com 178
http://www.huk.de 144
http://www.hummer.com 80
http://www.hymer.com 165
http://www.hymercity.de .165
http://www.hyundai.de 80

http://www.iaa.de 19
http://www.ifz.de 24
http://www.importperformancepage.com 197
http://www.indycar.de 107
http://www.infiniti-usa.com 80
http://www.innovative-systems.de 159
http://www.intercamper.de 165
http://www.internetcarshopping.de 59
http://www.irmscher.de 186

http://www.jaguar.co.uk 80
http://www.jaguar.de 92
http://www.jaguar-racing.com 50
http://www.jeep.de 92
http://www.jelschen.de 178
http://www.jet-essen.de 209
http://www.jl-fahrzeugteile.de 197
http://www.jms-fahrzeugteile.de 186
http://www.jom.de 197
http://www.joymachine.com 92
http://www.jrc.de 67

http://www.kamei.de 186
http://www.kamps-gruppe.de 67
http://www.kangoo.de 93
http://www.kanzlei.de/unfall.htm 149
http://www.karcoma.com .178
http://www.karmannghia.de 119
http://www.karmannghiawelt.de 119
http://www.karosserie-atze.de 190
http://www.kart-palast.de .107
http://www.kartseite.de 108
http://www.kartsport.de 108
http://www.kaup-motorrad.de 98
http://www.kawasaki.de 99
http://www.kba.de 24
http://www.keinath.com 80
http://www.kenwood-electronics.de 169
http://www.kern-motorsport.de 108
http://www.kfz.com 59
http://www.kfz.de 59
http://www.kfz.de/rubrik.asp?RubrikID=132 149
http://www.kfz-euroimport.de 68
http://www.kfzpraemie.de 144
http://www.kia-motors.de 81
http://www.kienle-automobiltechnik.de 190
http://www.ksk-autoklinik-gmbh.de 191
http://www.ktm.co.at 99
http://www.kuebel-klub.de .34
http://www.kuepper-gruppe.com 197
http://www.kuhle-wampe.de 99
http://www.kymco.de 99

http://www.lacarrera.de 108
http://www.laforza.com 81
http://www.lancia.de 81
http://www.lausitzring.com 113
http://www.leichenwagen.de 37
http://www.leihauto.de 154
http://www.leonberg.com/isdera 82
http://www.lexus.de 82
http://www.lhs-leasing.de .140
http://www.londonmotorshow.co.uk 19
http://www.london-taxis.co.uk 82
http://www.lorinser.de 187
http://www.lotuscars.com 82
http://www.luebeck.com/~lux/f1lx.htm 47

http://www.mad-mix.de 38
http://www.magnat.de 169
http://www.marcoscars.com 82
http://www.maserati.it 83
http://www.mazda.de 83
http://www.mbig.de 34
http://www.mblf.de 140
http://www.medienelektronik.de 169
http://www.medientankstelle.de 20
http://www.mein-auto.de .144
http://www.mercedes-benz.com/d/msports/
default.htm 51
http://www.mercedes-benz.de 83
http://www.mercuryvehicles.com 83
http://www.merianscout.de 159
http://www.messezentrum.de 100

http://www.messezentrum.de .20
http://www.metzeler.de .198
http://www.metz-online.de .179
http://www.micapeak.com .100
http://www.michael-schumacher.de .48
http://www.michaelschumacher-kartcenter.de .109
http://www.michelin.de .173
http://www.mietwagen-online.com .154
http://www.mikahakkinen.net .48
http://www.minardi.it .51
http://www.mini.co.uk .83
http://www.mitfahrzentrale.de/german/index.html .154
http://www.mitfahrzentrale-carnet.com .154
http://www.mitfahrzentralen.de/mitfahrzentralen/standort.html .154
http://www.mitsubishi-motors.de .84
http://www.mittelstaedt-sonderfahrzeuge.de .179
http://www.mk-tuningshop.de .187
http://www.mobile.de .60
http://www.mobile.de .68
http://www.mobile.de/felscher-erzfinke .68
http://www.mobile.de/hs_wittkus .68
http://www.mobile.de/jens-hof .69
http://www.mobile.de/jk .198
http://www.mobile.de/jura .69
http://www.mobile.de/kwauto .60
http://www.mobile.de/magazin .131
http://www.mobile.de/sachverstaendige/skiba .144
http://www.mobiloil.de .207
http://www.moecom.de/Gps1.htm .159
http://www.mohren.de .148
http://www.mondialdelautomobile.tm.fr .20
http://www.monteverdi.purespace.de .84
http://www.morgan-motor.co.uk .84
http://www.motalia.de/html/aprilia.html .100
http://www.motobox.de .60
http://www.motocross.com .100
http://www.moto-falcone.de .101
http://www.motoguzzi-us.com .101
http://www.motopark.de .113
http://www.motorbuch.de .124
http://www.motorcamper.com.au .155
http://www.motorcycle.com .132
http://www.motor-kritik.de .126
http://www.motornet.at .60
http://www.motor-presse-online.de .132
http://www.motor-presse-online.de/Zeitschriften/Klassik/index.htm .132
http://www.motorracetime.de .109
http://www.motorrad.bmw.de .101
http://www.motorrad.net .101
http://www.motorradarchiv.de .102
http://www.motorradmagazin.de .102
http://www.motorrad-markt.com .102
http://www.motorradonline.de .103
http://www.motorradsuche.de .103
http://www.motorsport-xl.de .109
http://www.motorway.de .103
http://www.mpu.de .150
http://www.mugello.net/autodromo/index.html .113
http://www.muller.net./karting .110
http://www.multicar-heidrich.de .179
http://www.musicmag.de/oldtimer.htm .155
http://www.muz.de .103
http://www.mvgmbh.com .179
http://www.mx-5.de .44
http://www.navitel.de .160
http://www.nea-net.de/fahrschule-porkristl .137
http://www.neelix.de .150
http://www.netgate-de.de/Register .35
http://www.neuwagenpreise.de .140
http://www.newbeetle-club.de .35
http://www.nicecar.de .44
http://www.nissan.de .84
http://www.nissan-bank.de .140
http://www.nokianrenkaat.fi .173
http://www.norisring.de .114
http://www.nowack-tuning.de .187
http://www.nrw-prompt.de/formelk .187
http://www.nuerburgring.de .114

http://www.oeamtc.at .163
http://www.oeamtc.at .204
http://www.oeamtc.at .209
http://www.oeamtc.at .24
http://www.oepnv.de .24
http://www.oest.de/oestind.htm .209
http://www.oettinger.de .187
http://www.oetv.de .25
http://www.off-road.de .132
http://www.off-road-parts.de .198
http://www.oftec.de .198
http://www.oldie-car-cover.de .144
http://www.oldie-data.de .120
http://www.oldsmobile.com .84
http://www.oldtimer.de .121
http://www.oldtimer.de .148
http://www.oldtimerfahrt.de .121
http://www.oldtimer-galerie.de .121
http://www.oldtimergo.net .121
http://www.oldtimer-info.de .121
http://www.oldtimer-markt.de .132
http://www.oldtimer-replica.de .122
http://www.oldtimer-replica.de/neoclass/home.htm .38
http://www.oldtimer-vermietung.de .155
http://www.online-automarkt.com .60
http://www.online-club.de/m10/mifaust .45
http://www.oops.de .160
http://www.opel.de .85
http://www.opel-autohaus.de .69
http://www.opelbank.com .140
http://www.opel-gang.de/Frame.html .35
http://www.opel-mobil.de .163
http://www.opel-motorsport.de .110
http://www.opel-willner.de .69
http://www.orb.de/hoerfunk/antenne.html .163
http://www.orc-bayern.de .38
http://www.orion-audio.com/newbrowser.htm .170
http://www.osnabrueck.netsurf.de:8080/~benedikt/index.html .47

http://www.panozauto.com .85
http://www.parc.de .199
http://www.partsvoice.com/de .199
http://www.pentosin.de .207
http://www.peters-garage.com .191
http://www.peugeot.de .85
http://www.peugeot206.de .93
http://www.phonocar.it .170
http://www.piepenbrink.de .179
http://www.pils.de/~mkasch/commini.htm .202

http://www.pininfarina.it .188
http://www.pioneer.de 170
http://www.pirelli.com/web/site/default.htm 39
http://www.pirelli.de 174
http://www.pitstop.ch 47
http://www.pit-stop.de 192
http://www.plymouthcars.com 85
http://www.pm-mueller.de .69
http://www.poetter-car-hifi.de 170
http://www.point-racing.de 111
http://www.pontiac.com 86
http://www.porsche.com 86
http://www.porscheshop.de 199
http://www.powies.net/gps/index-d.htm 160
http://www.primelinx.de .180
http://www.procars.de 188
http://www.prost-peugeot.com 51
http://www.proton.de 86
http://www.pwg-rod.com .180

http://www.quantum.de/cgi-bin/welcome/
zahlen/kfz-de.html 164
http://www.quicknick.de 49

http://www.radarfalle.de .161
http://www.radarfalle.de/radarfallen/index.html 161
http://www.radarwarner.de 161
http://www.raeuchle.de 180
http://www.ralf-schumacher.de/home.htm 49
http://www.ralfwaldmann.de 111
http://www.rallycars.com .111
http://www.rallycross.de .111
http://www.rallye-online.de 111
http://www.rallye-sport.de 112
http://www.rallye-wartburg.de/Galerie 112
http://www.realgarant.de .145
http://www.reifendirekt.de 174
http://www.reifenportal.de 133
http://www.reinicke.com 70
http://www.reisemobile-netz.de 166
http://www.reitwagen.com 133
http://www.renault.de 86
http://www.renault.de/bank/frcenter.htm 141
http://www.renault.de/special/designzentrum 188
http://www.renestaudstudios.de 39
http://www.reutter-fahrzeuge.de 180
http://www.rieck.de/bikenews.htm 103
http://www.rinspeed.com 86
http://www.riu.de 192
http://www.rolli-cars.com 180
http://www.rolli-mobil.de .155
http://www.rolli-mobil.de .181
http://www.rolls-royceandbentley.co.uk/bentley 87
http://www.rolls-royceandbentley.co.uk/index.html . . .87
http://www.rover.de 87
http://www.rp-online.de/news/auto 164
http://www.rrr.de/~phil/motorrad/reisen/pack.html . .104
http://www.rtlauto.de 133
http://www.rwe-dea.de/dea/content/4_con.htm 148

http://www.saab.de 87
http://www.saabzentrum.de 70
http://www.saarmesse.de 20
http://www.sachsenring-ag.de 192
http://www.sachverst.de/fahrzeugboerse/index.htm . . .61
http://www.sachverst.de/restwertboerse/index.htm . .145
http://www.sai-automotive-ag.de 181
http://www.sas-sport.de .188
http://www.saturncars.com .88
http://www.sauber.ch 51
http://www.schall-messen.de/autec/index.html 20
http://www.schall-messen.de/motorradfas/
index.html 104
http://www.schall-messen.de/motorradulm/
index.html 104
http://www.schlegelmilch.com 40
http://www.schmaedicke.com 193
http://www.schutzaufkleber.de 181
http://www.schwacke.de .141
http://www.scooter-attack.com 104
http://www.seat.de 88
http://www.seautoexp.com .70
http://www.sekurit.com/sekurit/deutsch/index.htm . .181
http://www.sell-it-easy.de .40
http://www.sellner.de 181
http://www.shellgeostar.com 152
http://www.siha.de/indexger.htm 21
http://www.silverstone-circuit.co.uk/index.htm 114
http://www.sixt.de 156
http://www.skoda-auto.de .88
http://www.smart.com 88
http://www.snafu.de/~arton 202
http://www.snafu.de/~dodi 123
http://www.solnet.ch/vcs 35
http://www.sony.de 171
http://www.soundfoundation.de 41
http://www.spa-francorchamps.be 114
http://www.spectrecars.com 88
http://www.sport1.de/Sportarten/Motorsport/
Main.html 133
http://www.ssh-sachverstaendige.de 146
http://www.starenkasten.de 161
http://www.steppacher.de .200
http://www.stern.de/auto .133
http://www.stietenroth.de 71
http://www.strafzettel.de .150
http://www.strassenkreuzer.de 41
http://www.strathcarron.co.uk 89
http://www.stumpf-automobile.de 71
http://www.subaru.de 89
http://www.sueddeutsche.com/indexa.html?kfz 61
http://www.supercars.net 41
http://www.superguenstig.de 156
http://www.suzuki.de 104
http://www.swr-online.de/rasthaus 164

http://www.tachoklinik.de 193
http://www.tamsen.de 71
http://www.tank.rast.de 209
http://www.tankstelle.de .209
http://www.tankstellen-ztg.de 25
http://www.tbs-aachen.de 194
http://www.technik-museum.de 116
http://www.teilauto.de 156
http://www.temic.de 182
http://www.theautochannel.com 61
http://www.think.no 202
http://www.total.de 208
http://www.tourenfahrer.com 104
http://www.tourenwagen-magazin.de 112
http://www.toursundtravel.de/alamo-autovermietung .157
http://www.toyota.de 89

http://www.trabant.de 117
http://www.trabi.de 45
http://www.trabiweb.de 45
http://www.trials.net 105
http://www.tt-owners-club.de 36
http://www.tuev-mitte.de 26
http://www.tuev-nord.de 26
http://www.tuev-rheinland.de 26
http://www.tuevs.de 27
http://www.tuev-thueringen.de 27
http://www.tunerverzeichnis.de 188
http://www.turan.de 200
http://www.turbonium.com/flash/index.html 93
http://www.tvr-eng.co.uk 89
http://www.tvtoday.de/formel1/tv/tv.html 48
http://www.twike.ch 202
http://www.tyre.com 174

http://www.uk-classic-cars.com/de-tomaso.htm 45
http://www.unfallopfer.de 28
http://www.unfallreparatur.de 194
http://www.uniroyal.de 175
http://www.uni-stuttgart.de/Mfg 157
http://www.unixrent.de 157

http://www.van-magazin.de 134
http://www.varex.com 71
http://www.vcd.org 28
http://www.vcs-ate.ch 29
http://www.vda.de 29
http://www.vdat.de 29
http://www.vdodayton.de 171
http://www.velocity.de 172
http://www.verdeck.de 182
http://www.verkehrsforum.de 30
http://www.verkehrsrecht.de 150
http://www.verkehrsrecht-online.de 150
http://www.versicherungsladen.de/geschoss/
1og/kfz/abt_kfz.htm 146
http://www.verwuester-verlag.at/homepage.htm 124
http://www.vespa.com 105
http://www.vespa-archiv.de 105
http://www.viking-data.de 124
http://www.voleasing.de 141
http://www.volkswagen.de/international/deutsch/
map/partner_.htm 72
http://www.volkswagenbank.de 141
http://www.volles-programm.de 105
http://www.volvocars.de 90
http://www.volvo-ortmann.de 72
http://www.vw-club.de 36
http://www.vw-jahreswagen.de 61
http://www.vw-kaefer.de 36
http://www.vw-karmann-ghia.de/badura 123
http://www.vw-service.de 194

http://www.w-4.de/~carbike 203
http://www.wackenhut-nagold.de 182
http://www.wagon-gmbh.de 182
http://www.wdr.de/radio/verkehr 164
http://www.wdr.de/tv/siebter_sinn 134
http://www.wdr.de/tv/siebter_sinn 148
http://www.wdwohnmobile.ch 166
http://www.webasto.de 182
http://www.webauto.de 61
http://www.webaxiom.com/a_da_mobil 166
http://www.werkstatt-online.net 194
http://www.westfalia.de/Shop 200
http://www.westfield-sportscars.co.uk 90
http://www.wetterauer.de 161
http://www.weyer.de 200
http://www.wfwl.de 106
http://www.wheelies.de 106
http://www.whw.de 146
http://www.wichmann-os.de 200
http://www.wiesmann-auto-sport.de 90
http://www.williamsf1.co.uk 51
http://www.wurz.com 49
http://www.wwwheels.com/links 90

http://www.xsladen.de 106

http://www.yamaha-motor-europe.com 106

http://www.zak-net.de/seegerpress 123
http://www.zato.de 183
http://www.zebramotors.com 203
http://www.zkf.com/index2.html 30

http://www1.vw-online.de/international/
deutsch/index.htm 90

http://www-public.rz.uni-duesseldorf.de/
~stupp/city-el/index.html 203

http://www-x.nzz.ch/folio/archiv/1998/05/
cover.html 134

Von folgenden Unternehmen sind Screen-Shots in diesem Buch abgebildet:

http://www.ah-net.de 52
http://www.armeeshop.de 63
http://www.auto-motorrad.de 128
http://www.autoscout24.de 56
http://www.bbs-ag.com 184
http://www.behindertenfahrzeuge.de 176
http://www.braunroth.de 66
http://www.drive-in.at 130
http://www.enduro-online.de 96
http://www.euro-car-market.de 67
http://www.karosserie-atze.de 191
http://www.medienelektronik.de 169
http://www.motorrad.net 102
http://www.motorsport-xl.de 109
http://www.oldie-car-cover.de 145
http://www.oldie-data.de 120
http://www.opel-motorsport.de 110
http://www.orc-bayern.de 38
http://www.parc.de 199
http://www.peters-garage.com 192
http://www.reifendirekt.de 174
http://www.reinicke.com 70
http://www.renestaudstudios.de 39
http://www.schlegelmilch.com 40
http://www.sell-it-easy.de 41
http://www.tachoklinik.de 193
http://www.tamsen.de 71
http://www.technik-museum.de 116
http://www.teilAuto.net 156
http://www.tuev-nord.de 25
http://www.unfallopfer.de 26
http://www.vcd.org .27
http://www.vdat.de .28
http://www.vdodayton.de 171
http://www.verkehrsforum.de 29
http://www.wetterauer.de 162
http://www.zkf.de 30

Vorwort

Die Mobilität des Menschen erreicht eine neue Qualität: zu Lande, zu Wasser und in der Luft. Das war einmal, heutzutage verfügt die Menschheit über eine beschleunigte vierte Dimension: das Internet. Das Reisen auf dem Datenhighway löst einen Wirtschaftsboom aus, dem gegenüber selbst der Goldrausch, die 20er-Jahre oder das Wirtschaftswunder verblassen. Alle Welt geht online, um flexibel und mobil zu sein.

So auch die Autoindustrie: Übers Netz werden die Aufträge zwischen Ho-Chi-Minh-City und dem Schwarzwald binnen Sekunden abgewickelt, im Web finden sich in kürzester Zeit die günstigsten Anbieter. Doch nicht nur industrielle Faktoren spielen eine Rolle: Liebhaber und Auto-Freaks finden im Internet ihr Eldorado; alles, was gut, teuer und schwer zu finden ist, hat hier seinen festen Platz. Man muss nur wissen wo.

Da das Auto (angeblich) der Deutschen liebstes Kind ist, ist es umso verständlicher, dass der virtuelle Raum zahlreiche Plattformen für diese Branche bietet: riesige Marktplätze, die jedes Bedürfnis befriedigen. Um der Fülle an Informationen Herr zu werden, bedarf es ausgeklügelter Systeme, sonst wird der Traum vom Fahren rasch zum Alptraum für Web-Surfer. "Auto & Motor online" listet rund 800 Adressen zum Thema auf, übersichtlich sortiert und einfach zu handhaben. 20 Redakteure sind für Sie im Netz der Netze unterwegs gewesen, um das Interessanteste, Neueste und ggf. auch das Ungewöhnlichste zum Thema zu finden.

Ein solches Kompendium kann nicht den Anspruch auf Vollständigkeit erheben, weswegen die Auswahl auf die rund 800 besten Adressen im Netz beschränkt bleibt. Das hat vielerlei Vorteile: Interessenten jeglicher Couleur (Investoren, Ratsuchende, Fans etc.) haben schnellstmöglichen Zugriff auf die Informationen, ohne dabei lang und umständlich über Suchmaschinen die entsprechenden Adressen ausfindig machen zu müssen. Unentschlossene finden hier eine qualifizierte Vorauswahl, schließlich wird jede der im Buch genannten Adressen mittels

Kurztext vorgestellt, wobei die wichtigsten Eckdaten (Leistungsumfang, Präsentation, Informationsdichte usw.) einer kritischen Prüfung unterzogen werden. Die Beschränkung funktioniert auch in anderer Hinsicht: Um der größtmöglichen Übersichtlichkeit willen konnten LKW, Nutzfahrzeuge und die damit zusammenhängenden Industriezweige Verkehrstelematik oder Speditionsunternehmen nicht berücksichtigt werden. Noch – denn schon bald wird es unter http:// www.vectrum.de, dem von Arcum konzipierten Suchkatalog, ein Auto- und Motor-Portal geben, das diese Punkte berücksichtigt und unter seinem virtuellen Dach vereint. Seien Sie also gespannt, und besuchen Sie in regelmäßigen Abständen unsere Homepage.

Die über 200 Seiten starke Erstauflage von "Auto & Motor online" ist Bestandteil der Erfolgsreihe "deutsche-internetadressen.de" des Arcum Verlages, einer Serie, die – 1998 gestartet – am Ende des Jahres 2000 rund 30 Einzelbände umfassen wird. In punkto Konzeption und Realisation findet sich im deutschsprachigen Raum nichts Vergleichbares auf diesem Sektor. Um der Schnelllebigkeit des Mediums Internet Rechnung zu tragen, wird jede Ausgabe der Reihe jährlich in Neuauflage erscheinen.
Doch das ist Zukunftsmusik, jetzt wünschen wir Ihnen erst einmal viel Spaß beim Durchstöbern der vorliegenden Ausgabe – und natürlich beim Surfen!

Jörg Krichbaum
Jens Fricke
Köln, im September 2000

Behörden & Institutionen

Messen

AMITEC

http://www.ami-leipzig.de

Die AMITEC, die Leipziger Fachausstellung für Fahrzeugteile, Werkstatt- und Tankstellenausrüstungen, hat als flankierende Messe zur AMI (Auto Mobil International) 1998 ihre Premiere gefeiert. Sie ist auch auf den Internetseiten der „Muttermesse" AMI präsent. Die Seiten, in einer ansprechenden blau-orange-gelben Optik aufbereitet, sind in der Navigation übersichtlich, zumal sich die Präsentation der Frühjahrsmesse rund ums Kfz auf die Kerndaten wie Besucherzahlen, Anzahl und Nationalität der Aussteller beschränkt. Schöne Features sind die Hinweise auf Autokinovorführungen, für die über Internet bereits Karten geordert werden können, sowie eine Slide-Show mit Impressionen der AMI beziehungsweise der „Nacht der Messen", die richtig Appetit macht auf die nächste Ausstellung.

Internationaler Auto Salon Genf

http://www.auma.de

Der Ausstellungs- und Messe-Ausschuss der Deutschen Wirtschaft e.V. informiert über den Internationalen Auto Salon Genf. Ohne Bilder, auf die statistischen Daten beschränkt, bleibt diese Seite den Fachinteressierten vorbehalten. Auto-Voyeure kommen hier garantiert nicht auf ihre Kosten. Aber Messedaten gibt es en masse, so z.B. zum Internationalen Autosalon in Genf oder dem Süddeutschen Caravansalon.

Automechanika

http://www.automechanika.de

Die Frankfurter Kfz-Messe Automechanika, die jährlich Anfang September stattfindet, verschafft dem interessierten Besucher den kompletten Marktüberblick und zeigt die neuesten Innovationen und Trends aller Kfz-Bereiche. Über 3.800 Aussteller aus 61 Ländern stellten allein auf der Automechanika 1998 ihre Produkte vor über 160.000 internationalen Besuchern aus – Tendenz steigend. Ähnlich kosmopolitisch präsentiert sich die Messe im Netz, denn es ist jederzeit möglich, auf die englische Version der Website zu wechseln. Eine Sitemap erleichtert die Orientierung, eine Ausstellersuche ermöglicht ein schnelles Auffinden jedes Messestandes. Die Liste der begleitenden Events wird erst einige Monate vor Messebeginn ins Netz gestellt – ein Grund mehr, diese gelungene Präsentation bald noch einmal zu besuchen.

Detroit Motor Show

http://autoshow2000.carpoint.msn.com/autoshow2000/home.asp

Fans heißer Motoren und neuer, schnittiger Autos fiebern alljährlich der Detroit Motor Show entgegen. Neben der Internationalen Automobil Ausstellung (IAA) ist dieser Autosalon mit Sicherheit die bedeutendste Automobilmesse weltweit. Englisch muss man können, will man der Homepage der „Motor City" einen Besuch abstatten. Ist diese Hürde genommen, kann der Auto-Fan reich- und nachhaltig schwelgen: Virtual Show Floor, Video und Multimedia Gallery und Infos satt – die NAIAS, die „North American International Auto Show" ist eine Ausstellung der Superlative. Die neuesten Modelle, Konzepte und Ideen werden hier auf eindrucksvolle Art gebündelt und vorgestellt. Regelmäßig werden im Januar eines jeden Jahres über 60 neue Fahrzeugtypen vorgestellt. Man sollte also schon etwas Zeit mitbringen, denn es lohnt sich. Zwei Vorteile hat der virtuelle Besuch der Show: via Internet reist man kosten-

günstiger als per Flugzeugtransfer und die Gefahr, sich auf dem weitläufigen Gelände zu verirren, ist äußerst gering....

VW Autostadt

http://www.autostadt.de

Die Messe ist wirklich einzigartig: verkehrsgünstig im malerischen Niedersachsen gelegen, direkt an der A2. Man biegt von der Autobahn ab und erreicht ein Gelände, auf dem es vor futuristisch anmutenden Pavillons nur so wimmelt. Da gibt es für die Freunde Italiens den Pavillon in Quaderform, das tschechische Haus ist wie eine riesige Schnecke gestaltet, der spanische Beitrag kommt muschelförmig daher. Sämtliche Objekte lassen sich auf der hervorragend gestalteten Website einzeln anklicken, leuchten auf und zeigen somit virtuell, wo sich reell die Gebäude befinden. Herzstück des Areals ist das Kundencenter, das wie ein UFO an der Peripherie thront. Wer jetzt glaubt, er befände sich auf der EXPO in Hannover, den müssen wir enttäuschen – die Rede ist vielmehr von der Autostadt in Wolfsburg. Fans von Autos und Mobilem finden in der Autostadt Wolfsburg die Hersteller und Modelle derjenigen Firmen, die mit dem großen ortsansässigen Automobilhersteller liiert sind: Lamborghini, Skoda, Seat – und immer wieder VW. Der Webauftritt der „Beetles" ist wunderhübsch anzuschauen, ohne dass dadurch die Seitennavigation oder die Informationsdichte leiden. Perfekte 3D-Animationen im Netz und ein Panorama-Kino mit 360º-Leinwand als Clou der Ausstellung vor Ort werden sicherlich nicht nur PKW-Fans nach Wolfsburg locken.

Autovision

http://autovision.kps.de

Reisen kann man auf vielerlei Arten: die meisten tun es mit dem Auto. Oder Wohnwagen. Für beide Klientel gibt es auf der REISEN-Messe Hamburg eine Extra-Ausstellung. Die Freunde des Automobils werden auf der Autovision bedient, die Caravaning-Fans kommen auf der Caravanmesse voll auf ihre Kosten. Über 70 Fachhändler werden auch im kommenden Jahr erwartet, um auf den rund 23.000 qm ihre Exponate vorzustellen. Die Autovision-Besucher sehen sich rund 20 Herstellern gegenüber, die allein 1999 112 neue Modelle präsentieren konnten. Ob Sicherheitstechnik, Tuning, Car-Elektronik oder Leasingmöglichkeiten – dem Auto sind die Visionen sicher.

ABF – Ausstellung für Auto, Boot, Freizeit etc. in Hannover

http://www.heckmanngmbh.de

Hier können Sie Terminhinweise für die im Januar/Februar stattfindende Messe rund um Auto, Boot und Freizeit entnehmen – für die nächsten beiden Jahre. Geländeplan und Anfahrtsskizze der Messe Hannover sind beigefügt. Detailliertere Informationen gab es zum Zeitpunkt der Recherche (noch) nicht. Also: regelmäßig vorbeischauen!

IAA – Internationale Automobil Ausstellung

http://www.iaa.de

IAA – das steht für die Internationale Automobil Ausstellung in Frankfurt. Eine Messe, auf der Träume wahr werden. Allerdings vorwiegend für Männer: noch immer sind nahezu 90 % der rund 900.000 Besucher männlichen Geschlechts. Diese und andere Informationen findet man auf der Webpage des Veranstalters. Wer allerdings Bilder von aufregenden Träumen auf vier Rädern erwartet, der besucht die Messe lieber offline.

The London Motorshow

http://www.londonmotorshow.co.uk

Ende Oktober schaut die (Auto-)Welt mit großen Augen auf die London Motorshow, eine der größten Automobilmessen weltweit. Sich zu dieser Homepage durchzuklicken lohnt nicht allein nur der Ausstellerlisten wegen, zu deren Websites man per Link verbunden werden kann. Denn neben den Messeinformationen geht es auch um ein Gewinnspiel, bei dem Flug, Unterbringung und freier Eintritt verlost werden. Wer also preisgünstig nach London möchte, sollte hier sein Glück versuchen

Die Medientankstelle

http://www.medientankstelle.de

Für alle, denen ständiges Suchen ein Gräuel ist, gibt es Serviceleistungen. Wie z.B. die Medientankstelle Die Cebra Kommunikations- und Designagentur hat sich ein pfiffiges Konzept einfallen lassen, das – unterstützt von VW – alle relevanten automobilen Messedaten bündelt und in einer vortrefflichen Übersicht auflistet. Entlang dem Kalender können Sie sehen, was gut und wichtig ist. Bei entsprechendem Klick auf die Bilder geht es ohne Verzögerung direkt zu den Messeorten, beispielweise nach Frankfurt zur IAA oder direkt nach Detroit zur Motorshow. Hier gibt es auch die notwendigen Informationen, so dass der Name „Medientankstelle" durchaus seine Berechtigung hat: Preiswerter „Sprit" für lange Strecken. Wer mag, kann sich dabei per Shockwave berieseln lassen. Nach dem Tanken gibt man dann gerne wieder Gas.

Auto-Salon Ostwestfalen

http://www.messezentrum.de

Eine Kathedrale in der Wüste stellt der Autosalon im Messezentrum von Bad Salzuflen dar, denn in den letzten Jahren hat sich dieser Messeort zu einer Top-Adresse gemausert. Der Veranstalter schickt Ausstellern, Fachbesuchern und Normalsterblichen auf Anfrage per E-Mail ausführliches Prospektmaterial zu.

Mondial de l´Automobile

http://www.mondialdelautomobile.tm.fr

In Paris finden jährlich drei bedeutende Messen statt, die insbesondere für Motorradfahrer eine Menge zu bieten haben: Die Mondial de l' Automobile, die Mondial du Transport und die Mondial du deux Roues. Die nächsten Termine, Preise und Orte sind hier für alle Vier- und Zweiradfanatiker einsehbar.

InterMoto: Messe für Motorräder und Roller in Saarbrücken

http://www.saarmesse.de

Die Saarmesse hat sich als Ausrichter der InterMoto einen Namen im Bereich der motorisierten Zweiräder gemacht. Doch auch die „Automobil Süd/West" und die „InterOldie" brauchen sich nicht zu verstecken. Über das komplette Messegelände und die Anfahrtsmöglichkeiten kann man sich auf der Website informieren, ebenso wie über Termine und Preise der Veranstaltungen.

F 1. Autec – Internationale Fachmesse für Automobilentwicklung, Sinsheim

http://www.schall-messen.de/autec/index.html

Nicht so sehr für die Endverbraucher und Autohändler, sondern mehr für die Kunden der Zuliefererindustrie ist die Internationale Fachmesse für Automobilentwicklung in Sinsheim gedacht. Hier erfährt man, wann man sich auf die Socken machen sollte, um nicht die neuesten Entwicklungen zu verpassen.

Techno Classica Essen

http://www.siha.de/indexger.htm

Die Techno Classica in Essen ist wahrscheinlich jedem, der sich für Oldtimer interessiert, ein Begriff. Vier Tage lang können Groß und Klein sich an prallen Formen und chromglänzenden Armaturen ergötzen. Die frühen Glanzstücke namhafter Unternehmen wie DaimlerChrysler, Audi, BMW und anderen lassen jüngere Münder offen stehen und die Älteren verzückt von einer längst vergangenen Zeit träumen, als Autos noch Autos waren. Auf einer Ausstellungsfläche von ca. 70.000 qm präsentieren sich über 800 Aussteller aus 18 Ländern. Neben den ursprünglichen Herstellern sind Oldie-Fanclubs, Karosserie- und Restaurationsbetriebe, Oldtimer-Museen, Ersatzteilanbieter und selbstverständlich private Oldtimerbesitzer sowie Händler vertreten.

Verbände & Vereine

Automobile Club du Grand-Duché de Luxembourg

http://www.acl.lu

„Klein, aber oho" ist eine alte Redewendung, die von unserem Nachbarland Luxemburg stets von Neuem mit Inhalt gefüllt wird. So liefert auch der Verkehrsclub des Landes sein Scherflein zu dieser Maxime bei: Der Automobile Club du Grand-Duché de Luxembourg präsentiert sich im World Wide Web teils auf Französisch, teils auf Deutsch. So packt der deutschsprachige Teil auch heikle Themen wie beispielsweise das Fahren im Alter an und gibt wertvolle Tipps, wie selbst Methusalix hinterm Steuer noch den Überblick behält. Gerade der Bereich Sicherheit wird schon auf der Eingangsseite in den Vordergrund gestellt. Dazu kommen hervorragend ausgestattete Rubriken zu Themen wie Tour-Informationen, Technik und Sport.

ADAC

http://www.adac.de

Hier kommen die Mitglieder des ADAC auf ihre Kosten: Sie werden bedient mit Informationen rund ums Autofahren. Ob Versicherungsschutz oder Reiserouten, Tabellen über Mautgebühren – im „ClubCenter" finden Sie alles über die Reise auf vier Rädern. Einziger Haken: Nicht-Mitgliedern ist der Zugang zu den meisten Rubriken versperrt – aber was nicht ist, kann ja noch werden. Auf der „online-tour" kann man sich unverbindlich über die Leistungen des ADAC informieren und sich – natürlich gleich per Mausklick – anmelden. Gute Fahrt!

Automobile-Steuerzahler-Partei

http://www.as-partei.de

Sachen gibt's, die gibt's gar nicht. Parteien gibt's – man glaubt es kaum... Zum Beispiel die ASP, die Automobile-Steuerzahler-Partei. Deren Parteiporgramm fußt vor allen Dingen auf einem Punkt, der laut Umfragen die meisten mobilen Bundesbürger empört: die Erhöhung der Mineralölsteuer. 90 %, so kündet die ASP-Hompage, sind gegen eine solche steuerliche Mehrbelastung. Was Wasser auf den Mühlen der Auto-Aktivisten ist, ihnen aber andererseits bei den nächsten Wahlen wohl auch nicht über die Fünf-Prozent-Hürde hinweg helfen wird. Ähnliche Initiativen, z.B. in der Schweiz, sind schon vor Jahr und Tag gescheitert. Was die „Autonativen" parteipolitisch noch in petto haben, das lesen Sie am besten selbst nach.

Autobahnkirche.de

http://www.autobahnkirche.de

Diese Homepage gehört eigentlich in jeden Internet-Führer, nicht nur in den zum Thema Auto und Motor. Die Idee der Autobahnkirche wurde hier auf den Datenhighway übertra-

gen, Ziel dieser Seiten ist es, auch beim Surfen einen Augenblick zu haben, in dem man Abstand gewinnen und einen distanzierten Blick auf das Gesehene bekommen kann – gerade für das Internet sicher nicht verkehrt. Surfer finden hier eine Site mit pastoralen FAQ's und Antworten. Geboten wird ein Einstieg in den Glauben für den modernen Surfer, der keinerlei Vorkenntnisse über das Christentum haben muss. Dabei ist es gelungen, keinen aufdringlich-missionarischen Eifer zu verbreiten. Gegliedert wurde das Angebot in die allgemeinen Informationen, das theologische Glossar, Beratung und Seelsorge, Besinnung sowie Kunst und Literatur. Von praktischen Nutzen sind die Links, das Nachschlagewerk zu biblischen Namen, die Kirchendatenbank und das Archiv.

BAIKA

http://www.baika.de

Das Parkett der Automobilindustrie ist glatt, doch hier gibt es rutschfestes Schuhwerk. Die Zeiten, in denen in Fahrzeug komplett unter einem Fabrikdach gefertigt wurde, sind seit langem vorbei. Im wesentlichen werden Autos von verschiedensten mittelständischen Unternehmen produziert, da weite Teile der Produktion ausgelagert wurden. Diejenigen Betriebe, die in Bayern ansässig sind, haben sich zur Bayrischen Innovations- und Kooperationsinitiative zusammengeschlossen. Die Homepage informiert über Veranstaltungen und Seminare dieses Verbandes, Kooperationsprojekte und hilfreiche Verbandveröffentlichungen.

Bundesministerium für Verkehr, Bau- und Wohnungswesen

http://www.bmv.de

Das Bundesministerium für Verkehr, Bau- und Wohnungswesen überrascht Politikverdrossene, Behördenallergiker und alle anderen: Die Homepage ist keine „Bleiwüste", sondern richtig gut anzusehen, übersichtlich und informativ. Die Verkehrsrubrik stellt Investitionsprogramme vor und liefert den aktuellen ÖPNV-Bericht. Von hohem praktischen Wert sind die Baustellenübersichten auf den Autobahnen, die Ferienverkehrskalender und das Anti-Stau-Programm. Grundlegend sind die Informationen zum Bußgeldkatalog, der Straßenverkehrsordnung sowie dem EU-Führerschein. Ansonsten: Berichte zu Gefahrengut, Schiff- und Luftfahrt.

Bundesverband Deutscher Motorveteranen-Clubs (DEUVET)

http://deuvet.de

Der DEUVET wurde als Dachverband der deutschen Oldtimerclubs vor 23 Jahren gegründet. Er vertritt die gesamte Szene gegenüber Politik, Gesetzgeber, Behörden, sonstigen Institutionen, Presse und Öffentlichkeit. Neben der politischen Arbeit ist der Verband in Deutschland verantwortlich für die Ausstellung von DEUVET-Fahrzeugpässen. Die Homepage verrät einiges über die politischen Interna, die insbesondere durch die verschiedenen EU-Regelungen immer wieder in die Diskussion kommen. Kommentare, beispielsweise zur Altautoverordnung, werden hier ebenso aufbereitet wie Erläuterungen zur Definition, wie eigentlich ein altes Auto zum Oldtimer wird.

Deutsche Verkehrswacht e.V.

http://www.dvw-ev.de

Erfrischend locker begegnet uns „Die Deutsche Verkehrswacht", eine Bürgerinitiative mit 650 Verkehrswachten und über 90.000 Mitgliedern, mit ihrem Programm zur Sicherheit im Straßenverkehr. Zum Beispiel den „Safety Check", ein „kostenloser Service" für unter 25-Jährige, bei dem PKW, die älter als acht Jahre sind, genauer unter die Lupe genommen werden. Zusätzlicher Anreiz dieses Tests ist das Rahmenprogramm mit Musik, Unterhaltung und Tipps von Experten der Verkehrswacht. Oder die „A1-Trophy", die an die besten 125er-Fahrer vergeben wird und ein Indiz dafür ist, dass Verkehrssicherheit nicht nur in Form von moralinsauren Predigten vermittelt werden muss. Gewinnspiele, Pressemitteilungen und Aktionen wie „Junge Fahrer: sicher von der Disco nach Hause" machen den Besuch dieser Site zum Pflichtprogramm für Sicherheitsbewusste. Weiteres Highlight: den Klassiker „Der 7. Sinn" gibt's auf RealVideo.

Punkt für Punkt: Das Kraftfahrt-Bundesamt

http://www.flensburg-online.de/kba

Schnell ist es passiert, dass man sich den einen oder anderen Punkt in der Sündenkartei in Flensburg eingehandelt hat. Gerade jene, die beruflich zu Vielfahrern geworden sind, riskieren durch ein Vergehen auf dem Asphalt einen echten Karriereknick. Doch jede Medaille hat zwei Seiten, und so ist natürlich auch das Kraftfahrt-Bundesamt nicht nur böse, schlecht und gemein (andere Titulierungen empörter Autofahrer, sprich: Verkehrssünder, verschweigen wir an dieser Stelle). Die Serviceseite der Flensburger verrät viel darüber, wie man an die Punkte kommt und wie man sie wieder los wird. Selbstredend geht es auch um allgemeine Belange, wie zum Beispiel den EU-Führerschein oder die Zulassung der verschiedenen Kraftfahrzeugtypen. Am lustigsten geht es mit Sicherheit bei der Sammlung der verschiedenen Beleidigungen und der dafür drohenden Strafen zu. Was bleibt? Man hüte seine Zunge!

Gesamtverband der Deutschen Versicherungswirtschaft

http://www.gdv.de

Unter dem Dach des Gesamtverbandes der Deutschen Versicherungswirtschaft arbeiten u.a. die Institute für Straßenverkehr und Fahrzeugsicherheit. Seit über 40 Jahren bemüht sich das Institut für Straßenverkehr (ehemals: Beratungsstelle für Schadenverhütung) mit dem Motto „Unfälle verhindern statt bezahlen" um die Erhöhung der Verkehrssicherheit. 28 Mitarbeiter arbeiten an Erkennung und Beseitigung von Unfallschwerpunkten, sicherer Gestaltung und Betrieb von Straßen, Straßennetzplanungen und Verkehrssicherheitskriterien, größerer Verkehrssicherheit für besonders gefährdete Zielgruppen und Ausbildung sowie Fortbildung und Öffentlichkeitsarbeit. Das Institut für Fahrzeugsicherheit hat es sich seit 1972 zum Ziel gesetzt, die drei Grundelemente des Verkehrswesens (Mensch, Umwelt und Fahrzeug) für sich und in ihrer Wechselwirkung zu erforschen und damit Risiken im Straßenverkehr zu erkennen und abzubauen. Die Gurtpflicht in Deutschland ist beispielsweise auch auf die Studie „Fakten zu Unfallgeschehen und Fahrzeugsicherheit 1974" zurückzuführen – ein Umstand, der vielen Menschen das Leben gerettet hat...

BIFAZ

http://home.t-online.de/home/Lienke/bifaz.htm

Der Schilderwald auf Deutschlands Straßen ist schier undurchdringlich und nimmt, folgt man der Mediendiskussion aufmerksam, immer groteskere Züge an – mitunter widersprechen sich die Anweisungen auf den Beschilderungen innerhalb weniger Meter. Die Quintessenz daraus: das Land braucht weniger, dafür aber präzisere Schilder. Das spart Steuern und erhöht die Verkehrssicherheit. Die „Bürgerinitiative für animierte Verkehrszeichen", kurz BIFAZ, hat es sich zur Aufgabe gemacht, die Verkehrssicherheit in Deutschland maßgeblich zu verbessern. Die Homepage der BIFAZ beinhaltetet ein reichhaltiges Angebot an für den Verkehrsteilnehmer sicherer gestalteten animierten Verkehrsschildern. Diese neu gestalteten Schilder mit witzigem Eigenleben sollen uns auf die alltäglichen Gefahren des Straßenverkehrs, wie die eines plötzlich die Straße überquerenden Wildtieres oder eine in Kürze auftauchende Ampel besser vorbereiten. Unter „Aktuelles" wird dem sicherheitsbewussten Surfer sogar die Möglichkeit gegeben, eigene Verbesserungsvorschläge zur allgemeinen Verkehrssicherheit anzubringen. Witzige Texte zu den lustigen Animationen lassen den Besuch der Seiten zu einem reinen Vergnügen werden. Ein echter Schild-Bürger-Streich!

Institut für Zweiradsicherheit e. V.

http://www.ifz.de

Seit 1981 gibt es das Institut für Zweiradsicherheit e.V. Die private, unabhängige und als gemeinnützig anerkannte Organisation hat sich zum Ziel gesetzt, das Zweiradfahren auf unseren Straßen noch sicherer zu machen. Einen Überblick über die aktuellen Forschungsvorhaben, die Veröffentlichungen des Instituts und Presseberichte erhält man auf der Homepage. Vor allem die Broschüren zur Motorradsicherheit dürften für die Besucher von Interesse sein, denn sie geben möglicherweise überlebenswichtige Tipps für die richtige Montur und den Kauf von Sicherheitshelmen. Die Unterlagen können online bestellt werden.

Kraftfahr-Bundesamt Flensburg

http://www.kba.de

Die Homepage des Kraftfahrzeugbundesamtes sieht zwar im Design genau so aus, wie man sich die Website einer Behörde vorstellt, aber sie hat doch eine Reihe interessanter Informationen zu bieten. Schließlich werden hier nicht nur Zahlen gesammelt und verwaltet, sondern auch dem Publikum zugänglich gemacht. Diese betreffen z.B. Zulassungen, Fahrzeuguntersuchungen, selbstverständlich das Verkehrszentralregister, Fahrerlaubnisse und den Straßengüterverkehr – alles fein säuberlich nach verschiedenen Merkmalen gegliedert. So erfährt man, welche Autos die meisten Mängel haben und wo die Schwachstellen liegen oder (wen es interessiert) wie viele Konservendosen auf LKW über deutsche Straßen rollen.

Autofahrerpartei

http://members.aol.com/APDberlin

„Noch nie wurden die Autofahrer mit Mineralölsteuer, Kraftfahrzeugsteuer, Parkraumsteuer, Versicherungen, Autobahngebühren im Ausland usw. so abkassiert wie heute", vermeldet die Website der Autofahrer- und Bürgerinteressenpartei Deutschlands, kurz APD. Daher hat sich die Partei dem Kampf gegen das „Versorgungsdenken der Altparteien" verschrieben. Die Homepage ist einfach gestaltet: Möchte man zum Beispiel das Wahlprogramm, so klickt man auf die neben jedem Eintrag auf der Indexseite befindliche Ampel – schon hat der Nutzer freie Fahrt auf der Datenautobahn. Zurück zur Indexseite geht es allerdings nur zu Fuß, da weder eine Framestruktur noch ein Zurück-Button auf den jeweiligen Seiten vorhanden ist.

ÖAMTC

http://www.oeamtc.at

Der ÖAMTC darf sich rühmen, der größte Automobilclub Österreichs zu sein. Wie es dazu kam, wird auf der Website deutlich, die vor allem das Service-Programm des Verbandes vorstellt. Sei es ein Kindersitztest oder interaktive Führerscheinsoftware: Alles, was das Fahren sicherer macht, wird hier berücksichtigt und angeboten. Künftige Mitglieder können sich über das Notfallprogramm informieren. Wenn es dringend geworden ist und mit dem Auto die Unterlagen mit den Service-Telefonnummern im See gelandet sind, dann kann man sie hier einsehen. Nicht zu vergessen sind die Reisetipps und der Versicherungsratgeber.

Öffentlicher Personennahverkehr

http://www.oepnv.de

Die Seite des „Öffentlichen Personennahverkehrs Deutschland (ÖPNV), begrüßt den Surfer mit einer Deutschlandkarte, auf der sich Links zu den unterschiedlichen regionalen Verkehrsbetrieben befinden. Verschiedenfarbige Sternchen signalisieren dem Nutzer, welche Serviceleistungen er von dem seiner Region zugehörigen Verkehrsunternehmen zu erwarten hat. Je nach Wohnort gibt die „Region Verkehrsbund Freiburg GmbH" oder die „Ver-

kehrsbetriebe Brandenburg an der Havel GmbH" Auskunft über Fahrpläne, Tarife und aktuelle Belange der Region. Dem Besucher des Rhein-Main-Verkehrsbundes wird ein Link zum Flughafen Frankfurt angeboten, die Bayern-Infoseite hält u.a. allgemeine Verkehrsinformationen bereit. Auf dieser Homepage kann man zurecht vom Nahverkehr sprechen – denn persönlicher geht's kaum.

ÖTV

http://www.oetv.de

Egal, ob man Güter oder Menschen von einem Ort zum anderen schafft, die Arbeit des LKW- oder Busfahrers ist nicht immer ein Vergnügen. Wer diesen Beruf nicht selbstständig ausübt, hat bei der Gewerkschaft Öffentlicher Dienst, Transport und Verkehr (ÖTV) immer einen Ansprechpartner. Die Website informiert über neueste Strategien und darüber, wie die Arbeitsbedingungen zu verbessern sind. In die gleiche Richtung geht das Bildungsprogramm, das hier durchgesehen werden kann. Das Angebot richtet sich gezielt an die verschiedenen Arbeitsbereiche und Problemfelder. Wer überhaupt keine Vorstellungen von Arbeitnehmerorganisation hat, wird hier darüber aufgeklärt und kann sich die Beitrittserklärung herunterladen oder per E-Mail Mitglied werden.

Zentralverband des Tankstellen- und Garagengewerbes e.V.

http://www.tankstellen-ztg.de

Tankstellenbesitzer und -betreiber haben mit einer immer stärkeren Übermacht der Mineralölkonzerne zu kämpfen. Das dies im Verbund leichter fällt, hat sich hinreichend erwiesen. Der Verband übernimmt eine beratende Funktion, dem er nun auch über das Internet nachkommen will. Noch ist die Website im Aufbau begriffen, über die Zielsetzung, die Struktur und Organisation des Verbandes kann man sich aber jetzt schon umfassend informieren. Ansprechpartner der einzelnen Landesverbände können aber schon kontaktiert werden.

Homepage TÜV Nord

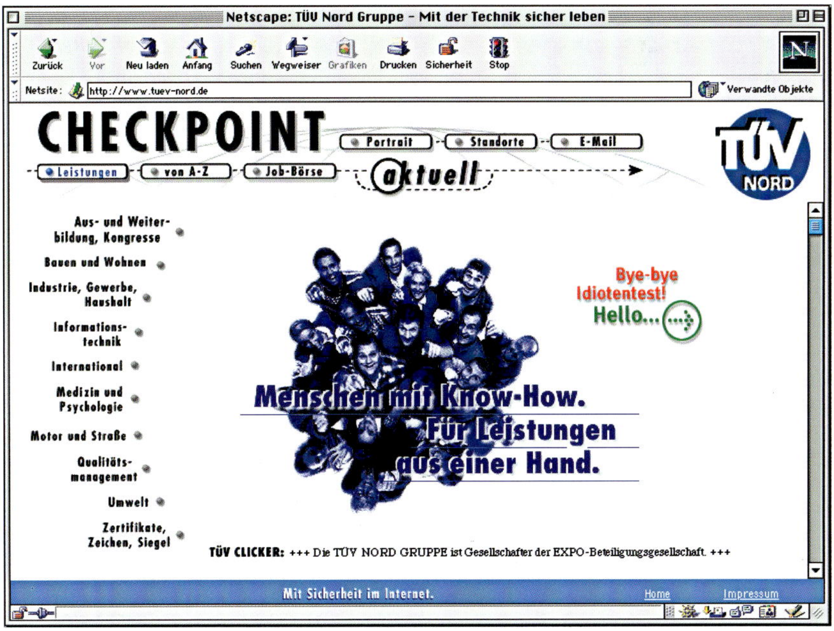

TÜV Mitte

http://www.tuev-mitte.de

Die Zeiten sind lange vorbei, in denen der Überwachungsverein nur Dampfkessel wartete. Der DÜV änderte seinen Namen in TÜV und sorgt für Sicherheit in allen technischen Bereichen. Über das Konzept des TÜVs wird man auf dieser Homepage bestens aufgeklärt, gerade Geschäftsleute haben hier die Chance, sich über die Dienstleistungen des Vereins in Kenntnis setzen zu lassen. Ansonsten gibt es beispielsweise eine Reihe guter Tipps wie zum Kauf eines Gebrauchtagens, wobei sich diese Hinweise sogar auf spezielle Modelle beziehen.

TÜV Nord

http://www.tuev-nord.de

Dem TÜV Nord verdanken wir eine der ausführlichsten Serviceseiten im Internet, denn er kümmert sich sehr um das Wohl und die Sicherheit der Autofahrer auf deutschen Straßen. So beantworten Fachleute z.B. Fragen über Fahrzeugtechnik, Umrüstungen und Vorschriften. Motorradfahrer können sich Termine für das Frühjahr-Sicherheitstraining zuschicken lassen und, und, und. Daneben werden Berichte über den allgemeinen Zustand der Fahrzeuge auf den Straßen geboten. Die Seite ist schnell geladen und übersichtlich nach Themen gegliedert. (Homepage S. 25)

TÜV Rheinland/Berlin-Brandenburg

http://www.tuev-rheinland.de

Dass der Besuch beim TÜV mehr ist als reine Schikane, ist theoretisch jedem klar. Die TÜV-Zeichen als Sicherheitsmarke an allen möglichen Alltagsdingen sind auch den meisten bekannt. Unter dieser Adresse wird „aufgedeckt", wie die Gegenstände an dieses Prüfzeichen kommen, und was der TÜV insbesondere am Auto noch mehr leistet als sie nur auszusieben. Die Leistungen werden unterteilt in erschiedene Personenkreise: Die Rubriken bedienen Kraftfahrer, Werkstätten, Unternehmer und die Industrie.

Homepage Unfallopfer Hilfswerk

TÜV Süddeutschland

http://www.tuevs.de

„Sie haben die maximale Fehlergrenze überschritten. Sie haben den Test leider nicht bestanden!" Um Himmels willen, wie oft muss man diesen Satz denn noch lesen? Man gerät leicht an den Rand der Verzweiflung, wenn man sich auf die Spiele des TÜV Süddeutschland einlässt. Reaktionstests und Fahrspursimulatoren bringen die Besucher schnell an das Ende ihrer Fähigkeiten, womit das Anklicken dieser Site recht heilsam und erhellend ist. Vor allem die ausführlichen Tipps und Erläuterungen rund um den Führerschein und sicheres Fahren sind es, die dafür sorgen, dass man nicht übermäßig frustriert wird. Im Zweifel hat man die Möglichkeit, sich zu den Schulungen anzumelden, die ebenso vorgestellt werden.

TÜV Thüringen

http://www.tuev-thueringen.de

Die ansprechendste Präsentation der Technischen Überwachungsvereine im World Wide Web stammt aus Thüringen. Technik, Mensch, Umwelt und Mobilität sind die Bereiche, auf die sich das Augenmerk dieser Einrichtung konzentriert. Dabei ist es auf dieser Site am verlockendsten, sich auch einmal in den anderen Abteilungen umzusehen, die sich nicht mit der Fortbewegung befassen. Wer am Verkehr festhält, kann sich zügig und trotzdem detailliert über Fahrzeugtechnik, Sicherheitstrainings, Prüfanlagen und KFZ-Schadensbüros informieren.

TÜV Essen

http://tuvessen.com

Der TÜV Essen richtet sich hier nicht so sehr an den gemeinen Autofahrer, sondern an Unternehmer und Konzerne, die ihre Produkte den strengen Sicherheitstests des Überwachungsvereins unterwerfen wollen. Deshalb ist diese Website auch in englischer Sprache gehalten, denn das TÜV-Siegel ist noch immer eine wesentliche Voraussetzung, um auf dem

Homepage Verkehrsclub Deutschland

deutschen Markt Fuß zu fassen. Die Anforderungen werden zu den verschiedenen Produktbereichen dargestellt, wer sich der Herausforderung gewachsen fühlt, kann sich die Anmeldeunterlagen gleich herunterladen.

Unfallopfer-Hilfswerk

http://www.unfallopfer.de

Unfallopfer brauchen keinen warmen Händedruck und schöne Worte, sondern zügig Ratschläge und praktische Hilfen. Gemäß dieser Maxime bietet das Unfallopfer-Hilfswerk eine randvolle Homepage, die zahlreiche Serviceleistungen im Angebot hat, wie z.B. behindertengerechte Reiseangebote, eine Sozialdatenbank als bestellbare Broschüre (oder zum Herunterladen), eine Hilfsmittelbörse für gebrauchte und oftmals teure Reha-Geräte und vieles mehr. Zentraler Gedanke ist dabei immer der Erhalt und die Stützung der Solidargemeinschaft, da anders nicht für verbesserte Verkehrssicherheit und optimale Versorgung von Unfallopfern gesorgt werden kann. (Homepage S. 26)

Verkehrsclub Deutschland

http://www.vcd.org

Ein Desingnwunder ist die Site des Verkehrsclub Deutschlands leider nicht, aber das ist auch nicht das Wesentliche. Wer den berechtigten Wunsch hegt, sich in Sachen umweltbewussten Verkehrsverhaltens umzutun, der kommt an dieser Homepage kaum vorbei. Seien es Stellungnahmen zur aktuellen Verkehrspolitik oder alternative Konzepte, um möglichst viele Menschen individuell und energieschonend durch die Lande kommen zu lassen, Serviceangebote oder Jobs und Praktika auf diesem Gebiet – in allen Rubriken glänzt der VCD durch besonnene und ausführliche Beiträge mit hohem Informationsgehalt und praktischem Nutzen. (Homepage S. 27)

Homepage Verband Deutscher Automobil Tuner e.V.

Verkehrs-Club der Schweiz

http://www.vcs-ate.ch

Der Verkehrs-Club der Schweiz bemühte sich sehr früh (bereits in den 70er-Jahren), um eine umweltverträgliche Gestaltung des Verkehrs. Ohne dabei missionarisch zu wirken, arbeiten sie noch heute an dieser Aufgabe und sind somit wegweisend für Vereine ähnlichen Formats (ggf. auch mit deutscher Provenienz). Toll: Wenn man sich über zukunftsweisende Verkehrskonzepte informieren möchte, findet man hier eine Menge Anregungen. Lobenswert sind dabei beispielsweise die Versicherungen für ökologisch orientierte Fahrzeuge, die Broschüren für eigene verkehrspolitische Aktivitäten und einiges andere mehr. Wer auf solch einer Site mit einer Bleiwüste rechnet, sieht sich getäuscht; das Schöne daran ist das Schöne darin: Viele Artikel und Beiträge liegen als Kurzversion oder in ausführlicher Form vor.

Verband der Automobilindustrie

http://www.vda.de

Der Verband der Automobilindustrie soll allen Beteiligten ein Netzwerk bieten, dank dessen die Zusammenarbeit verbessert und gemeinsame Interessen formuliert und durchgesetzt werden können. Die Idee klingt naheliegend, ist aber weltweit nahezu einmalig. Die Site berichtet ausführlich über die Aktivitäten des VDA, stellt deren Projekte und Serviceangebote vor und informiert über die wichtigsten Veranstaltungen, Messen und Kongresse. Die Vielzahl von Berichten und Rubriken ist dabei besonders übersichtlich strukturiert worden, und das Layout der Site besticht durch die schlichte, elegante Gestaltungsweise.

Verband Deutscher Automobiltuner

http://www.vdat.de

Wer sich sein Auto veredeln und individuell gestalten möchte, der greift gerne auf die vielfältigen Möglichkeiten zurück, die das Tuning bietet. Dann werden gerne über drei Ecken Bekannte mit einer Werkstatt in der Garage gefragt, ob sie hier und da ihr selbst angeeig-

Homepage Deutsches Verkehrsforum

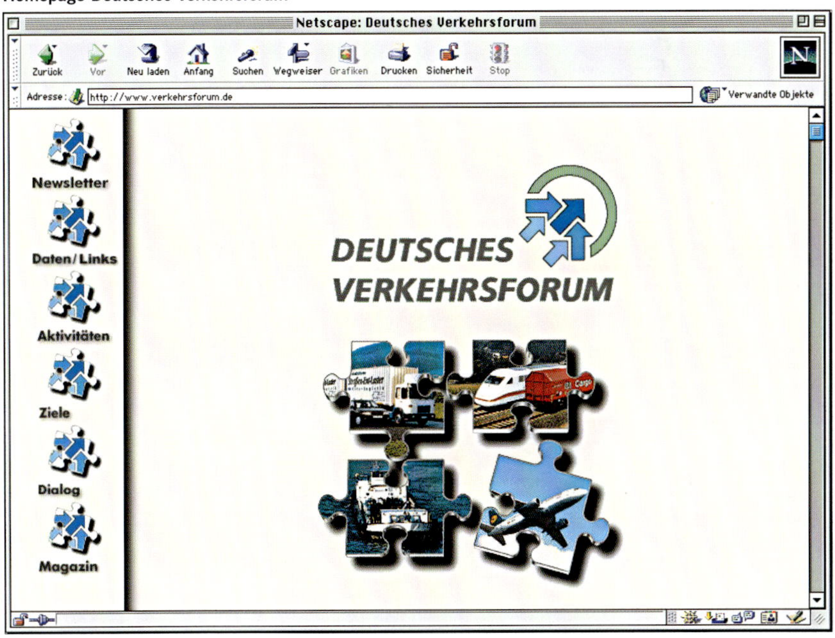

netes Wissen einbringen könnten. Dabei kommt es immer wieder zu Umbauten, die im günstigsten Fall nicht reklamierbar sind, im schlimmsten Fall das Auto aber in einen Leichenwagen verwandeln (ohne den Leichenwagendesignern nahe treten zu wollen!). Der Verband Deutscher Automobiltuner bemüht sich, einheitliche Qualitätsstandards zu etablieren und bietet ein Gütesiegel für die Mitglieder. Wie das Siegel zustande kommt und wer dies im Bundesgebiet trägt, ist auf der Site nachzulesen. (Homepage S. 28)

Deutsches Verkehrsforum

http://www.verkehrsforum.de

Das Deutsche Verkehrsforum betätigt sich auf dem Fachgebiet des öffentlichen Verkehrswesens, insbesondere der Bahn. Wer sich intensiver mit dem Schienenverkehr auseinandersetzen möchte, kann sich über die Veranstaltungen informieren, auch die der letzten Jahre. Allein das vorgestellte Förderprogramm und die Stipendien sind ein Grund, diese Homepage genauer unter die Lupe zu nehmen. Außerdem lockt das Newsletter-Archiv, in dem vor allem Pressemeldungen zum Konzept der Deutschen Bahn zu haben sind. (Homepage S. 29)

Zentralverband Karroserie & Fahrzeugtechnik

http://www.zkf.com/index2.html

Keiner soll auf der Website des ZKF zu kurz kommen: Der Berufsverband der Karosserie- und Fahrzeugbauer bietet Autofahrern die Möglichkeit, die Adresse eines Mitgliedsbetriebes zu erhalten, bei dem man nicht über den Tisch gezogen wird. Die Mitglieder und solche, die es werden wollen, können sich beispielsweise über Unternehmensführung oder Recht informieren und zahlreiche Seminare zu diesen Bereichen belegen. Zuletzt ist die Homepage für die Presse von Belang, da sie hier mit Statistiken, Materialien und neuesten Mitteilungen versorgt wird.

Homepage Zentralverband Karosserie- und Fahrzeugtechnik

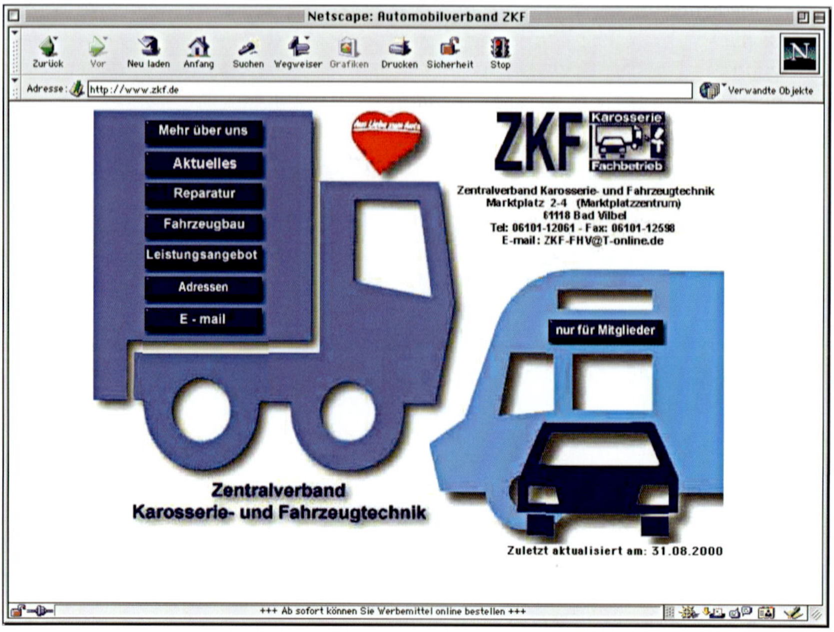

Fans & Szene

Clubs & Vereine

Auto Club Europa (ACE)

http://www.ace-online.de

Viel liebevoller und lustiger als auf manchen anderen Verkehrs-Clubseiten geht es beim Auto Club Europa zu. In der Spielstraße kann man beispielsweise an Verlosungen teilnehmen oder Bildschirmschoner herunterladen. Teile der Site sind zwar nur für Mitglieder zugänglich, aber die allgemein Serviceseiten zu Verkehrssicherheit, Urlaubstipps und Fahrberichten haben auch für die übrigen Besucher eine Menge zu bieten.

Auto- und Reiseclub Deutschland (ARCD)

http://www.arcd.de

Es gibt sie, die Alternative. Beim Stichwort „Automobilclub" denken die meisten in Deutschland an den einen, den großen. Eine Alternative bietet der Auto- und Reiseclub Deutschland (ARCD), und das bei durchaus vorzeigbaren Serviceleistungen. Zentrales Anliegen des Vereins ist es, das Reisen mit dem fahrbaren Untersatz so angenehm wie möglich zu gestalten. Neben den verschiedenen Versicherungsleistungen kann man hier vorab Informationen über das Fährangebot zum gewünschten Reiseziel einholen und sogar Tickets buchen. Einen Vorgeschmack auf den Urlaub holt man sich beim vereinseigenen Online-Magazin „Auto & Reise".

AutoNr.net

http://AutoNr.net

Wer kennt nicht folgende Situation: Man steht an der Ampel, neben sich ein Auto mit freundlicher Besatzung. Man lächelt sich an, die Ampel wird grün und weg ist es, das Herzblatt. Man kann sich gerade noch die Autonummer und den Wagentyp merken, aber wie Sie/Ihn wiederfinden? Nichts einfacher als das! Bei AutoNr.net bekommt man eine E-Mail-Adresse mit seinem Kennzeichen als LogIn-Name. Dabei handelt es sich um eine Weiterleitungsadresse: Die Post wird an die eigentliche „Hausadresse" geschickt. Ab sofort heißt es: Grünes Licht und freie Fahrt für Straßenflirts!

Automobilclub von Deutschland (AvD)

http://www.avd.de

Der Automobilclub von Deutschland heißt alle Mitglieder und solche, die es werden wollen, herzlich willkommen. Egal, ob Auskünfte über das Verkehrsrecht gefragt sind, ein Mietwagen verlangt oder die 24-Stunden-Servicezentrale um Hilfe gebeten wird: der Club steht jedem Mitglied mit Rat und Tat zur Seite. Das große Plus: Beitrittsmöglichkeit im Online-Verfahren. Praktisch, schnell und bequem. Die Website bietet außerdem einige allgemeine Tipps zum sicheren Autofahren, die „Frage des Monats" und die Ergebnisse der letzten Umfragen.

Carl F.W. Borgward Interessengemeinschaft, Essen

http://www.borgward-ig.de

Carl F.W. Borgward war einer der bedeutendsten deutschen Ingenieure und Inhaber eines Großkonzerns, seines Zeichens ehemals viertgrößte Automobilfabrik in Deutschland. Ihm und seinen großartigen Errungenschaften fühlt sich die Carl F.W. Borgward Interessengemeinschaft Essen, ein Zusammenschluss von Liebhabern der früheren Borgward-Hansa-

Lloyd und Goliath Automobile, verpflichtet. Seit 1974 haben sich mittlerweile ca. 750 Gleichgesinnte mit über 2.000 Fahrzeugen aus fünf Kontinenten der Erhaltung eben jener Fahrzeuge verschrieben. Ein reger Erfahrungsaustausch unterstützt Reparatur- und Restaurierungsmaßnahmen, und bei Ersatzteilen, die nicht mehr produziert werden, besteht sogar die Möglichkeit, in Form von Sammelbestellungen Nachfertigungen erstellen zu lassen. Ehrenamtliche Kräfte stehen Mitgliedern bei Fragen und Problemen zur Verfügung, so ist beispielsweise ein Pannenhilfsdienst ist immer schnell und kompetent zur Stelle. Das Mitteilungsblatt „Rhombus“ erscheint vierteljährlich und liefert u.a. praktische Tipps, Berichte, Meinungen, historische Dokumentationen und einen Marktteil mit Fahrzeugen, Fahrzeugteilen und Literatur (Annoncen sind für Mitglieder kostenlos). Zudem berichtet Michael Knöller detailliert von einem interessanten und wichtigen Kapitel der (deutschen) Automobilgeschichte, indem er die Borgward-Werksgeschichte skizziert, die von der Entstehung des „Blitzkarren“ (dem Nutzfahrzeug der 20er-Jahre) bis zur entschädigungslosen Abtretung der Werke an den Bremer Senat reicht.

British Cars Fanclub

http://www.british-cars.de

Britische Sportwagen wie die von MG oder Triumph haben auch in Deutschland jede Menge Anhänger. Zutritt zu einer echten Domäne im Internet erhalten sie mit dieser Adresse. Hier kann man sich z.B. den regelmäßig erscheinenden Newsletter abonnieren und den umfassenden Terminkalender für das gesamte Jahr einsehen. Wie es sich gehört, bietet sie außerdem die Adressen von Clubs, die sich auf britische Modelle eingeschossen haben. Vor allem überzeugt die Rubrik „Know-how“, in der es Literatur und wichtige Pannenhilfetipps gibt. Glänzend dokumentiert wurde die Geschichte zu den Modellen aus dem Showroom.

Car Clubs World Wide

http://www.carclubs.com

Eine Site für Internationalisten: Wer Kontakt zu internationalen Clubs und Vereinen sucht, der wird hier bestens bedient. Die amerikanische Site beschäftigt sich zwar vorzugsweise mit Wagen amerikanischer Provenienz, doch auch genuin europäische Marken kommen nicht zu kurz; sogar der Wartburg ist hier vertreten. Auch „special interests“ können hier verfolgt werden: Schneemobile, Speedster, Sportscars und Sondermodelle haben eigene Anhängerschaften. Die Kontaktadressen in Übersee werden ebenso geliefert wie Aufnahmegebühren und Rahmendaten. Da steht der Völkerverständigung nichts mehr im Wege.

Club Triumph

http://www.club.triumph.org.uk

Die Firma Triumph stellt seit über 75 Jahren mit die schönsten Flitzer her. Um einen hübschen kleinen Spitfire zu erstehen, führt ein möglicher Weg über die Homepage eines der größten britischen Triumph-Fanclubs. Unzählige private Inserate bieten Modelle verschiedenster Jahrgänge feil. Das Online-Fanzine versorgt die Leser mit aktuellen Berichten, die einzelne Wagen vorstellen, technische Details erläutern oder die Geschichte des Hauses nacherzählen. Zusätzlich gibt es den unvermeidlichen Terminkalender. Außerdem können im Fanshop Aufkleber, Triumph-Hemden und Pullover erstanden werden. Natürlich werden auch Kontaktadressen für verschiedene lokale Vereine angeboten.

Deutscher Automobil Veteranen Club e.V.

http://www.davc.de

Freunde von historischen Kraftfahrzeugen finden im DAVC eine gemeinsame Plattform. 1965 gegründet und im Vereinsregister eingetragen, führt der Deutsche Automobil

Veteranen Club z.T. von der Industrie unterstützte, regionale und überregionale motorsportliche Veranstaltungen und Treffen jeder Art durch. Absolute Höhepunkte sind zum Beispiel die große Alpenfahrt der Landesgruppe Oberbayern, die Deutschlandfahrt oder die Fahrten durch Nord- bzw. Süddeutschland. Des Weiteren pflegt der DAVC die Tradition vergangener Fahrzeugmarken wie Adler, Brennabor, Maybach und ist mit seinen ca. 1.200 Mitgliedern und rund 4000 Fahrzeugen (zwei- und vierrädriger Art) der Baujahre 1888 bis 1975 auch Mitglied in der FIVA (Féderation Internationale Des Vehicules Anciens). Der enge Kontakt, den der DAVC mit ausländischen Vereinigungen pflegt, dient der Förderung von Toleranz auf allen Gebieten der Kultur und der Völkerverständigung. Vorbildlich!

The Lotus Seven Society Switzerland

http://davinci.ch/lotus/index.htm

Wer bei Lotus Seven an das Motto „Sieben Freunde sollt ihr sein" denkt, liegt gar nicht so falsch. Zwar leitet sich die „Sieben" bei Lotus aus dem Fahrgestell ab, auf dessen Basis der erste Lotus produziert wurde, trotzdem ist Freundschaft ein wesentlicher Bestandteil des Schweizer Lotus Seven Clubs, der sich den Musketier-Leitspruch „Einer für alle – alle für einen" ins Vereinsbuch geschrieben hat. Der Verein ist offen gegenüber Neumitgliedern, der Besitz eines Lotus Seven reicht bereits als Aufnahmevoraussetzung. Also schnell das passende Gefährt im Fahrzeugmarkt ins Auge gefasst, und schon ist die Mitgliedschaft (fast) so gut wie besiegelt. Wer dann leider doch feststellen musste, dass es heuer nicht für einen Lotus reicht, dem sei der Autoaufkleber aus dem Fanshop empfohlen: „My other car is a Lotus Seven".

Happy Ents Saarbrücken

http://www.goldenoldies-wettenberg.de/index2.html

Die Happy Ents sorgen für ein Happy End der Ente. Die Rede ist vom guten alten Citroen 2 CV, liebevoll nach dem erwähnten Federvieh benannt. Die Happy Ents haben nicht nur einen lustigen Vereinsnamen, sie sind auch sonst eine ganz muntere Truppe. Wie die Homepage der Saarbrückener beweist: Über Aktivitäten, Service und die Möglichkeit des Kontakts (womöglich sogar der Clubmitgliedschaft) erfährt man hier einiges. Beim „Entenstammtisch" geht's zuweilen zu wie in Entenhausen, und bevor Sie denken, wir würden Ihnen einen Bären aufbinden: Das ist keine Ente – den Club gibt's wirklich!

Africa Twin Club Schweiz

http://home.pages.de/~twinclub

Für jeden Fan und/oder Fahrer einer Groß-Enduro ist die Homepage vom African Twin Club aus der Schweiz ein „Muss"! Angenehm übersichtlich gestaltet, surft man mit hoher Geschwindigkeit durch ein ausschließlich Club-bezogenes Angebot. Berichte über vergangene, vom African Twin Club organisierte Reisen nach Marokko oder in die Türkei und eine geplante Fahrt nach Tunesien lassen Fernweh aufkommen. Eine beachtliche Fotogalerie zeugt von dem Enthusiasmus, der Abenteuerlust und – natürlich – der puren Freude am Kradfahren. Für Freunde alpenländischer Fachausdrücke seien noch die „Stammhöcks" (= Termine) erwähnt, die neben den Kontaktadressen der Vorstandsmitglieder, den Vereinsstatuten, einer ansehnlichen Linksammlung und der obligatorischen Clubpost den Informationsbedarf eines jeden Bikers decken dürfte.

Automobilclub Grünstadt

http://home.t-online.de/home/AMC.Gruenstadt.e.V/frinhalt.htm

Im Automobilclub Grünstadt und Umgebung e.V. wird Geselligkeit groß geschrieben. Mitglieder im Alter von acht bis achtzig Jahren sorgen dafür, dass während Grillabenden,

Ausflügen und anderen Clubveranstaltungen keine Langeweile aufkommt. Lange Tradition hat beim Club, der dem ADAC Pfalz angehört, das „Leiningerland Seifenkistenrennen", seines Zeichens das älteste Seifenkistenrennen in Deutschland. Aber auch im Kartsport zeigt der Verein, dessen Hauptaugenmerk der Jugendförderung gilt, reges Engagement und demnächst möchte man auch noch im Bereich Motocross aktiv werden. Zum Zeitpunkt der Recherche befand sich die Site im Umbau, eine Erklärung für so manch nicht-aktuelle Tabelle oder Rangliste.

CAAR-Deutschland e.V.

http://home.t-online.de/home/caar-d/caarcom.htm

Alte Autos brauchen viel Pflege und Liebe – Besitzer solcher Wagen legen Weltreisen zurück, um an die echten Teile und absoluten Fachleute zu gelangen, die für die Reparatur eines Rücklichtes erforderlich sind. Der Oldtimerclub „CAAR" ist sich dessen wohl bewusst und versucht deshalb auf seiner Homepage, für seine Mitglieder die Sterne vom Himmel zu holen: Vom Holzrestaurator bis zum Tachospezialisten wurden Adressen und Links zusammengestellt. Daneben gibt es auch Versicherungstipps oder Angebote für Oldtimerreisen. Optimal ist natürlich das Kombipaket, bei dem während der Reise, gewissermaßen „am Wegesrand liegende", Ersatzteile eingesammelt werden.

Heinkel-Club Deutschland e.V.

http://home.t-online.de/home/heinkel-club

Der Heinkel-Club Deutschland hat sich der Erhaltung der Fahrzeuge aus der Produktion der Firma Ernst Heinkel Fahrzeugbau AG verschrieben. Dabei handelt es sich hier nicht nur um das wohl bekannteste motorisierte Zweirad dieser Firma, den Motorroller, sondern auch um Modelle wie beispielsweise den Kabinenroller. Ein Ersatzteilversand sorgt dafür, dass die gewünschten Produkte ins Haus geliefert werden, bei Problemen stehen technische Berater zur Verfügung. Das Archiv bietet Fachliteratur in Form von Montageanleitungen, Handbüchern, Testberichten u.v.m. Außerdem können Sie im Heinkel-Club Deutschland mittels der viermal jährlich erscheinenden Clubzeitschrift gratis annoncieren und an den regionalen und internationalen Treffen teilnehmen. Interessante Erlebnisberichte wie der Heinkel-Roller-Reisebericht eines Clubmitglieds sowie Buchtipps runden das sympathische Erscheinungsbild dieser Site ab. Ein besonderes Schmankerl ist der typische Klang eines Heinkel-Tourist im Audio-Format.

VW Kübel Klub Deutschland

http://www.kuebel-klub.de

Ob „Original-Fetischist", Tieferleger, Tuner, Höherleger, Spraydosenfreund, Edellackierer oder einfach nur Alltagskübelfahrer: Jeder ist bei diesem Verein willkommen, wenn er nur Liebhaber der guten, alten VW-Kübelwagen ist. Da das Auto seinen Charme aus seiner obskuren Erscheinung bezieht, ist die Homepage ebenfalls angenehm persönlich und weniger imposant gehalten. Das schmälert nicht ihren Gehalt: Alte Werbefotografien, die Fahrzeuggeschichte, technische Details der verschiedenen Modelle behandeln den Kübelwagen, und der Verein wird mit seinen Treffen, Mitgliedern und Zielen ausführlich vorgestellt.

Interessengemeinschaft Mercedes Benz

http://www.mbig.de

Besitzer und Liebhaber von Mercedes-Benz-Oldtimern der Baujahre 1953-80 sind bei der Mercedes Benz-Interessengemeinschaft bestens aufgehoben. 1979 gegründet, bezweckt der Club für klassische Mercedes Benz-Fahrzeuge e.V., der für verschiedene Baureihen ein sogar von der Mercedes Benz AG offiziell anerkannter Club ist, die originaltreue Erhaltung,

Wiederherstellung und Pflege der Fahrzeuge. Die Site bietet Infos zu Stammtischen (nach Postleitzahlen gegliedert), wichtigen Terminen, Büchern und Medien, und hält daneben viele Storys, Gags und Links zu anderen Vereinigungen parat. Das Sahnehäubchen: für Mitglieder stehen die Mercedes Benz-Spezialisten kostenlos zur Verfügung!

Mini-Register von Deutschland

http://www.netgate-de.de/Register

Da ist der Austin Mini schon so klein, aber wenn der Mini-Register-Fanclub aus Deutschland zu den Geburtstagsfeiern nach Großbritannien fährt, platzen die Fähren doch immer aus allen Nähten! Die Homepage dieses Dachverbandes aller Mini-Clubs in Deutschland informiert auf seiner mintgrünen Site über seine Aktivitäten. Einige Mitglieder führen professionelle Mini-Werkstätten oder sind im Teilehandel tätig, weswegen sie ein fundiertes Wissen in das Archiv des Registers bringen, das unter dieser Adresse einzusehen ist.

New Beetle Club e.V. Deutschland

http://www.newbeetle-club.de

Alles über den neuen Käfer ist auf den New-Beetle-Club-Seiten zu erfahren. Ist man Bewunderer oder Besitzer eines solchen Prachtexemplars, ist die Mitgliedschaft im Club möglich. Auf den Clubtreffen kann man sich dann mit anderen stolzen Inhabern über den „Buckligen" unterhalten, sich über das neueste Zubehör informieren oder eine Probefahrt machen. Wenn man nicht weiß, wo man in seinem Gefährt den Verbandkasten unterbringen soll oder wie die Blinkerleuchte ausgetauscht wird, ist der Ratsuchende in der Rubrik „Forum" genau richtig, denn hier können Beetle-Besitzer sich über Sorgen und Nöte rund um die Schnuckeligen austauschen.

Opel Gäng Piramsens e.V.

http://www.opel-gang.de/Frame.html

Seit dem 20. Juni 1997 präsentiert sich der Opel Gäng Pirmasens e.V. im Netz. Im Opel-Gäng-Shop findet der begeisterte Opel-Fan vom Aufkleber über Feuerzeuge oder Flaschenöffner alles, was das Herz begehrt. Ein besonderer Coup ist die Teile-Börse. Dort können Kleinanzeigen zum Thema „Biete/Suche Teile und Zubehör" aufgegeben werden. Die Rubrik „Technik-Tip(p)s" ermöglicht den Erfahrungsaustausch rund um den Opel.

Verkehrsclub Sachsen

http://rcswww.urz.tu-dresden.de/~eichmann/vcd_landesverband.htm

Der Verkehrsclub Deutschland e.V. wurde 1986 als Alternative zu den bestehenden Automobilclubs gegründet. Der VCD hat es sich zur Aufgabe gemacht, den „Spagat" zwischen Umweltverein und Service-Club zu gestalten. Bereits 70.000 Menschen sind Mitglied im „Verkehrsclub für Umweltbewusste". Somit hat sich auch der Landesverband Sachsen vor allem dem Service und der Information seiner Mitglieder verschrieben, aber auch für Nicht-Mitglieder, die als Verkehrsteilnehmer durch die Republik düsen, ist diese Seite interessant, da es eine ganze Reihe Tipps und Tricks rund um das Auto gibt, zu zusätzlich einem großen Link- und Adressenteil.

Verkehrs Club Schweiz

http://www.solnet.ch/vcs

Der Verkehrs Club der Schweiz setzt sich für eine andere Verkehrspolitik ein, als die übrigen Automobilvereine: für das partnerschaftliche Nebeneinander von allen Verkehrsmitteln und Nutzern – Auto, Bahn und Bus, Fahrradfahrer sowie Fußgänger. Folglich stehen Umwelt- und Verkehrspolitik ganz oben an. Dennoch (und das ist gut so) ist es den Mitgliedern gelun-

gen, eine Homepage zu entwerfen, die nicht im mindesten moralisierend daherkommt. So hat der Verein eine Reihe von Dienstleistungen zusammengestellt, die von Autoschutzbriefen über den Vignettenverkauf bis zur Einkaufsmöglichkeit für Fahrradzubehör reichen.

Audi TT Owners Club

http://www.tt-owners-club.de

Wer hat sich nicht schon einmal den Hals verrenkt, als ER vorbeifuhr? Die Rede ist vom Audi TT, dem neuen Kultauto auf unseren Straßen. Die Hommage an dieses Gefährt liefert der TT Owner's Club – und jeder, der möchte, kann beitreten. Hier können sich TT-Begeisterte ihre eigenen, persönlichen TT-Homepages erstellen, über eine TT-Newsgroup miteinander kommunizieren, im Shop nach Inseraten Ausschau halten oder selbst inserieren. Zudem informiert Sie der News-Sektor über die neuesten Meldungen.

Volkswagen-Club

http://www.vw-club.de

Wer einen Volkswagen fährt, hat nicht nur ein solides Auto gekauft, sondern auch die Möglichkeit, am umfangreichen Serviceangebot des Wolfsburger Automobilherstellers teilzuhaben. Jedenfalls dann, wenn er Mitglied im Volkswagen-Club ist. Ob Lotsendienst, Routenplanung, Stautelefon oder ein internationaler Ticket-Dienst – wen das Leistungsangebot des Volkswagen-Clubs überzeugt, kann gleich an Ort und Stelle, im Internet also, eine Clubkarte beantragen.

VW Käfer „Freundeskreis"

http://www.vw-kaefer.de

Nicht nur der New Beetle, auch sein Vorbild, der VW Käfer, hat eine Seite im Internet. Diese ist allerdings nicht von Volkswagen initiiert, sondern von Freunden des auch zärtlich „Kugelporsche" genannten Gefährts. Man hilft sich gegenseitig mit Reparaturtipps, es gibt eine Händler- und eine Clubliste, einen Kleinanzeigenmarkt und viele Surf-Empfehlungen für Käferfreunde. Unbedingt ansehen: die Slide-Show eines amerikanischen Käfer-Prospekts von 1966!

Fanszene

Abt Sportsline Shop: Modellautos

http://abtshop.web-world.de

Das Kind im Manne wird hier gleich hellwach, denn Christian Abt bietet eine sehr kleine, aber umso feinere Sammlung Modellautos an. Ein Truck und drei PKW werden in zwei verschiedenen Maßstäben produziert und über das Internet vertrieben. Wenn das Herz höher schlägt beim Anblick schicker Audi-Miniaturen, dann sollte man auf seiner inneren Stimme gehorchen, ihr nachgeben und die Tastatur klappern lassen.

BP Express

http://www.bpexpress.de

Der Weltraum: unendliche Weiten. Eintrag ins Logbuch des Raumschiffs BP Express, Sternenzeit Oktober 2000, Captain Soundso: „Wir haben Kontakt!" Und zwar mit der Cyberspace-Station des Mineralölmultis BP. Die virtuelle Tankstelle bereitet einem auch ohne PKW viel Vergnügen. Was nicht allein daran liegt, dass man hier nicht auf erhöhte Benzinpreise achten muss, sondern weil man zu sphärischer Musik ungemein entspannt durch Raum und Zeit gleitet. Vorbei am Shop, wo es PCs und andere nützliche Sachen gibt, hin zur „Gamezone", wo attraktive Gewinne locken, bis zur „Space Station", die schwerelos durch den Orbit gleitet und zum Chatten oder Flirten einlädt. Ein kleiner Schritt für die Menschheit, aber ein ungemein wichtiger für BP, die anderen Konzernen zeigen, wo im 21. Jahrhundert die Musik spielt.

c@r-site.de

http://www.car-site.de

Alles rund ums Auto: Wer Hersteller sucht, einem Club beitreten möchte, nach Zubehör späht oder einfach nur den Gedankenaustausch via Chat pflegen möchte, der darf sich auf der car-site so richtig austoben. Zudem ist das Forum – von Laien initiiert, die nichts weiter mitbringen, als ihre Passion für Automobiles – außergewöhnlich ansprechend gestaltet und auch für Internet-Anfänger leicht zu überblicken.

Car of the Century

http://www.cotc.com

Selten hat eine Erfindung für dermaßen viel Furore gesorgt wie die des Autos. Es löste eine damals beispiellose Bewegungsfreiheit aus und revolutionierte das Leben von Millionen. „Ehre wem Ehre gebührt" haben sich die Organisatoren von „Car of the Century International NV" gedacht und veranstaltet die Wahl des „Autos des Jahrhunderts". Die Liste liest sich wie ein Who's who der Automobilindustrie und enthält dabei so klangvolle Namen wie Alfa Romeo (Guiletta Sprint Coupé), Audi (Quattro), Rover (Range Rover) und Volkswagen (Golf). Neben dem „Auto des Jahrhunderts" werden auch das Unternehmen Magnat, Designer und Ingenieur des Jahrhunderts gekürt. PS: Sieger wurde der legendäre „Ford T".

Deutscher Minicar Club e.V.

http://www.dmc-online.com

Autorennen einmal anders: Auf der Website des Deutschen Minicar Clubs e.V., des Dachverbandes für den funkferngesteuerten Automobilrennsport in Deutschland (wie es hochoffiziell heißt), findet der Interessierte zahlreiche Informationen zum Rennen mit den im Maßstab 1:4, 1:5, 1:8 sowie 1:10 gebauten Rennboliden. Neben Neuigkeiten aus den Vereinen finden sich auf der Site auch Bilder und Ergebnisse der letzten Rennen, sowie unter anderem Berichte über die Sportjugend. Die ist genau so aktiv wie die „Alten" und richtet eigene Meisterschaften aus, worüber auf den Seiten auch umfangreich in Wort und Bild berichtet wird. So ist auch schon mal der Blick hinter die Kulissen eines solchen Rennens gestattet; man sieht, mit welchem Ehrgeiz die Kleinen bereits bei der Sache sind. Früh übt sich, was ein Meister werden will.

Ralf Schindler: Software für Kfz-Betriebe

http://home.t-online.de/home/R-Schindler

Oldtimer und mehr bietet die Homepage des Kfz-Meisters Ralf Schindler. In seiner Galerie hat der Fan schöner Formen viele moderne Klassiker versammelt, u.a. Fahrzeuge wie den Ferrari 250 MM und einen Austin Healey 100. Selbst stolzer Besitzer eines MG A (Bj. 1960), versorgt Herr Schindler Sie zudem mit zahlreichen Restaurationshilfen und jeder Menge Tipps und Tricks rund um die „Kfz-Senioren". Das „Mehr" bezieht sich auf ein von Schindler entwickeltes Programm, das klein- und mittelständischen Betrieben die Fahrzeug- und Lagerverwaltung sowie die Rechnungserstellung erleichtern soll.

Leichenwagen.de

http://www.leichenwagen.de

Reichlich makaber: Unter dieser Adresse kann man – wie sollte es bei dem Domainnamen auch anders sein – Leichenwagen bestaunen. Die sonst eher ruhige Kundschaft solcher Gefährte (von „Beifahrern" wollen wir an dieser Stelle gar nicht reden) vermag sich (naturgegeben) nicht mehr so recht über Fahrkomfort u.ä. äußern, weswegen die Initiatoren von Leichenwagen.de nun ein Forum für Gleichgesinnte zwecks „(Er-)Fahrungsaustausch" bereit gestellt haben. Hier gibt's die schönsten Leichenwagen (ohne Leichen!) zu bestaunen, Bilder von diversen Treffen stolzer Leichenwagenbesitzer und natürlich einen Mini-Pressespiegel, da ein solches Hobby vom Medien-Boulevard natürlich dankbar aufgegriffen wird. Fazit: Eine Site ohneg-Leichen!

Mad Mix

http://www.mad-mix.de

Unser Mad Mix (nicht zu verwechseln mit Mel Gibson als australischem SciFi-Antihelden!) widmet sich verstärkt Benelli-Motorrädern, aber auch diverse Kultcars, wie z.B. den Opel Commodore, gibt es auf der semiprofessionellen Site zu entdecken. Für Freaks und Fans gleichermaßen.

Aristo-Cars präsentiert: Neo-Klassiker – Automobile der Superlative

http://www.oldtimer-replica.de/neoclass/home.htm

Ob Bugatti oder Jaguar: Aristo-Cars liefert Ihnen sämtliche Nachbildungen von Automobilen der Superlative. Wählen Sie einfach eine Fahrzeugmarke aus dem aufwendig gestalteten, farbigen Bildband mit mehr als 200 Seiten und ca. 1.000 Bildern aus und bestellen bis zu einer Größe von DIN A1.

ORC-Bayern

http://www.orc-bayern.de

Im "Oldtimer und Replica Club Bayern" sind alle Freunde der Klassiker unter den Kraftfahrzeugen gut aufgehoben. Umfangreiche Literatur wird ebenso intensiv vorgestellt wie alles Wissenswerte über die wahren Schätze unter den Verbrennungsmotoren. Die 60 Mit-

Homepage ORC-Bayern

glieder starke bayrische Gruppe veranstaltet besonders in den Sommermonaten abwechslungsreiche Ausfahrten und Informationsveranstaltungen. Wen das Oldtimerfieber schließlich gepackt hat, der kann auf dem website-eigenen Marktplatz gleich zugreifen, und sein Modell ordern oder dem Club beitreten, denn das Beitrittsformular gibt es selbstredend auf der professionell gestalteten Website inklusive.

Pirelli-Kalender

http://www.pirelli.com/web/site/default.htm

Jahrein, jahraus gehört die Ausgabe des Pirelli-Kalenders zu den Highlights zum Jahreswechsel. Das Besondere daran ist das Besondere darin: Nur die Besten werden auserwählt, um das kommende Jahr zu verschönern. Das gilt für Models wie für Fotografen gleichermaßen. 1999 traf die Wahl Herb Ritts. Schade nur, dass die Millenniumsausgabe erst im nächsten Jahr das Licht der Internetöffentlichkeit erblicken wird, denn einen Nachteil hat dieses erotische Meisterwerk: Es kursiert nur in exklusiven Zirkeln. Wohl auch ein Grund, warum die Kalendergeschichte seit 1964 eine Erfolgsstory ohnegleichen ist. Der versöhnliche Abschluss: Das erste Jahr des kommenden Jahrtausends wird von Annie Leibovitz ins Bild gesetzt. Wir sind gespannt!

René Staud Studios

http://www.renestaudstudios.de

René Staud ist Lichtbildner im meisterlichen Sinne des Wortes: seine Kunstwerke sind fein gefügte Kompositionen aus Licht und Farbe, mit Blitzlicht skizziert und mit Liebe konturiert. Seine Ansichten von beeindruckendem Karosseriedesign haben in der modernen Automobil-Fotografie markante Zeichen gesetzt. Eleganz und Raffinesse in Stil und Ausführung sind die Kennzeichen seiner prägnanten Art der Lichtbildnerei: ästhetische Technik mit Sympathie in ein neues Licht getaucht. René Staud und seine Studios, in Leonberg und Wendlingen, sind kompetent in allen Bereichen der Automobil- und Werbefotografie. Hierbei sind anspruchsvolle fotografische Auffassung, modernste Technik sowie handwerkli-

Homepage René Staud Studios

che Perfektion gefragt. Zum Kundenkreis gehören alle namhaften Automobilhersteller. Durchgestylt wie die Fotos präsentieren sich die René Staud Studios im Internet, es ist eine wahre Augenweide, sich das ansehen zu dürfen. Zum Glück werden über das Netz eine Reihe von Kalendern mit Auto/ Motor-Motiven angeboten – diese helfen einem vielleicht über den traurigen Anblick des eigenen Wagens hinweg.

Rainer W. Schlegelmilch – Fotoagentur

http://www.schlegelmilch.com

Ein weiteres Highlight zur Formel 1 treffen Internet-Surfer unter dieser Adresse an. Zwar dauert es lange, bis die Seiten geladen sind, aber mit etwas Geduld wird man mit den besten Fotografien belohnt, die der Rennsport zu bieten hat. Daneben gibt es aber auch eine Reihe interessanter Berichte, die den Fans Einblicke hinter die Kulissen des Circuits erlauben. So kann man zum Beispiel einen Blick in die Werkstatt erhaschen, in der die Helme für die Fahrer hergestellt werden. Schritt für Schritt kann man ansehen, woher die Piloten ihre Sicherheit gewinnen. Zusätzlich werden die neuesten Veröffentlichungen auf dem Buchmarkt vorgestellt. Eine im wahrsten Sinne des Wortes bildschöne Seite!

Wilesco Modellbau

http://www.sell-it-easy.de

Hier gibt es alles, was zu klein geraten ist: Puppenstuben ebenso wie Modellautos oder Dampfmaschinen. Der Fachhandel für komplette Miniaturwelten, die nach Wunsch eingerichtet werden können, heißt Wilesco. Dementsprechend üppig ist auch die Auswahl in der Autoabteilung: Pocher-Classic-Bausätze und Burago-Modelle bilden die Schwerpunkte des Programms. Ein weiteres Highlight dieser Saison ist das bewegte Schnittmodell eines Harley-Davidson-Motors aus dem Baujahr 1948. Wer seine Werkstatt dafür noch nicht eingerichtet hat, erhält in der Werkzeugabteilung das komplette Micromot System von Proxxon. Alle Artikel sind online bestellbar, gezahlt wird per Kreditkarte.

Homepage Rainer W. Schlegelmilch

VW Soundfoundation

http://www.soundfoundation.de

Der automobile Gigant aus Wolfsburg engagiert sich schon seit geraumer Zeit in Sachen Musik. Die Volkswagen Sound Foundation bietet, in Kooperation mit dem Kölner Musiksender VIVA, jungen Nachwuchsbands aus Deutschland, Österreich und der Schweiz ein Forum, um sich und ihre Musik einem breiten Publikum zu präsentieren. Herzstück dieser Initiative ist die VIVA-Sendung „Overdrive", in der die Newcomer eine Stunde lang live on stage Kostproben ihres Könnens abliefern. In der „Zone Zwei" (VIVA 2) gibt's zusätzlich noch Low-Budget-Videos und Kurzinterviews von und mit den Künstlern. Die Liste der bislang vertretenden Bands ist lang und liest sich wie ein Who's who deutschsprachiger Musikavantgarde: Von den „Aphrodelics" über „De-Phazz" bis hin zu den „Sofa Surfers" findet der Trendsurfer einen Mikrokosmos der Popkultur, der von Geschmacks- und Stilsicherheit seiner Initiatoren zeugt. Einzelne Klangpassagen kann man sich anhören oder Kurzbiografien (ggf. mit Tourdaten) der Supported Artists lesen. Eine coole Site mit der richtigen Musik für die „Generation @".

Strassenkreuzer.de: Fotogalerie seltener Fahrzeuge

http://www.strassenkreuzer.de

Fotos von seltenen Fahrzeugen, wie zum Beispiel dem Modell „Camera Iroc Z 28 TpI Cabrio" (Bj. 1989), präsentiert diese Site von Udo Schock. Neben Cadillacs und anderen US-Fahrzeugen können Sie hier auch ältere Feuerwehrfahrzeuge bewundern. Außerdem können Sie auf Wunsch die Bilder aus der Fotogalerie in Form einer CD-ROM bekommen. Zeitlose Schönheit und unschlagbare Eleganz – die Nostalgiker werden ob dieser Asphalt-Schätzchen im Chor seufzen: „Das waren noch Zeiten!"

Supercars

http://www.supercars.net

Supercars: Das ist Vergangenheit und Gegenwart gleichermaßen. Wenn Sie davon träu-

Homepage Wilesco Modellbau

men, in einem 63er Corvette Stingray über einen Highway zu sausen oder eine Spritztour im 99er Bentley zu machen, befinden Sie sich auf der richtigen Seite. Sie bietet Ihnen die nötige Information über die schönsten und spritzigsten Automobile der Welt. Eine gute Seite für Leute, die einen Sinn für feine Autos haben. Das Programm der Website ist in fünf Kategorien aufgeteilt: Webdiskussion, Autovergleiche, japanische, amerikanische und europäische Modelle.

Internationale Modelle

Maranello: Die Ferrari-Site

http://www.barchetta.cc/All.Ferraris

Welcher Autoliebhaber hat nicht schon einmal davon geträumt, einen Ferrari zu fahren? Nun, wenn Sie diese Legende unter den Autos schon nicht vor der Haustür stehen haben, können Sie zumindest diese Site, die sich als wahre Fundgrube für Ferrari-Fans entpuppt, genießen. Fotografien und Impressionen von den Rennen, aktuelle Infos zu Veranstaltungen, Bücher und Zeitschriften, seltene Sammlerstücke, die wichtigsten Siege und ein umfangreiches Archiv bilden eine großartige Informationsplattform. Wer das nötige Kleingeld hat, kann sich hier auch einen Ferrari kaufen, die Preise sind aufgeführt. Stolze Ferrari-Besitzer haben hier sogar die Gelegenheit, Ersatzteile zu bestellen. Stets untermalt von Renngeräuschen und pompöser Musik ist die Site nicht nur ein visueller Genuss. Mit dieser Homepage wird die unendliche Lovestory „Ferrari und Ferraristi" um ein bemerkenswertes Kapitel erweitert. Allerdings sollte man der englischen Sprache mächtig sein, da diese Site nicht auf Deutsch erhältlich ist.

Datsun.org

http://www.datsun.org

Wer sich auf die Seiten von http://www.datsun.org begibt, kann in doppelter Hinsicht genießen: sowohl „automobilistisch", denn diese Site ist dem japanischen Sportmodell Datsun Roadster der 1500er-, 1600er- und 2000er-Serie gewidmet, als auch ästhetisch-optisch, da die Website von ihrem Betreiber Greg Valazza mit der gleichen Liebe und Hingabe erstellt wurde, die er auch für seinen 2000er Datsun hegt. So finden sich auf den Seiten neben einer Fülle an Links, Adressen und Literaturhinweisen auch Hinweise und Fotos von Modellautos der Roadster, sowie das 1967 beginnende Datsun 2000-Register, in dem es viele Flitzer ebenfalls auf Fotos zu bewundern gibt. Des Weiteren berichten stolze Besitzer von ihrem „ersten Mal" mit diesem wunderbaren Gefährt. Eins wird hier sehr deutlich: der Datsun Roadster ist mehr als ein Auto – er ist ein Lebensgefühl. Hatai!

DeLorean

http://www.delorean.de

Der DeLorean ist ein Sportwagen, der zum Mythos wurde. Erdacht von John Z. DeLorean, einem ehemaligen Vizepräsidenten von General Motors. Dieser sah, dass er seine Pläne (eine neue Art von Sportwagen) dort nicht verwirklichen konnte und kündigte, um kurz darauf im nordirischen Dunmurry eine Firma aufzubauen und innerhalb weniger Jahre den DeLorean in Serie produzieren zu lassen. Obwohl das Werk kurze Zeit später schließen musste, war ein Mythos geboren, den Steven Spielberg höchstselbst dank seiner Trilogie „Zurück in die Zukunft" in die Annalen der Filmgeschichte eingehen lies. Dies und weiteres Wissenswertes findet sich auf der DeLorean-Site Deutschland, die sich als Referenz verstanden sehen möchte und Fahrern sowie Interessierten ein Forum bieten möchte, um sich zu informieren und auszutauschen. Was auch wunderbar gelungen ist.

Fiat Barchetta

http://www.fiatbarchetta.com

Als 1995 die Fiat Barchetta der Öffentlichkeit vorgestellt wurde, zerbrachen Ehen und es fingen auch solide Menschen an, sich hoch zu verschulden – oder wurden einfach wahnsinnig. Dies ist also die offizielle Homepage des Verbandes der Selbsthilfegruppen – Scherz beiseite: natürlich der Fanclubs. Das Fahrzeug selbst bleibt hier eher im Hintergrund, aber die Links holen dieses Defizit auf. Im Zentrum stehen die gemeinsamen Vereinsaktivitäten und der Austausch unter den Mitgliedern. Das belegen zahlreiche Berichte von den verschiedenen Feiern und Ausfahrten. Wer dabei sein möchte, kann gleich per E-Mail Mitglied werden.

Günter Voss: Oldtimergalerie

http://home.t-online.de/home/Guenter-Voss/guenterr.htm

Liebhaberstücke wie den Austin Healey Sprite MK 1 (Bj. 1959) oder den Fiat 500 (Bj. 1968) präsentiert Ihnen Günter Voss auf seiner Homepage. Bilder von diesen Fahrzeugen mit Informationen zu Herkunftsland und technischen Daten dokumentieren die Leidenschaft dieses Homepagebetreibers für klassische Fahrzeuge. Im Verkaufssektor finden Sie manchmal so interessante Fahrzeuge wie einen BMW 2002 (Bj. 1975).

Tipps & Tricks zum Käfer

http://home.t-online.de/home/Uwe_Fritz/homepage.htm

Wer seinen alten Käfer selbst liebevoll restaurieren, warten oder überhaupt wieder zusammenbauen will, ist auf den Seiten des VW-Käfer-Liebhabers Uwe Fritz, selbst Käfer-Besitzer seit 1991, gut aufgehoben. Vom Motor über das Fahrwerk und die Elektronik wird alles auf das Sorgfältigste schriftlich auseinandergenommen, aufgelistet und erklärt, so dass der Weg mit etwas Kfz-mechanischem Geschick zum eigens restaurierten und reparierten Käfer nicht mehr weit ist. Mit Liebe zum Detail wird sogar die Anleitung für die Stoffhaube, die das gute Stück in der Garage tragen soll, mitgeliefert.

Flat4: Die luftgeboxte Käferseite

http://home.t-online.de/home/UweH.Reuter/homepage.htm

Flat Eric kennt man mittlerweile. Auch die Fanta 4 sind wohlbekannt. Doch was um alles in der Welt ist Flat4? Und eine „luftgeboxte Käferseite“? Des Rätsels Lösung kommt in der Gestalt Uwe H. Reuters daher. Der VW Käferliebhaber gibt auf seiner Homepage viele Konstrukteursgeheimnisse einiger älterer VW-Modelle preis. Auf der Startseite beispielweise baut sich ein Durchsichtmodell eines VW 1303 auf, das Ihnen einen Einblick ins Innenleben ermöglicht. Innerhalb dieser Zeichnung können Sie mit der Maus umherwandern und Konstruktionsmerkmale, wie z.B. Fahrwerk, Motor, Katalysator, Getriebe, Bremse, Rad/Reifen oder Batterie abrufen. Ein einfacher Klick auf einen dieser Teilbereiche und Sie werden mit Berichten zu Wartung, Tuning und Fahrerleistung versorgt. Dazu gibt's reichlich Regelkunde über Zulassungsarten für Oldtimer, die Altautoverordnung, Oldtimerversicherungen und Tuningfreigaben. Eine Fotogalerie und eine VW-Statistik runden die Site ab. Besonders interessant ist das „Käfer-Modelljahr-Suchsystem“, ein Verfahren, das die Erkennung des Baujahres, unter Berücksichtigung typischer Merkmale des Fahrzeugs, ermöglicht. Tipps zur Fehlersuche, Kaufberatung, Downloads (z.B. eine Schablone für Bremskolbenlehre), Inserate, Links und ein Quiz machen den Besuch dieser Homepage nicht nur für Käferliebhaber zum informativen Genuss.

Michaels MGF Homepage

http://listen.to/mg.f

Michael Bender ist stolzer Besitzer eines MGF 1.8i und als begeisterter Fahrer (nicht Geister-

fahrer!) versteht es sich für ihn von selbst, Bundes- und Fahrzeuggenossen auf den Straßen per Lichthupe zu grüßen. So kündet er zumindest auf seiner Homepage; das Lichthupenbekenntnis zum MG soll den Zusammenhalt unter den Fahrern dieses Fahrzeugtyps fördern. Seine Site soll als Forum für MG-Aficionados dienlich sein, zu diesem Zweck hat er auch gleich eine Ersatzteil- und Zubehörbörse eingerichtet. Des Weiteren findet der geneigte User detaillierte Auskünfte über Treffs und Stammtische, Lektüretipps, Kleinanzeigen, technische Tricks sowie diverse Veranstaltungshinweise und eine Fotogalerie vor – alles im Zeichen des MG.

Opel Classix – Die virtuelle Opelgalerie

http://members.tripod.de/opel_classix

Opel-Classix: was sich zunächst wie eine weitere Gallierfigur der Asterix-Comics anhört, dreht sich im Detail um ältere Modelle der Autofirma Opel. Besonders Anhänger der Modelle „Ascona" und „Manta" werden dank einer Fotogalerie und guter Verlinkung hier Ihr Objekt der Begierde besonders gewürdigt finden. Die Site geriert sich „interaktiv": Opel-Liebhaber, die selbst Archivmaterial haben, können dieses zur angegebenen Adresse schicken und finden es wenig später ggf. veröffentlicht. Verweise auf einen Opel-Webring und die Möglichkeit der Aufnahme der eigenen Homepage in denselben runden die Fanseiten ab. Man sollte allerdings des Englischen mächtig sein, um ständig auf der Höhe der Informationen zu sein.

Z3 Online

http://members.xoom.com/zett3

Niemand verlangt, dass man selbst Fahrer eines BMW Z3 sein muss, um bei den Ausfahrten dieses Fanclubs dabeisein zu können – aber auf dem Asphalt macht man damit natürlich schon eine gute Figur. So elegant wie das Fahrzeug ist übrigens auch das Design dieser Site, was für einen kleinen Privatverein in dieser Form wirklich außergewöhnlich ist. Wer dagegen nur auf der Suche nach harten Fakten ist, wird hier die neuen Ausflugstermine finden oder auf dem Markt Ersatzteilangebote für BMWs erhalten. Unter der Rubrik „Tipps und Tricks" gibt es weise Ratschläge, wie das Sitzleder oder der Lack zu pflegen sind.

Mazda MX-5

http://www.mx-5.de

Der MX-5 gehört beileibe nicht zu den hässlichsten aller Sportwagen, und die Ehre, die einem solchen Fahrzeug gebührt, wird ihm unter dieser Adresse erwiesen. Ziel dieser Seiten ist es, Club- und Länderübergreifend alle erdenklichen Informationen zum Thema MX-5 zusammenzustellen. Das sind technische Infos, gemeinsame Veranstaltungen und Ausfahrten, Neuigkeiten rund um den schicken Roadster, Themen bezogene Links im Internet, Kontaktadressen von Clubs, Leuten und Händlern, Bildern von Autos und Veranstaltungen sowie diverse Software. Das charmanteste Detail bilden die verschiedenen, teilweise animierten Bildschirmschoner, die auf heiße und innige Verehrung der Fans schließen lassen.

Mahindra

http://www.nicecar.de

Ralph hat seinen Mahindra zwar erst seit kurzem, aber mit der Gestaltung einer Webseite über seinen fahrbaren Untersatz konnte es nicht schnell genug gehen. Sein Auto gilt als der Dinosaurier unter den Geländewagen, was durch das klassische Outfit bestätigt wird. Gerade Nutzanwender wissen seine Qualitäten als anspruchslosen Lastenesel zu würdigen. So bewähren sich Mahindras in Kiesgruben, bei Pferdezüchtern, in Forst- und Landwirtschaft. Die Homepage führt unter anderem zu der Mahindra-Niederlassung in Jena, aber auch zu vielen anderen Links rund um den Jeep und andere Geländewagen, weshalb der Exot unter den Geländewagen auch Einlass in dieses Buch fand.

Matra Murena

http://www.online-club.de/m10/mifaust

Im Herbst 1980 beglückte der französische Mischkonzern Matra die Welt mit einer neuen Kreation – dem Modell „Murena", einem dreisitzigen(!) Sportwagen mit Mittelmotor und Kunststoffkarosserie. Diesem Unikum widmet sich die Homepage von Michael Faust, selbst langjähriger Besitzer eines Murena. Neben der Hauptseite hat der eifrige Tüftler eine „Schrauberseite" am Start, in der die Drehmomente der Motorkomponenten aufgeführt werden sowie eine Hilfe bei Wassereinbruch gegeben wird. Soviel sei verraten: nachdichten hilft! Als besonderes Gimmick läuft beinahe unerkannt in der unteren Anzeigenleiste des Browsers eine Laufschrift mit den Schätzwerten der einzelnen Baujahre und Motorengrößen entlang.

Trabi.de: Alles über den Trabi

http://www.trabi.de

Seit Fertigungsbeginn des Fahrzeugs Trabant im Jahre 1958 mit dem Typ P 50 bis zum Jahre 1990 mit dem Typ 1.1 haben immerhin drei Millionen der später liebevoll „Trabi" genannten Fahrzeuge die Produktionsstätte des VEB Sachsenring, Automobilwerke Zwickau, verlassen. Und so erstaunt es nicht, dass der „Plastebomber" auch heute noch Tausende von Fans hat. Auf der Website finden sich eine Reihe von schönen Fotos, u.a. auch von seltenen Prototypen oder Sonderausstattungen, Tipps aus der Werkstatt und viele Kontaktmöglichkeiten zu anderen Fans.

Holger Birkes TrabiWeb

http://www.trabiweb.de

Dem Phänomen „Trabi" nähert sich Holger Birke sehr vielschichtig: Faszinierend ist sein virtueller Rundgang „Aufkleber auf Trabis 1985-95", in dem er das sozialistische Einheitsauto mit sorgsam ausgewählten Bildern in einen sozialen, kulturellen und politischen Kontext stellt. Ferner gibt es hier eine Betriebsanleitung im Originaltext, deren betuliche und unfreiwillig komische Ausdrucksweise heute nur schmunzeln lässt: „Beim Studium der technischen Daten lassen die Spurweiten von 1206 mm vorn und 1255 mm hinten sowie der Radstand von 2020 mm erkennen, dass der 'Trabant' ein vollwertiger viersitziger Wagen ist."

DeTomaso

http://www.uk-classic-cars.com/de-tomaso.htm

Vom Austin Mini bis zum DeTomaso Longchamp – britische Autos erfreuen sich auch in rechtsfahrenden Ländern größter Beliebtheit. Diese englische Homepage bietet einen Einstieg für deren Anhänger, um sich im Dickicht der Clubs selbst für die ältesten und seltensten Vehikel zurechtzufinden. Auf nichtkommerzieller Basis haben Vereine hier die Möglichkeit, sich der Öffentlichkeit vorzustellen. Fans können nicht nur Kontakte knüpfen, sondern sich auch regelmäßig neueste Informationen zuschicken lassen. Ein Terminkalender bietet die Möglichkeit, die verschiedenen Typen bei den Treffen zu erleben und die Linksammlung führt zu weiteren interessanten Sites.

Formel 1

Boxenstopp

F1-Magazine

http://www.f1-news.com

Wahrhaft europäisch präsentiert sich der Internetauftritt von F1-news.com, denn der Besucher hat eingangs die Wahl zwischen Spanisch, Deutsch oder Englisch. Ist diese Entscheidung erst einmal getroffen, erwartet den glühenden Rennsportanhänger eine wahre Fundgrube an Informationen. Als besonderes Schmankerl wartet die „vollständigste Formel 1-Statistik des Internet". Sollte der Informationshunger immer noch nicht gestillt sein, kann über den Punkt „Suche" nach bestimmten Stichwörtern geforscht werden, sowohl innerhalb der Site als auch, dank einer Kooperation mit Looksmart, im gesamten Internet. Eine gut selektierte Linkliste, mehrere Fotogalerien und ein Shop runden das durch und durch gelungene Angebot des nach eigenen Angaben meistgelesenen Formel 1-Dienstes der Welt ab.

F1 Photo

http://www.f1photo.com

Hier sind tägliche Updates mit umfassenden Informationen zur Saison 2000, zu den Fahrern und jede Menge News rund um die Formel 1 einzusehen. Reiches Datenmaterial zu ehemaligen Fahrern und Weltmeisterschaften ist vorhanden. Selbstverständlich kann man alle aktuellen Trainings und Rennen auf Daily F1 auch live verfolgen. In Zusammenarbeit mit „F1 Today" erhält man exakte Informationen in Real-Time-Format zu allem, was gerade auf der Strecke passiert. Zweimal pro Woche kann man die aktuellen Formel-1-News direkt in die Mailbox anfordern.

Formel-1-net – Das deutsche Formel 1 Onlinemagazin

http://www.formel1-net.de

Bleifuß auf der Datenautobahn: Mit Vollgas rast das Formel-1-net im Web zu den Fans der Hochgeschwindigkeitsszene. Mit Bildschirmseiten so schwarz wie der Gummiabrieb auf der Piste, die neben aktuellen Ergebnissen, Rückblicken auf die vergangene Rennsaison und einem Terminkalender auch intime Informationen über die Fahrer und ihre Boliden enthalten. Michael Schumacher hat, wie das Formel-1-net schreibt, „keine Schwächen", aber dafür fünf Privatwagen in der Garage seines Schweizer Wohnsitzes stehen. Gut zu wissen? Die „Top News" bestehen nur aus einem Nachrichtenticker, die Formel-1-Links sind demgegenüber erfreulich üppig ausgefallen.

RTL – Formel 1

http://www.formel-eins.de

Der rennsportbegeisterte Fan kommt auf der RTL-Formel 1-Seite voll auf seine Kosten. Das Angebot besteht aus einem Chatroom, in dem über die aktuellen Lieblinge gefachsimpelt und nach einer Niederlage auch mal Dampf abgelassen werden kann. Links zu den Homepages der deutschen Stars, Michael und Ralf Schumacher und Heinz-Harald Frentzen vervollständigen das Informationsbedürfnis der Anhängerschaft. Stets aktuelle Neuigkeiten erfährt der Besucher in der Rubrik „Live", in der Live-Kommentare der laufenden wie vergangenen Rennen nachzulesen sind. Vertiefende Informationen sind sofort unter „News + Facts" abzurufen. Es lohnt sich immer, diese aufwendigen Seiten des Formel 1-Haussenders abzurufen, denn präziser und detaillierter wird kaum über den Rennsport berichtet. Wenn noch etwas Zeit bleibt, kann man den Formel RTL-Cup ausprobieren und selber ein virtuelles Rennen fahren.

HEGE Ticket Service

http://www.formelticket.de

Der Hege-Ticket Service, das sind Formel-1-Tickets vom Insider. Der aktuelle Kalender geht weit über die Weltmeisterschaftstermine hinaus, zu jedem Turnier sind die Tickets, soweit nicht schon ausverkauft, online anzufordern. Außerdem gibt's Neuigkeiten zum Team und den Fahrern inklusive. Das Insider-Forum ist ein besonderer Service: Hier können sich die Leser untereinander über Tipps und Erfahrungen online austauschen. In den aktuellen Links kann sich der Leser neue Informationen der zahlreichen Fanclubs holen.

Formel-1-Führerschein bei formula-one.com

http://www.formula-one.com

Erfüllen Sie sich einen „Bubentraum" und machen Sie den Formel-1-Führerschein. Was sich wie ein RTL-Gewinnspiel anhört oder wie ein Aprilscherz anmutet ist pure Realität: formula-one.com bietet Ihnen die einmalige Gelegenheit, sich wie Schumi & Co zu fühlen. Wer sich als Herrscher über muntere 650 Pferdchen, die sich im Motorraum versammeln, aufschwingen möchte, der logge sich zunächst unter dieser Adresse ein – und greife anschließend zum Telefon, um sich seinen Startplatz zu sichern. Natürlich können Sie auch online buchen – das entspricht (bezüglich des Tempos) auch eher dem Geist der Formel 1.

F1PictureNet

http://www.luebeck.com/~lux/f1lx.htm

Sehr üppig fällt diese Webpage zur Formel 1 aus. Im Mittelpunkt stehen die Wagen, die seit 1992 Jahr für Jahr vorgestellt werden. Zusätzlich wird ein Schnitt durch die Geschichte der Formel 1 gemacht und ein Vergleich der verschiedenen Boliden geboten. Ein weiterer Schwerpunkt liegt auf den Wagen aus dem Hause Ferrari, die zusätzlich eigene Fahrerporträts erhalten haben. Schumacher & Co. wird dabei viel Raum gelassen, um sich den Fans zu zeigen. Auch der Weltmeister Mika Häkkinen darf ran: der rasante Finne wird katalogartig präsentiert und so hat jeder die Chance, die Facettenvielfalt des schnellen, aber zurückhaltenden Skandinaviers zu begutachten. Abgerundet wird das Angebot durch Buchtipps und Links zu anderen Formel 1-Seiten.

Formel-1-Statistiken

http://www.osnabrueck.netsurf.de:8080/~benedikt/index.html

Benedict Nünemann hat es sich zur Aufgabe gemacht, andere Formel-1-Fans mit der Geschichte des Rennsports seit 1950 bekannt zu machen. Wie so oft bei privaten Homepages hat der Macher keine Sorge, dass ihm etwas abhanden kommt, und deshalb liegen dankenswerter Weise alle Listen zum Herunterladen vor. Wer alles sorgfältig durchgearbeitet hat, ist mit Sicherheit bereit für das Quiz, bei dem die Teilnahme nur für Experten angeraten wird. Amüsant ist die Auswahl der Pilotenautogramme, denn auch beim Unterschreiben scheinen sich einige bemüht zu haben, die Pole-Position zu erlangen.

Pit Stop F1

http://www.pitstop.ch

Einen original Schumi-Helm mit Signatur gefällig? Oder lieber echte, gebrauchte Teile aus der Formel 1? Der Online-Shop des Pit Stop-Formel-1-Magazins gibt alles her. Alles ist so authentisch, dass man bei den Kleidungsstücken schon den Zusatz „getragen" oder „ungetragen" braucht. Das ist natürlich eine reine Nebensache, denn im Mittelpunkt steht schließlich der Sport selbst und entsprechend viel Raum wurde den Berichten gelassen, die immer auf dem aktuellsten Stand sind. Nur das eine noch: Es können auch Fahrten im Formel-1-Wagen als Geschenk an den Liebsten gebucht werden – fahren in Monoposto wie die Champions!

Formel 1 TV-Termine

http://www.tvtoday.de/formel1/tv/tv.html

Die Fernsehzeitschrift TV Today hat in ihrer Web-Ausgabe die wichtigsten Sportarten mit einem eigenen Infozweig bedacht. Folglich hat auch die Formel 1 ein großzügiges Feld zugewiesen bekommen. Neben den allgemeinen Informationen über die verschiedenen Teams, Piloten und Strecken erhält man hier ständig aktualisierte Ergebnisse aus den Rennen und das Resultat für den WM-Stand. Ein entscheidender Vorteil dieser Homepage liegt darin, dass sie unter den Besuchern ständig Uhrzeiten und Kanäle verbreitet, auf denen die Rennen live übertragen werden.

Fahrer

Ayrton Senna

http://www.a-senna.com

Motorsportfans trauern immer noch Ayrton Senna hinterher. Der Brasilianer, der am 1.Mai 1994 verunglückte, wäre heuer 40 Jahre alt geworden – und mit Sicherheit immer noch aktiv, so fanatisch, wie er den Rennsport betrieb. Einen regelrechten Senna-Schrein findet man unter dieser Adresse. Hier gibt's nicht nur massenhaft Biografisches und jede Menge Fotos zu bestaunen, der Macher dieser Site hat sich auch eingehend mit dem tödlichen Unfall Sennas auseinandergesetzt: Ganz Hartgesottene können sich sogar eine kurze Videosequenz des Unfalls anschauen.

Heinz-Harald Frentzen Online

http://www.frentzen.de

HHF-Online nennt sich die offizielle Homepage des sympathischen Formel-1-Piloten Heinz Harald Frentzen. Neben einem sehr ausführlichen Info-Angebot über Frentzen und seinen Jordan wird den Fans auch die Möglichkeit gegeben, per E-Mail mit dem Meister selbst Kontakt aufzunehmen. Wer es nicht glaubt, kann auch noch die alte Fanpost und Frentzens Antworten dazu lesen. Wenn das kein Service ist!

Michael Schumacher

http://www.michael-schumacher.de

Der Weltmeister aus Kerpen gibt seinen Fans die Möglichkeit, den Fahrer und Menschen Michael Schuhmacher näher kennen zu lernen. Wem der eine Schumi trotz Infoflut nicht reicht, der findet unter der Rubrik „Mein Bruder" noch genügend Wissenswertes über den noch nicht ganz so schnellen Ralf Schumacher. Die Seite ist natürlich ganz in Ferrari-Rot gehalten und lässt kein noch so unwichtiges technisches Detail über Michaels fahrbaren Untersatz aus. Ein Muss für wahre Formel-1-Fans.

Mika Häkkinen

http://www.mikahakkinen.net

Der Mann, der Schumi auch diese Saison das Leben in der Formel 1 schwer machen wird, ist derzeit omnipräsent. Die Rede ist von Mika Häkkinnen, dem rasenden Finnen. Der sonst so scheue Skandinavier ist werbetechnisch bislang erst einmal so richtig in Erscheinung getreten, als er sich mit Boris Becker zum Tennis verabredete – nachdem er ihn auf der Rennstrecke in seinem Mercedes abgehängt hatte. Nun wird der sonst so Schweigsame auf einmal richtig redselig: Für Schweppes darf er Faxen (und Fratzen) machen, die Telekom schießt ihn auf den Mond und – der vielleicht beste Spot – für Mercedes tut er's der A-Klasse gleich und legt sich auf die Seite, bzw. seiner Frau Erja zu Füßen. Dazu gibt's eine kostenlose Lektion in puncto Finnisch, die der blondeste aller Rennfahrer demnächst Ferrari & Co. auch auf der Piste wieder erteilen möchte. Auch die Homepage des schnellen Nordlichts kann sich sehen lassen, nur ein Update könnten die Seiten vertragen. Bis dahin schauen wir weiter Werbung.

Nick Heidfeld

http://www.quicknick.de

„Quick Nick" ist Deutscher. Nick Heidfeld heißt er bürgerlich – und schickt sich seit dieser Saison an, den Großen in der Formel 1 das Fürchten zu lehren. Bislang trat das größte deutsche Rennfahrertalent seit Michael Schumacher aufgrund technischer Mängel am Fahrzeug und zuweilen zu ungestümen Einsatzes ein wenig auf der Stelle, doch mit fortschreitender Renndauer wird auch der schnelle Nick – analog zum Spitznamen – immer souveräner werden. Mercedes Benz hat sich jedenfalls schon sein Talent gesichert; wer weiß, vielleicht sehen wir den Youngster bereits in der nächsten Saison auf einem Siegerauto...

Ralf Schumacher

http://www.ralf-schumacher.de/home.htm

Der ewige kleine Bruder braucht sich nicht zu verstecken, wie die vergangenen Jahre in der Formel 1 eindrücklich belegt haben. Dementsprechend ist die Fangemeinde gewachsen – und die Bedürfnisse mit ihnen. Durch die sportliche Biografie von Schumacher dem Jüngeren begleitet uns seine Fan-Homepage, von seinen Anfängen bis zu seinem Durchbruch. Die Macher dieser Site haben ganz auf Entertainment gesetzt, und deshalb bietet sie eine Reihe witziger Online-Spiele und sogar einen Starschnitt, bei dem an jedem Grand-Prix-Wochenende ein weiteres Teil geliefert wird, das man sich herunterladen und ausdrucken kann.

Alexander Wurz

http://www.wurz.com

Es bleibt dabei: Österreichische Homepages zaubern mit ihren eigenen Idiomen immer wieder ein Lächeln auf die Gesichter – zumindest bei bundesdeutschen Besuchern. Das ist auch auf der Website des Piloten Alexander Wurz nicht anders, doch sie hat noch mehr Qualitäten zu bieten. Selbstverständlich erhält man frische News, zudem der „Rückspiegel" bietet eine Retrospektive der vergangenen Jahre. Im Shop kann man Rucksäcke im bekannten Helm-Design des Benetton-Fahrers bestellen. Für den Spieltrieb werden Sound-Dateien mit Motorengeräuschen verschiedener Formel-1-Boliden geboten. Wer seinen Bürorechner in Zukunft mit diesen Klängen bootet, darf sich der bewundernden Blicke seiner Kollegen sicher sein.

Teams

Arrows Supertec

http://www.arrows.com

Die Formel 1 wäre eine bedauernswert langweilige Angelegenheit, wenn immer nur dieselben Teams die Lorbeeren einsammeln würden. Da sie es meistens aber doch tun, ist es umso wichtiger, die übrigen Teams gebührend vorzustellen. Auf der Arrows-Homepage kann man sich einen Eindruck davon machen, was in dieser Saison von der Mannschaft zu erwarten sein wird. Woche für Woche wird der Kampf um die Grand-Prix-Punkte festgehalten und die Piloten und ihre Kollegen zum aktuellen Stand der Dinge befragt. Von großem Interesse sind auch die Erläuterungen zu der vielfach gestellten Frage, wie man selbst einen Job in der Formel 1 ergattert. Wer also Talent und die zündende Idee für den Durchstart hat (oder die entsprechenden Sponsoren), erfährt hier, auf welchem Wege er sie an den Mann bringt.

Benetton Playlife

http://www.benettonf1.com/home/index.php3

Benetton gibt auf seiner Website zum einen Pressemitteilungen heraus, die ungefilterte News über technische Details und natürlich den Fahrer-Chat enthalten. Außerdem werden Pressemitteilungen von „Motoring News“ direkt aus England veröffentlicht. Richtig heiß sind die Schilderungen von und über Alexander Wurz, dem rasenden Österreicher im Cockpit der Strickpullover-Renner. Profi-Informationen aus erster Hand und natürlich immer die neuesten Updates und Testergebnisse!

British American Racing: BAR-Honda

http://www.britishamericanracing.com

Akkreditierte Mitglieder der Medienmaschinerie haben einen gesonderten Zugang zur British American Racing (BAR)-Website, aber auch der gewöhnliche Fan wird hier nicht im Regen stehen gelassen. In den letzten zwei Jahren konnte das Team beachtliche Erfolge verbuchen, insbesondere nachdem Jacques Villeneuve, der Weltmeister von 1997, verpflichtet werden konnte. Wie aus der Idee auf dem Papier eine erfolgreiche Mannschaft geworden ist, wurde sorgfältig in der Chronik dokumentiert. Da die Seite auf englischer Sprache verfasst wurde, ist das mitgelieferte Lexikon zu Fachbegriffen des Sports sicherlich eine hilfreiche Ergänzung.

Jordan Mugen Honda

http://www.f1jordan.com

Wer genaueres über die aktuelle Lage von Heinz-Harald Frentzen im Team Jordan und seine Teamkollegen erfahren möchte, der ist hier genau an der richtigen Adresse. Exakte und neueste Informationen über den Verlauf des letzen Rennens, die Fahrer und deren Gesamtwertung können abgerufen werden. Außerdem werden Bilder und Biografien sowie die Teamgeschichte dem interessierten User dargeboten. Für die ganz innigen Fans wird bald die Website des Fan-Shops fertiggestellt sein, wo Anhänger von Eddies gelben Flitzern ihr Nirwana finden: Devotionalien en masse.

Ferrari

http://www.ferrari.it

Ein optischer Leckerbissen für alle Motorsport-Ästheten ist die offizielle Website von Ferrari. Wer sich keinen eigenen Roten leisten kann und nur mal seinen Träumen Stoff geben möchte, klickt bis die Finger qualmen. Neben den neuen Flitzern sind nämlich auch die unvergesslichen Formen vergangener Tage zu bewundern. Alle Modelle seit 1947 werden ausgestellt und sind lebhafte Beweise, wieso die roten Rennmaschinen Kultstatus haben. Außerdem: Jede Menge Formel-1-Infos rund um Schumacher und Barrichello – allerdings in englischer Sprache.

Jaguar Cosworth

http://www.jaguar-racing.com

Neues Team, neue Saison: Ganz im Zeichen dieses Mottos begrüßt einen die Homepage des Jaguar-Racingteams, das diese Rennzeit erstmals an die Boxen der Formel 1 geht. Auf der Website der springenden Raubkatze flasht es gewaltig, es dröhnen die Motoren und es zirpt und musiziert an allen Ecken und Enden. Das Team um Eddie Irvine präsentiert sich zwar noch nicht 100-prozentig weltmeisterlich, aber man ist auf einem guten Weg. Und wer sich vorerst nur die Boliden einmal aus der Nähe anschauen möchte, der ist hier goldrichtig.

McLaren-Mercedes

http://www.mercedes-benz.com/d/msports/default.htm

Es liegt in der Natur der Sache, dass Mercedes als Sponsor auf fast allen großen Motorsport-Events vertreten ist. Ihr Engagement auf diesem Gebiet präsentieren die Automacher auf dieser Homepage und liefern dazu aktuelle Berichte von der Formel-1-WM und den rasenden Silberpfeilen, mit denen David Coulthard und Mikka Häkkinen die Konkurrenz in Schach halten (wollen). Aber auch die Kart-Serie hat Mercedes fest im Griff und liefert für Interessierte die Daten der Erfolgsmotoren sowie zahlreiche technische Zeichnungen mit. Hervorragend gemacht und selbst für Ferrari-Fans ein ästhetischer Hochgenuss!

Minardi

http://www.minardi.it

Wer ein echter Rennsport-Tifosi ist, der weiß, dass gewinnen nicht alles ist. Viel wichtiger ist das Drumherum, die Feier, der Lifestyle. Deshalb hält ein echter Fan auch zu seinem Team, auch wenn es nicht zu den Besten zählt. Auf der Homepage des Minardi-Formel-1-Teams kommt man direkt nach der Auswahl der Sprache (Italienisch und Englisch stehen zur Wahl) zu Schnappschüssen der Fahrer, des Teams und der Feiern. Erst wenn man den dezent am unteren Bildrand platzierten Link anklickt, gelangt man zur eigentlichen Site, die sehr übersichtlich und topgepflegt ist. So finden sich neben der Fotogalerie alle Termine der laufenden Saison, auf der Fanclubseite kann man Gleichgesinnte aus der ganzen Welt treffen und unter „Neues von der Strecke" sich sogar alle Rennstrecken anzeigen lassen.

Prost-Peugeot

http://www.prost-peugeot.com

Manchmal sehen die an und für sich stabilen Fahrzeuge von Peugeot auf der Piste aus wie Pappschachteln. Dies geht zumindest aus der Bildergalerie hervor, die von den Franzosen auf ihrer Motorsport-Homepage eingerichtet wurde. Mit Real-Player-Software kann man sich z.B. Videos von Peugeots Rallye-Team aus der letzten Saison ansehen. Weniger technisches Equipment ist erforderlich, um den Kalender des nächsten Jahres zu begutachten. Für genauere Informationen sollte man allerdings des Französischen mächtig sein, denn die englische Version dieser Website hat beileibe nicht den gleichen Informationsgehalt wie die französische.

Sauber-Petronas

http://www.sauber.ch

Hier stellt sich das Red-Bull-Sauber-Petronas-Team den kritischen Blicken und Fragen der Surfer. Die Seiten sind – ganz ohne Spielereien – sehr knapp gehalten und präsentiert Berichte aus den Werk- und Trainingsstätten. Dabei überrascht die Aktualität der Website, denn es werden jeden Tag neue Artikel zugefügt. Nach drei Tagen landen sie im Archiv, wo sie weiterhin zugänglich bleiben. Damit ist gewährleistet, dass bei großer Übersichtlichkeit immer ein schneller Zugriff auf alle Informationen möglich ist.

BMW-Williams

http://www.williamsf1.co.uk

Ralf Schumacher und Jenson Button gehen diese Saison fürs BMW-Williams-Team an den Start. Die Mannschaft von Frank Williams gehört zu den „Sleepern", denen man ab und zu zutraut, Mercedes und/oder Ferrari in die Suppe zu spucken. Für den Titel in der Konstrukteurswertung wird es noch nicht reichen, aber die Williams-Crew darf sich neben Frentzens Mannschaft von Jordan Hoffnung auf den ehrenvollen dritten Rang machen.

Handel & Hersteller

Gebrauchtwagenbörsen

Gebrauchtwagen in Deutschland

http://www.aaaa.de

Die Zeiten sind vorbei, in denen man im Internet die Katze im Sack kaufte, wenn man sich auf einen Gebrauchtwagen-Deal einließ. NetCar hat ein System zur Zertifizierung der angebotenen Autos entwickelt, auf das man sich getrost verlassen kann. Sämtliche Kriterien werden offengelegt und lassen kaum Spielraum für subjektive Einschätzungen. Diese Website ist für Autohändler aus ganz Deutschland ein hervorragender Weg, um ihr Angebot einem weiten Publikum zu präsentieren. Potenzielle Kunden können ebenso nach Händlern suchen, die nach Postleitzahlen und Marken geordnet wurden, des Weiteren wird für eine eventuelle Schadensabwicklung eine Liste mit Sachverständigen bereitgehalten.

Foto-Angebote von Autohändlern aus Berlin und Brandenburg

http://www.ah-net.de

Mit einer schnellen Suchfunktion, ist www.ah-net.de übersichtlich nach Marken, Händlern und Bezirken gegliedert. Jeder Autohändler wird mit einer Mini-Site präsentiert, mit ausführlichen Informationen und qualitativ aussagefähigen Fotos. Weitere private und gewerbliche Kfz-Angebote finden Sie unter: www.zh-autohandel.de. Für Motorräder und alles rund um's Bike: ist www.bikerboerse.de die richtige Adresse. (ZWEITE HAND. DA IST ALLES DRIN.)

Autobörse Leipzig

http://www.ardos.de/autoboerse

Eine angenehme Hilfe bei der Suche nach Gebrauchtfahrzeugen ist die Autobörse Leipzig.

Homepage Autohandel-Net

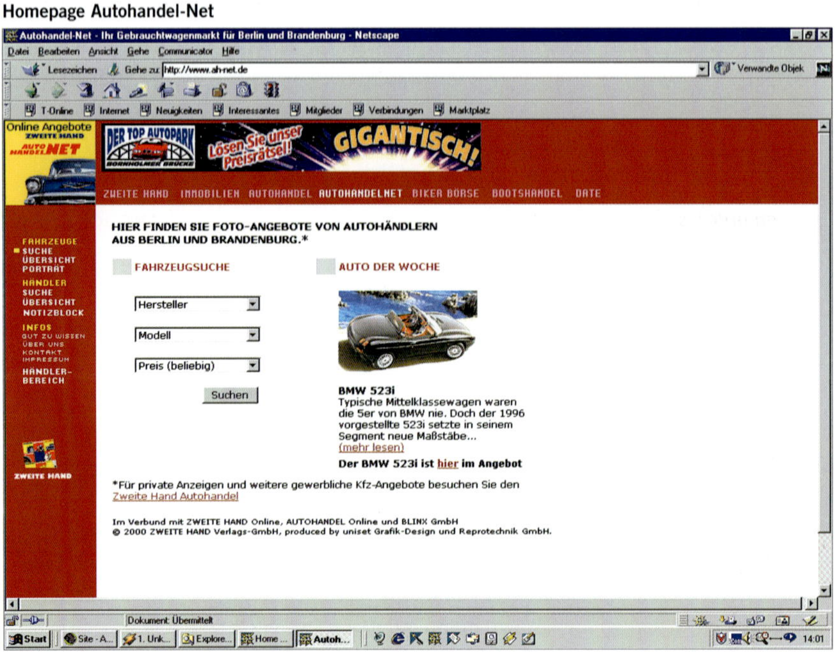

Gestaffelte Preise zwischen 3.000 und 50.000 DM für Autos und von 9.000 bis 14.000 DM für Motorräder garantieren, dass für jeden Geldbeutel etwas dabei ist. Die ausgestellten Fahrzeuge sind mit Baujahr, Kilometerstand, Preis, PS-Zahl, Farbe und vielem mehr detailliert beschrieben. Wenn Sie möchten, dass Ihnen keiner zuvorkommt, können Sie das gewünschte Fahrzeug sogar per E-Mail reservieren.

Autobörse Deutschland

http://www.autoboersedeutschland.de

Autobörse Deutschland heißt die Adresse, bei der Sie Ihren neuen Gebrauchten finden werden. Aus diesem reichhaltigen und übersichtlichen Angebot von Fahrzeugen wählt der Besucher aus einem mehrere Zehntausende zählenden Sortiment aus. Individuelle Wünsche nach Marke, Baujahr, Alter und Herkunft nach Postleitzahlenbereich können in die Suchmaske eingegeben werden, so dass der Begegnung mit dem Traumauto (oft sogar schon mit Foto) nichts mehr im Wege steht. Freunde des Gebots werden an die eBay-Auktionen verwiesen, wo das zukünftige Gefährt ersteigert werden kann. Weitere Informationen über die Richtlinien der Kfz-Steuer, die momentanen Benzinpreise, den Bußgeldkatalog der einen bei Verstößen im Straßenverkehr (nur gegen die StVO!) erwartet und ein „Ratgeber Finanzierung" können abgefragt werden. Welches Auto hätten Sie gern?

Autobörse.de

http://www.autoboerse-online.de

Autos und Motorräder kauft man unter dieser Adresse, denn was sich ganz sportlich und leidenschaftlich präsentiert, ist im Herzen eine durch und durch vernünftig und praktisch strukturierte Autobörse. Autohändler aus dem gesamten Bundesgebiet bieten hier ihre Autos an – und dies nicht nur zum Verkauf, sondern auch zum Verleih oder für flexiblere Finanzierungsmodelle. Auf diese Weise ist die Börse in allen Wagenklassen bestens sortiert. Neben dem Händlerindex hat die Website eine Reihe anderer Vorzüge, die von hohem praktischen Nutzen sind. Beispielsweise werden unterschiedliche Kfz-Versicherungen in ihren Leistungen verglichen. Zwei verschiedene Routenplaner und das Reisewetter erlauben eine stressfreie Fahrt, wie auch ein Ratgeber zur Autoreise mit Kindern.

Auto City

http://www.autocity.de

Die offizielle Gebrauchtwagenbörse des deutschen Kfz-Gewerbes stellt sich und ihr Angebot im Internet vor. Neben vielen Links zu Autozeitschriften, Kfz-Verbänden und Herstellern findet man unter anderem auch den Autocity-Club, in dem Automobilliebhaber sich über ihr Hobby austauschen können. Neuwagen kann man natürlich auch kaufen; ein umfangreiches Händlerverzeichnis rundet das Informationsangebot ab.

AutoEuro.de

http://www.autoeuro.de

Der Automarkt hat sich mit Abstand am weitesten im Internet verbreitet (die Rubrik „Sex" sei da mal außen vor!). Diese Börse ist mit der Online-Ausgabe der Zeitschrift „Auto-Bild" assoziiert und verspricht ein professionelles Angebot und beste Handhabung. Der Katalog bietet Neuwagen, der Markt Gebrauchte von Privatanbietern. Die Suche lässt sich über viele Merkmale einschränken, was wegen des großen Sortiments auch dringend notwendig ist. Wer seinen eigenen Wagen anbieten möchte, kann ein DAT-basiertes Gutachten online anfertigen lassen. Keine Frage, dass man über Links zum Serviceteil der Auto-Bild gelangt, die Routenplaner und anderes Nützliches bereithält.

AutoExplorer.de

http://www.autoexplorer.de

Mit dem Autoexplorer lässt sich das Internet ganz trefflich erobern. Ganz gleich, ob man auf der Suche nach einem Spezialisten für Im- und Exporte ist, ein Bild seines Lieblingswagens als Bildschirmhintergrund sucht, Fernsehsendungen mitschneiden oder die Formel-1-Ergebnisse abrufen möchte: Diese Linksammlung lässt niemanden im Regen stehen. Mehrere 100 Homepages wurden übersichtlich geordnet und sorgfältig nach ihrem Gehalt ausgewählt.

Autofinder by CarGarantie

http://www.autofinder.de

Sie wollen sich ein neues Fahrzeug zulegen? Preiswert soll es sein? Vertrauen Sie CarGarantie, der Nummer eins unter den Garantieanbietern! In der firmeneigenen Gebrauchtwagenbörse, dem Autofinder, wird für jeden der passende Wagen angeboten. Sie brauchen nur den gewünschten Fahrzeughersteller und/oder eine Fahrzeugart zu wählen und erhalten mehrere Angebote entsprechender Wagen – mit allen nötigen Angaben wie Aussehen, Leistung, Preis und momentanem Standort. Da wird garantiert jeder fündig.

Auto-Frau.de

http://www.auto-frau.de

Frauen setzen in den meisten Fällen andere Schwerpunkte beim Kauf eines Autos als Männer. Auf die Rennfahrergurte als Extra verzichten sie gerne und auch die Reifenbreite zählt selten zu den Infos, die sie wirklich interessieren. Worauf es Frauen ankommt, wissen die Frauen wahrscheinlich selbst am besten und so wird man bei der Neu- und Gebrauchtwagenvermittlung autofrau.de ausschließlich von Frauen beraten. Zunächst aber kann man – völlig geschlechtsneutral – die nach Autokategorien eingeteilten Angebote abrufen. Kauf- und Verkaufsbedingungen werden offen und glaubwürdig dargelegt und überhaupt überzeugt die Website durch eine übersichtliche und vertrauenserweckende Struktur.

autoinfo

http://www.autoinfo.de

Die Website dieses markenübergreifenden Gebrauchtwagenmarktes war eine der ersten deutschen Neu- und Gebrauchtwagen-Datenbanken im Internet. Mit einem Anfrageformular erhält man direkte Angebote verschiedener Autohändler, diese bieten ihre Wagen auch mit eigenen Inseraten an. Das Händlerverzeichnis mit den Suchmöglichkeiten nach Regionen, Marken und/oder Händlern bietet die Chance, gezielt im eigenen Umkreis auf die Suche zu gehen. Weiterhin wird mit Kleinanzeigen die Möglichkeit geboten, um einen fahrbaren Untersatz zu feilschen. Händler können ihre Adresse kostenlos registrieren und ihren Fahrzeugbestand aufnehmen lassen.

AFB Software AG: Autokatalog und Automarkt

http://www.autokatalog.de

Ca. 5.000 Neuwagenmodelle und über 500.000 Ausstattungsvarianten von mehr als 50 Herstellern bietet Ihnen der Autokatalog von „AutoEuro". Einfach einige Fahrzeuginformationen wie Fabrikat (z.B. Audi), Reihe (A6), Aufbau (Cabriolet, Coupé etc.) eingeben und schon kann's losgehen. Mehr als angenehm ist der Service, bestehend aus verschiedenen Finanzierungsmodellen, Versicherungstarifen und der Möglichkeit zur Kaufanfrage bei AutoEuro, der zudem noch kostenlos (für Privatkunden) und völlig unverbindlich ist.

Automobile.de

http://www.automobile.de

Das Laden der Seite erfordert ein wenig Geduld, aber es lohnt sich! Hier kann sich der User umfassend vor einem Autokauf informieren, erhält eine Übersicht einiger Händler in der Nähe und erfährt alles Wissenswerte über Versicherungen. Zu weiteren Themen wird der Leser auf die Fachzeitschriften verwiesen, die aktuelle Informationen bereit halten. Doch es geht auch ohne Händler: Ein großer Vorteil dieser Site ist die bequeme und zeitsparende Möglichkeit der kostenlosen privaten Anzeigenaufgabe.

auto-nrw

http://www.auto-nrw.de

Der Gebrauchtwagenmarkt ist zurzeit ein echter Dschungel. Hier können alle private, kostenlose Kleinanzeigen inserieren und gesuchte Fahrzeuge unter ständig aktuellen Angeboten aussuchen. Pro Tag kommen 30 bis 50 neue Angebote dazu. Annoncen werden für vier Wochen freigeschaltet, gewerbliche Anzeigen werden gegen eine geringe Gebühr für acht Wochen aufgenommen. Eine Liste von Sachverständigen und Händlern ergänzt das übersichtlich strukturierte und schnell geladene Angebot.

@utopool

http://www.autopool.de

Noch eine Autodatenbank, die es zu durchforsten gilt: Im @utopool schwimmen jede Menge Modelle unterschiedlicher Hersteller, die darauf warten, von willigen Käufern „gerettet“ zu werden (die PKW, nicht die Hersteller!). Der Autopool ist relativ neu, aber einfach zu finden und noch einfacher zu bedienen. Ein „Easy Licht“ beleuchtet die neuesten und besten Angebote, die „Four Tops“ (die vier besten Angebote) werden jeden Tag neu erstellt und per Foto der Internet-Kaufgemeinde feilgeboten. Im Online-Shop gibt's vieles „aus einer Hand“, Günter Winkler, „Chef-Bademeister“ am Autopool, reicht Ihnen virtuell die Hand und begleitet Sie beim Einkauf. Wem das noch nicht reicht, der kann sich nach Jobangeboten umsehen oder die @utopool-Partner besuchen. Oder seinen Gebrauchten inserieren – ganz mühelos.

Autos.Lokales.de

http://www.autos.lokales.de

Hier findet man einen übersichtlichen und klar strukturierten Anzeigenmarkt, in dem Händler wie auch private Anbieter die Möglichkeit haben, zu inserieren – Letztere sogar kostenlos! Die Anzeigen können nach den Kriterien „Region“ oder „Automarke“ abgerufen werden. Anhand der komfortablen Eingabemaske ist es ein Leichtes, sein Angebot online zu stellen und es zusätzlich bei Bedarf im Lokalverband Niedersachsen zu veröffentlichen. Der einzige Haken liegt in der Suchfunktion: Es muss unbedingt auf Groß- und Kleinschreibung geachtet werden. Ansonsten ist diese Web-Adresse nützlich für jeden, der an Ver- oder Ankauf (s)eines fahrbaren Untersatzes interessiert ist.

hammerdeals.de Internet AG

http://www.autoportal24.de

Begeisterung rund um's Auto! www.autoportal24.de ist das erste Internet-Portal, das dem Gesamtmarkt "Auto" gerecht wird. Vom Nutzfahrzeug oder PKW über die gebrauchte Stoßstange bis hin zu hochwertigem Car-HiFi: Bei www.autoportal24.de findet der Autobegeisterte so ziemlich alles. Jeder, ob Endkunde oder Händler, kann auf der Plattform handeln. Neben dem umfangreichen Angebot an Autoteilen (über 500.000 Teile) finden auf www.autoportal24.de täglich Auktionen statt. Abgerundet wird das Angebot durch aktuelle Autonews, Informationen und Serviceleistungen rund um's Auto.

Autosalon

http://www.autosalon.de

Autosalon.de ist eine gute Adresse, um in der markenübergreifenden und neutralen Neu- und Gebrauchtwagendatenbank ein neues (oder gebrauchtes) Fahrzeug zu finden. Auf den grafisch spartanischen, aber dafür klar gegliederten Seiten werden unterschiedliche Varianten angeboten, um ans neue Auto zu kommen oder das alte zu verkaufen. Platz für Kleinanzeigen, in denen der private Nutzer sein Angebot oder sein Gesuch aufgeben kann, wird zur Verfügung gestellt. Weiterhin kann ein Anfrageformular ausgefüllt werden, indem der gesuchte Neu- oder Gebrauchtwagen angegeben wird. Dieses Formular wird an die Händler weitergegeben, die sich im Händlerverzeichnis von autosalon.de haben registrieren lassen.

Autoscout 24

http://www.autoscout24.de

Unter www.autoscout24.de finden Sie Ihr Wunschauto! Der virtuelle Marktplatz rund um das Thema Automobil hat über 250.000 Gebrauchtwagen aller Marken, darunter auch Oldtimer und getunte Autos, Motorräder und LKWs in seiner Datenbank. In der Suchmaske geben Sie einfach gewünschtes Modell und Baujahr ein und in Sekundenschnelle erscheint eine Übersicht Ihrer Traumwagen. Exposés mit Fotos geben Ihnen sämtliche Informationen zum ausgewählten Fahrzeug. Pluspunkt: Sie können ausgefallene Modelle in ganz Europa suchen – AutoScout24 ist in acht europäischen Ländern aktiv. Anbieten und Loswerden können Sie Ihr Auto bei AutoScout24 natürlich auch. Ihr Inserat ist kostenlos und wird unmittelbar nach der Dateneingabe für vier Wochen online gestellt. Umfangreiche News und Serviceangebote zum Thema Automobil wie z.B. Fahrberichte, Steuertipps, Musterverträge sowie Finanzierungs- und Versicherungsangebote runden das breite Spektrum der Internetbörse ab.

Homepage Autoscout 24

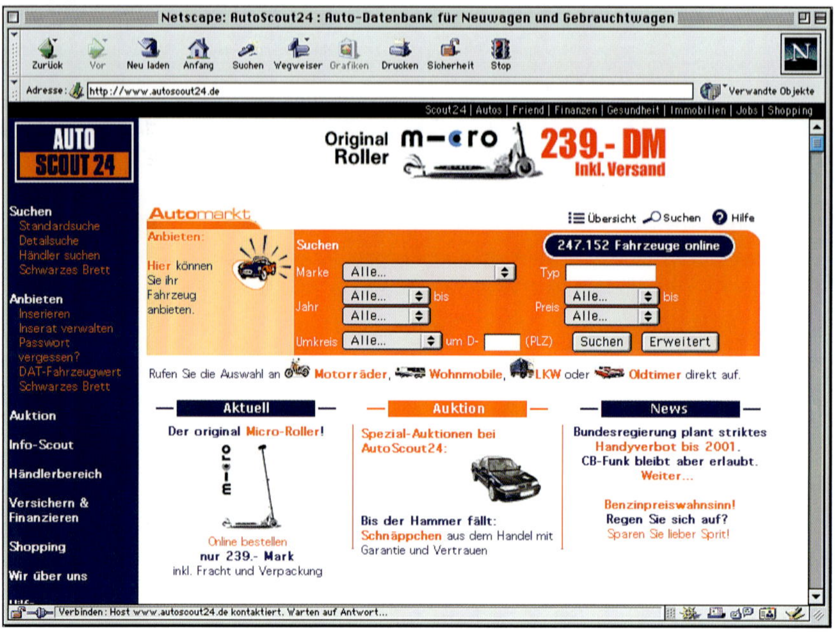

autoshop.de

http://www.autoshop.de

Der Gebrauchtwagenmarkt im Internet mit dem „ersatzteiligsten“ Namen heißt autoshop.de. Hier findet man neue und gebrauchte Wagen (logisch: dafür ist ein Automarkt ja da!); alternativ kann man seinen eigenen Neuen oder Gebrauchten inserieren. Das Besondere: Hier können Sie auch etwas über Nietzsche lesen – obwohl der Smilie hinter jenem Suchbegrifff in der Schnellnavigation eher vermuten lässt, dass der Webmaster ein ausgemachter Spaßvogel ist....

Auto-Web

http://www.autoweb.at

Wie soll man das hier Gebotene am besten zusammenfassen? Vielleicht mit dem Slogan „Alles rund ums Auto!“ Tatsächlich gibt es hier wirklich alles, denn es handelt sich um das größte österreichische Online-Forum rund um das Automobil. Zwar sind – wie z.B. die Gebrauchtwagenbörse – nicht alle Zweige dieser Website für die deutschen User interessant, aber die Fahrberichte der vergangenen Jahre, internationale Fahrerclubs und die vielen Links büßen jenseits der Landesgrenzen nichts von ihrem Wert ein. Weitere Schwerpunkte liegen auch auf den Bereichen Oldtimer und Motorräder.

Car Finder

http://www.car-finder.net

Wie soll denn nun Ihr Traumauto aussehen: Ist es a) der schicke schwarze Alfa Romeo 156 im eleganten Design, oder b) der solide Seat Toledo in Goldmetallic, oder etwa c) der familienfreundliche Audi A6 in der Kombiversion? Ganz egal, wo Ihre Präferenzen liegen: Ihr Wunschauto finden Sie dank Car Finder. Ein weiterer Vorteil: schlecht gekleidete und allzu aufdringliche Gebrauchtwagenhändler bleiben Ihnen hier erspart. Außerdem sprechen die Ladenöffnungszeiten (Internet-like rund um die Uhr) für sich. Wozu also noch warten: Hin zu Car Finder und Traumautos gesucht! Dass neben den Wagen auch noch Versicherungsvermittlung, Finanzierungs- und Leasingangebote sowie zahlreiche Pages zu Car-HiFi- und Navigationsangeboten locken, wissen Sie aber nicht von uns....

Cars & More

http://www.carsandmore.de

Wer suchet, der findet. So auch hier: Cars & More hilft Ihnen bei der Suche, damit Sie Ihr Wunschauto schneller finden. Einfach den Suchauftrag formulieren, in die Suchmaske eingeben, losschicken – und warten. Das Ganze klingt simpel und ist ebenso strukturiert. Der Service unterscheidet sich nicht großartig von dem anderer Anbieter, ist aufgrund seiner Schnörkellosigkeit und der einfachen Handhabung dennoch erwähnenswert.

Cars Online

http://www.carsonline.de

Aber jetzt mit Vollgas. Zum großen deutschen Automarkt im Internet: Cars Online. Kfz-Angebote, Anzeigenannahme und Händleradressen: Diese Website ist als Kontaktbörse unverzichtbar. Wer auf eigene Faust seinen PKW anbieten oder suchen möchte, kann das unter der Rubrik „Pinboard“ erledigen. Händler können sich unter „Infos“ erkundigen, warum und zu welchen Konditionen ein Inserat im Internet sinnvoll ist. Die Autofanatiker und Neugierigen werden im „Hot Spot“ mit brandaktuellen Nachrichten aus der Automobilbranche gefüttert und können hier schon einmal einen Blick auf kommende Modelle und Serien riskieren. Termine, Tipps und Links komplettieren diese ausgesprochen schön gestaltete Seite. Doch halt: Ein Bonbon hätten wir fast noch vergessen: Unter „Concept Cars“

wird es futuristisch. Hier werden die aufsehenerregenden Modelle der Zukunft präsentiert. Neue Konzepte eben. Das Konzept der Cars Online-Redaktion ist auf jeden Fall absolut tragfähig und stellt in dieser Form eine außergewöhnliche Bereicherung des Cyberspace dar.

Euro Car Market

http://www.eu-neuwagen.de

Traumwagen zu Traumpreisen verspricht „Deutschlands größte Internet-Datenbank der Preisvorteile", die sich die Preispolitik der Autohersteller zunutze macht, Neuwagen in verschiedenen europäischen Ländern zu stark unterschiedlichen Preisen anzubieten. In der Datenbank finden Sie mehrere hundert Händlerangebote, Ausstattungswünsche werden berücksichtigt. Nach mehreren Mausklicks erscheinen schließlich Modell, Preis und Ausstattung auf dem Bildschirm. Danach müssen potenzielle Käufer ihre Adresse und Telefonnummer mitteilen, die dann an den Händler weitergeleitet wird. Leider fehlen wichtige Angaben zu den angebotenen Fahrzeugen wie das Baujahr, außerdem sind alle Angaben „ohne Gewähr".

FairCar

http://www.faircar.de

Faircar stellt Autohäusern und Endkunden ein Internet-Programm mit zahlreichen innovativen Extras zur Verfügung. Herzstück ist natürlich die umfangreiche Datenbank, die ein schnell wachsendes Angebot an Gebrauchtfahrzeugen vorrätig hält. Wie beim Neuwagenkauf können Sie sich hieraus nach den Ihnen wichtigen Kriterien wie Modell, Baujahr oder Preis Ihr Wunschfahrzeug auswählen. Mit einem Mausklick erfahren Sie, welches Autohaus im Bundesgebiet das ausgesuchte Fahrzeug anbietet. Die Faircar-Routenplanung schließlich berechnet jedem Kunden den kürzesten Weg zum ausgewählten Modell – inklusive Anfahrtsskizze.

Faszination Oldtimer: Kleinanzeigenmarkt

http://www.faszination-oldtimer.de/markt/index.html

Nicht besonders spektakulär, aber nützlich für alle, die entweder von einem Oldtimer träumen, ihn nur nicht finden oder diejenigen, denen das Fahrvergnügen in Ermangelung an Ersatzteilen nicht vergönnt ist. Die Seite faszination-oldtimer.de ist der bunte Kleinanzeigenmarkt für die etwas älteren Autos. Ob Sie einen VW-Bus mit geteilter Frontscheibe suchen oder nur dessen originalen Tankdeckel – hier werden Sie fündig.

Gebrauchtwagen.de

http://www.gebrauchtwagen.de

Unter den zahlreichen Online-Gebrauchtwagenbörsen ist diese besonders herauszustellen. Nur wenige sind eine solche Augenweide, denn die Gestaltung ist überdurchschnittlich elegant und übersichtlich. Die Suche beginnt unmittelbar auf der Startseite, ganz so, wie es sein sollte. Die Anbieter sind Händler und private Autobesitzer. Beide haben die Möglichkeit, Fahrzeuge mit und ohne Bild anzubieten. Einer der Vorzüge dieser Homepage besteht in der Möglichkeit, individuelle Finanzierungsangebote zu machen. Händler haben außerdem ihren eigenen Passwort-geschützen Bereich, in dem sie jederzeit vollen Zugriff auf ihre Daten haben und vollautomatische Updates ihrer Inserate mit Hilfe von Händlersoftware machen können.

Gebrauchtwagen-Welt

http://www.gebrauchtwagen-welt.de

Noch eine Gebrauchwagenbörse im Internet. Die Konditionen sind für private Anbieter und Leute, die auf der Suche sind, günstig. Zwei Extras hat dieser Markt zu bieten: Zum einen ist es möglich, an Online-Auktionen teilzunehmen, bei denen man durchaus ausgefallene Automobile sehr günstig per E-Mail-Gebot erstehen kann. Zum anderen gehört eine Jobbörse für die Kraftfahrzeugbranche zum Programm, bei der Händler, Mechaniker oder andere Spezialisten einen neuen Brötchengeber finden können.

ITB-Gebrauchtwagenbörse

http://www.grundboerse.de

Ein beachtliches Angebot an neuen und gebrauchten Fahrzeugen aller Art präsentiert die Leipziger ITB Technikbörse auf ihrer gut funktionierenden, aber wenig übersichtlichen Website. Zum Angebot gehören LKW bis/über 7.5t, Transporter und Baumaschinen ebenso wie „Luxus Cars", Off-Road- und Jahreswagen. Ferner erhält der Interessierte Hinweise zur Finanzierung, Veranstaltungstipps und einiges anderes Sinnvolles wie Überflüssiges mehr. Wer kaufen oder verkaufen möchte, füllt einfach das vorliegende E-Mail-Formular aus.

Hammerdeals.de

http://www.hammerdeals.de

Die Hammerdeals.de AG ist ein Auktions- und Handelshaus im Internet und tritt als Vermittler zwischen Anbietern und Käufern auf. Dabei dreht es sich hauptsächlich rund um das Auto, sei es nun der Wagen selbst oder zum Beispiel verschiedene Serviceleistungen, so u.a. Routenplanung. Sie wollen sich Ihr Auto ersteigern? Auch das ist auf dieser Seite möglich: Vom Oldtimer bis zum sportlichen Flitzer findet der Schnäppchenjäger hier ein breites Angebot an Autos vor. Falls Sie bereits ein Auto besitzen, es aber nicht mehr funktioniert, sollten Sie der Rubrik „Gebrauchtteile" einen Besuch abstatten, wo sich eine Datenbank mit 5.000 dieser Ersatzteile befindet.

InterntCarShopping.de

http://www.internetcarshopping.de

Vorwiegend amerikanische Autos stehen hier zum Verkauf. Die Auswahl geht von Cabriolets über Vans bis hin zu Camping- und Kinderfahrzeugen, aber auch Unfallautos und europäische Fahrzeuge werden angeboten. Die einfache Gestaltung ermöglicht eine gute Übersicht und eine leichte Navigation durch die Seite. Da sich weitere Features (z.B. Ersatzteilservice) im Aufbau befinden, ist bei internetcarshopping.de in der Zukunft mit einem noch umfangreicheren Angebot zu rechnen.

Deutsche Automobil Computerbörse

http://www.kfz.com

Die Deutsche Automobil Computerbörse informiert über Leistungen und Angebote vom „Willer Service Center" und der Autohäuser Lorenzen, Lange und Thurner GmbH & Co. KG. Auch hat die DAC auf ihrer Website eine Suchmaschine für gebrauchte Automobile, die „Kfz-Datenbank", eingerichtet. Hier kann sich der Surfer über das Sortiment der Altwagen informieren oder sein eigenes Auto zum Verkauf anbieten. Auf einer Extra-Seite können Sie der DAC Feedback durch Lob oder Tadel geben.

Kfz.de

http://www.kfz.de

Dem angeblich liebsten Kind der Deutschen ist diese Website gewidmet. Das Angebot beinhaltet als ersten Schwerpunkt eine Gebrauchtwagenbörse. Zusätzlich existieren ein paar Verweise zu Händlern, Zubehörherstellern oder Clubs von Fans einzelner Fahrzeugtypen. Dies alles scheint allerdings noch sehr ausbaufähig. Schon heute lesenswert dagegen das Kapitel „Recht und Auto", mit aktuellen Urteilen und zahlreichen Erklärungen, die auch juri-

stische Laien am Lenkrad verstehen. Seiten zum Thema „Geld und Auto" sind in Vorbereitung. Vielleicht wird dann auch das langweilig graue Layout der Seiten etwas aufgefrischt.

Mobile.de
http://www.mobile.de

Zu den schwierigeren Dingen des Lebens in einer Industriekultur gehört mit Sicherheit der Autokauf. Besonders schwierig wird es dann, wenn man sich keinen Neuwagen leisten kann und sich meterweise durch Zeitungsannoncen quält, um frustriert feststellen zu müssen, dass Ihr Traumwagen, ein Nissan Micra mit gelben Stoßdämpfern, Sportsitzen und Heckspoiler, schon verkauft ist. Nicht verzweifeln! Unter mobile.de können Sie eine virtuelle Suche starten, bei der Sie alle Ihre Wünsche eingeben können. Das Beste daran: Die Annonce bleibt, auch wenn die Datenbank gerade nicht Ihren Wunsch erfüllen kann. Sollte sich das ändern, werden Sie sofort benachrichtigt. Per E-Mail.

K&W Automobile
http://www.mobile.de/kwauto

Zum mobile.de-Verbund gehört auch das Unternehmen K&W Automobile aus Süddeutschland, welches das Internet nach bewährtem Muster als Vorführraum nutzt. Wo sonst findet sich binnen Sekunden ein Gebrauchter, der nach nur einem halben Jahr bereits um ein Drittel im Preis gesunken ist? U.a. hier! Es können maßgeschneiderte Angebote sowohl für den An- als auch für den Verkauf eingeholt werden, wobei sich ein Preisvergleich zweifelsohne lohnt. Deswegen: Je schneller Sie sich hier einloggen, desto günstiger wird's für Sie!

Motobox
http://www.motobox.de

Verlockende Angebote hält diese Internet-Börse in Sachen Gebrauchtwagen und -motorräder bereit. Seit einigen Jahren ist der Automarkt eng geworden, für den Verbraucher macht sich dies in vielen großzügigen Angeboten bemerkbar. Da eine Vielzahl von Offerten von Händlern stammen, werden gleichzeitig der volle Service und Garantieleistungen geboten. Noch günstigere Schnäppchen werden am Schwarzen Brett von „privat an privat" offeriert. Händler können zu guter Letzt eine eigene Homepage einrichten und ihr gesamtes Angebotsverzeichnis regelmäßig aktualisieren lassen. Selbst wer keinen eigenen Internetzugang hat, kann eine E-Mail-Adresse erhalten und sich seine Post – in Faxe umgewandelt – zuschicken lassen.

MotorNet Online-Börse
http://www.motornet.at

Manchmal muss man eben meilenweit gehen, um seinen Traumwagen zu finden – vielleicht sogar bis nach Österreich. Die Alpenbewohner haben Zugriff auf eine Autobörse, die eine hervorragende Funktion hat: Man kann qua Eingabe seiner Postleitzahl den Radius seiner Suche festlegen. Zudem ist das Angebot in Händlerwagen und Oldtimer unterteilt. Eine Dia-Show und eine Linksammlung sind nette Extras.

Online-Automarkt.com
http://www.online-automarkt.com

Trotz des nostalgischen Designs geht es hier weniger um alte Schätzchen: Schnell und ohne Gebühren kann man bei dieser Datenbank auf Gebrauchtwagensuche gehen oder sich das Angebot von Händlern in der näheren Umgebung zeigen lassen. Die Suche kann beispielsweise nach ostdeutschen Regionen erfolgen, was besonders für ländliche Gebiete von großem Vorteil ist.

Dresdner Fahrzeugbörse
http://www.sachverst.de/fahrzeugboerse/index.htm

Eine Fahrzeugbörse wie diese sollten alle Städte haben: Um in Dresden und Umgebung seinen alten Wagen an den Mann zu bringen oder sich einen neuen zuzulegen, klickt man sich zu dieser Site. Die Suche lässt sich wie gewohnt nach Modellen oder Preis einschränken. Doch damit ist es nicht getan, denn diese Seite bietet einen Rundum-Service für jedes Automobil im Einzugsgebiet der Stadt. Folglich werben hier auch Händler und Werkstätten, Sachverständige, Versicherungen und Autovermietungen. Daneben gibt es immer frische Finanzierungsangebote oder die Dresdner Restwertebörse, bei der man das ein oder andere Schnäppchen im Bereich der Ersatzteile oder Unfallwagen machen kann.

Süddeutsche Zeitung: KFZ-Markt
http://www.sueddeutsche.com/indexa.html?kfz

Der Anzeigenmarkt der SZ erscheint zweimal wöchentlich ab Mitternacht auf dieser Website. Private und gewerbliche Anzeigen können abgerufen werden, wobei die Auswahl bei Autos leichter fällt, die sich in der mittleren und gediegenen Preisklasse befinden – das Spaßmobil findet man wohl besser im Hinterhof nebenan. Kriterien wie Marke und Preis des Wunschmobils sowie die Auswahl der Region des Anbieters erleichtern die Suche. Neueste Informationen rund um Verkehr werden gleich mitgeliefert.

The Auto Channel
http://www.theautochannel.com

Was darf denn sein? „Used Cars Classifieds" (Gebrauchtwagenkleinanzeigen), News, Produktbewertungen oder Automuseen? The Auto Channel bietet wirklich jedem, der sich auch nur entfernt für Autos interessiert, etwas. So können Sie z.B. im „Search Tower" nach neuen Autos suchen, am „Bulletin Board" (Schwarzes Brett) Nachrichten hinterlassen, Rennergebnisse von Oldtimerrennen abfragen, chatten, Videos (der Tune-Up-Kit versorgt Sie mit dem dafür nötigen Rüstzeug) und Fotos anschauen, Musikclips (Tune-Up-Kit!) hören oder sich den Gebrauchtwagenpreisführer (Used Car Price Guide) zu Gemüte führen. Die Verweise scheinen schier unendlich, sogar Adressen zu Rennschulen sind aufgeführt. Am besten, Sie klicken erst einmal auf die „Site Map", um die ein wenig die Übersicht zu gewinnen und schon kann die Entdeckungsreise in Sachen Auto (der Motorradsektor wird dabei keineswegs stiefmütterlich behandelt!) losgehen. Ein bisschen schade ist nur, dass die Seite komplett in Englisch abgefasst ist – also: Wörterbuch nicht vergessen!

VW Jahreswagen
http://www.vw-jahreswagen.de

Bekanntermaßen kann man ungeheure Schnäppchen auf dem Jahreswagenmarkt machen. VW ist einem bei der Suche nach einem solchen Modell sogar noch behilflich und vermittelt auf dieser Site Autos auf drei verschiedenen Wegen: über den Jahreswagenmarkt, vor Ort bei einem Volkswagen- und Audihändler oder über den VW-Belegschaftsverein in Wolfsburg, bei dem die Mitarbeiter des Unternehmens – stets mit den schicksten und preiswertesten Wagen ausgestattet – ihre Fahrzeuge an Schnäppchenjäger vermitteln können. Kaum noch zu unterbieten sind die Offerten im so genannten Discount-Verkauf, bei dem bestimmte Modelle zu sensationellen Preisen über den Ladentisch gehen!

Webauto
http://www.webauto.de

Suchen sie schon seit langem Ihr Traumauto? Bei Webauto.de finden Sie es wahrscheinlich, denn diese Site lässt das Herz des Automobilfans höher schlagen. Neben vielen privaten kostenlosen Kleinanzeigen finden sich hier Händlerlisten und Informationen rund um das liebste Kind der Deutschen. Eine professionelle Suchfunktion lässt zudem kaum einen Wunsch offen.

Händler

Allgemeine Fahrzeugübernahme Gesellschaft mbH

http://www.afg.de/index.htm

Mehr als nur die sorgfältige Überführung wertvoller Fahrzeuge vom Hersteller bis zum Kunden umfasst das Tätigkeitsfeld der AFG, der „Allgemeinen Fahrzeugübernahme Gesellschaft mbH". Vielmehr übernimmt die AFG die komplette Steuerung und Überwachung der logistischen Herausforderung, die Fahrzeugübernahme und -übergabe, vom Werk über die Spediteure bis zu den Autohandelshäusern und den Importeuren im In- und Ausland, reibungslos zu gewährleisten. Kostensenkung bei den Produzenten, höhere Auslastung bei den Spediteuren, umfassende und ständig abrufbare Informationen bei den Händlern und eine insgesamt gesteigerte Zufriedenheit der Kunden sind messbare Resultate der qualitativ hochwertigen Dienstleistungen, mit denen die AFG seit 1982 große Kunden auf dem deutschen Automobilmarkt versorgt.

Arden Automobilbau GmbH

http://www.arden.de

Arden klingt schon so ähnlich wie „Eden" und ist auch gar nicht so weit davon entfernt. Jochen Arden hat es sich zur schweren Aufgabe gemacht, die Qualität der Ausstattungen von Nobel-Karossen noch einmal gewaltig anzuheben. Er entwickelt auf der Basis von Jaguar- und Range-Rover-Fahrzeugen Automobile, die sich durch ihr Design und eine hochwertige Innenausstattung aus Holz und Leder vom Typeneinerlei auf den Straßen abheben. Was in Serie niemals möglich ist, wird hier Realität: Die Site stellt die verschiedenen Veredelungsmöglichkeiten vor und bietet auch einige Modelle zum Verkauf an.

Armeeshop

http://www.armeeshop.de

Eine erstklassige Adresse für Fahrzeuge aus Bundeswehrbeständen ist der Armeeshop. In einem tadellosen Zustand werden Ihnen Volkswagen, Unimogs, LKW, Kräne, Busse, Anhänger, Gabelstapler und sogar Stromaggregate präsentiert. Dank Fotos von den Fahrzeugen und Informationen zu Baujahr, Tachostand, Leistung, Motor, Chassis, Reifen, Lack, Technik, Leer- und Gesamtmasse, Radformel, elektrischer Anlage, Batterie und Zubehör erhalten Sie ein genaues Bild von den angebotenen Fahrzeugen.

Audi Zentrum Ingolstadt

http://www.audi-ingolstadt.de

Wer auf diese Site möchte, braucht etwas Geduld, erhält dafür aber die Chance zu sehen, wie man mit dem Internet heute die Sinne reizen kann. Wer sich nicht gerne reizen lässt, wählt die schnellere Version: Hier kommt man dank geringer Ladezeiten an die Datenbanken mit den Neu- und Gebrauchtwagen (mit Schwerpunkt auf Jahres- und Dienstwagen). Wer sich hingegen auch über die Serviceleistungen oder das Ingolstädter Unternehmen informieren möchte, kommt allerdings um die stark animierte Version nicht herum.

Audi-Partner

http://www.audi-partner.de

Wenn Sie wissen wollen, wo der nächste Audipartner oder die nächste Werkstatt in Ihrer Nähe ist, dann wählen Sie diese Seite an. Suchkriterien eingeben und los geht's. Audi ist überall.

Auto Becker

http://www.autobecker.de

In Düsseldorf werden Träume wahr: Auto Becker bietet Fahrzeuge vom Feinsten – eben solche, die einem schon beim Klang des Namens einen Schauer über den Rücken jagen. Lotus und Maserati sowie Aston Martin und Bentley sind die Marken, die es hier zu besichtigen gibt. Die Homepage bietet neben den klassischen Möglichkeiten einen Wagen zu erwerben auch die moderne Spielart der Online-Auktion. In den Datenbanken kann über verschiedene Suchmodi recherchiert werden. Wie es sich für ein Unternehmen dieser Güteklasse gehört, wird auf der Site der Service großgeschrieben. Folglich kann man sich zum Beispiel auf den Kauf eines der Modelle vorbereiten, indem man sich zwecks gemeinsamen Schwel-gens den zahlreichen Clubs anschließt, deren Adressen den Surfern zur Verfügung gestellt werden.

Autogalerie R & S

http://www.autogalerie-rs.de

Die Autogalerie R&S in Düsseldorf bringt mit ihren Modellen der Marke Renault einen Hauch französischen Lebensgefühls auf den deutschen Asphalt. Die Auswahl bei den Neu- und Gebrauchtwagen kann jederzeit unter die Lupe genommen werden, wer den Entschluss für den Kauf eines der Modelle gefasst hat, kann sich per Mausklick mit der Renault-Bank verbinden lassen, die attraktive Finanzierungsangebote unterbreitet.

Homepage Armeeshop

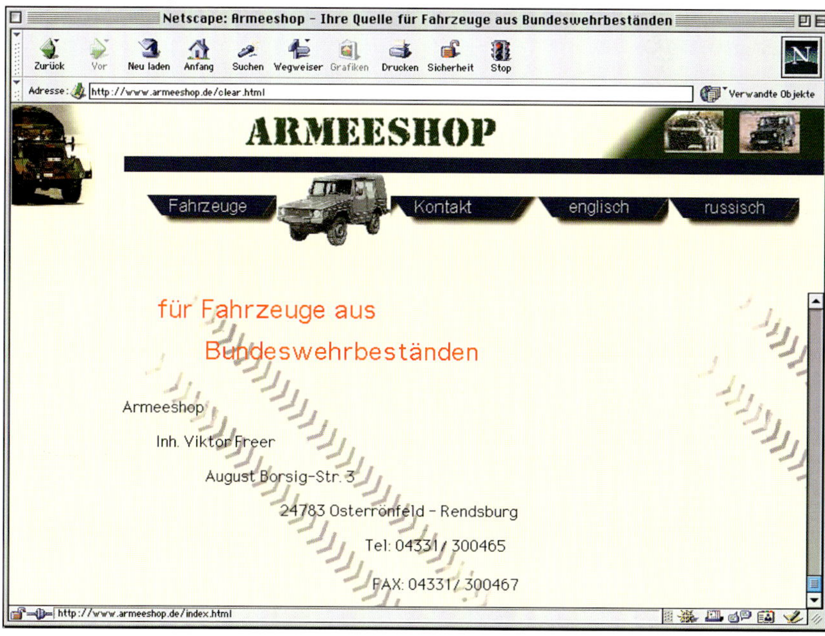

Haug Handels GmbH

http://www.autohaug.de

Der Münchener Fahrzeughändler Haug hat sich auf neue und gebrauchte Fahrzeuge der Marken BMW, Mercedes und Porsche spezialisiert, vor allem auf deren Export. Wer mag, kann hier nicht nur in den ständig aktuellen Angeboten stöbern, sondern auch seinen eigenen Wagen anbieten oder ein Gesuch aufgeben. Finanzierungs- und Leasing-Angebote werden ebenfalls unterbreitet.

Autohaus Berolina Halensee

http://www.autohaus-berolina.de/halensee

Das Autohaus Berolina präsentiert sich im World Wide Web auf vorbildliche Weise. Manche Kritiker des Internets beklagen, dass viele Seiten zu unübersichtlich gegliedert seien – hier werden dagegen alle brauchbaren Informationen auf den Punkt gebracht. Das sind im einzelnen die Öffnungszeiten von Werkstatt, Verkauf und Service sowie Kontaktmöglichkeiten. Dazu kommt natürlich das umfangreiche Serviceangebot, das u.a. Mietservice für Kindersitze und Saisonzubehör, Navigationssysteme, Mietwagen, Klimaanlagenservice, Tuning und vieles andere mehr umfasst. Der Händler führt Neuwagen von Audi und VW, von diesen Fabrikaten werden die wichtigsten Modelle mit verschiedenen Ausstattungsmöglichkeiten vorgestellt. Zudem führt uns die Site zum Gebrauchtwagenangebot.

Autohaus Wolfsburg

http://www.autohaus-wolfsburg.de

In Wolfsburg, um Wolfsburg und um Wolfsburg herum befinden sich die Niederlassungen von...? Richtig: dem Autohaus Wolfsburg. Neue Modelle von Volkswagen und Audi sind hier in reicher Auswahl zu haben, eine Datenbank mit rund 1.500 verlockenden Gebrauchtwagenangeboten macht die Auswahl nicht eben leicht. Bei Extrawünschen kann man sich direkt an das Karosserie- und Lackierzentrum wenden, die einem gerne einen kleinen Traum erfüllen.

automobil-info.de

http://www.automobil-info.de

Robert Quotschalla hilft Automobilsuchenden auf die Sprünge. Und derlei Sprünge sind im Netz der Netze zuweilen gewaltig. Wer von Angebot zu Angebot „hoppen" möchte, der klicke diese Adresse an. Autohaus-Index, Automarkt, Profi- und Freakbereiche: für jeden ist etwas dabei. Seien es Literaturtipps, die Links zum richtigen Club individueller Wahl oder der Vertagshändler des Vertrauens um die Ecke: Quotschalla liefert alles binnen Sekunden.

Autohaus Popp

http://www.autopopp.de

Audi- und Volkswagen kann man sich bequem über das Internet von der Firma Popp nahe Nürnberg vorführen lassen. Das Haus bietet auch verschiedene Veredelungsmöglichkeiten, um das gewählte Modell so weit wie möglich den Wunschvorstellung der Kunden entsprechen zu lassen. Verschiedene Finanzierungsmöglichkeiten können an- und abgefragt werden.

Autowelt König GmbH

http://www.autowelt-koenig.de

In einem Teil Frankens, zwischen Hof und Bayreuth, ist die Welt noch in Ordnung: Dort befinden sich die sieben Niederlassungen der Autowelt König. Hier werden Fahrzeuge der Marken VW, Audi und Seat verkauft – und das in allen Preisklassen! Geboten werden Neu- und Vorführwagen, Dienstfahrzeuge, Unfallwagen und andere Gebrauchte.

Baumanns Automobile Welt

http://www.baumanns-amw.de

Die Bayrischen Motorenwerke haben in dem Örtchen Hofgeismar einen Vertrieb für ihre Modelle gefunden, der auch im Internet eine würdige Selbstdarstellung aufgebaut hat. Baummann vertreibt neue und gebrauchte BMW. Sollte das gewünschte Modell nicht dabei sein, besteht die Möglichkeit, einen unverbindlichen Suchauftrag abzuschicken.

Autohaus Zeisler GmbH

http://www.bmw.de/partner/ah_zeisler

Das Autohaus Zeisler in Waiblingen nahe Stuttgart bietet eine interessante Auswahl Gebrauchten sowie Neuwagen aus der BMW- Schmiede. Die übersichtliche, mit Formularfeldern zu benutzende Datenbank ermöglicht eine schnelle und gezielte Suche. Wer sein Wunsch-KFZ noch nicht gefunden hat oder mehr Informationen über die aktuellen Modelle wünscht, der kann sich per Mausklick direkt zur zentralen BMW-Homepage weiterverbinden lassen.

BMW Niederlassung Düsseldorf

http://www.bmw-nl-duesseldorf.de

Wer in der BMW-Niederlassung in Düsseldorf nicht fündig wird, dem ist wohl kaum noch zu helfen. Die Site dieses Autohändlers bietet Fahrzeuge mit zwei und vier Rädern zum Kaufen, Mieten, Leasen und liefert dafür gleich die Finanzierungstipps mit. Die neuesten Modelle aus Bayern werden in einer eigenen Rubrik vorgestellt. Wer möchte, kann sich direkt zur Probefahrt anmelden.

Autohaus Bobrink Bremerhaven

http://www.bobrink.de

Was darf es sein aus dem Hause BMW? Ein Roadster? Oder die viertürige 3er-Limousine? Die Bremerhavener BMW-Niederlassung Bobrink stellt sich im World Wide Web mit ihrer Auswahl an neuen, fast neuen und gebrauchten Modellen den kritischen Blicken der Öffentlichkeit. Bei den Gebrauchtwagen sind durchaus auch andere Marken der Mittel- und Oberklasse vertreten, bei besonderen Wünschen steht das Team für persönliche Beratungen zur Verfügung.

Braunroth Automobil GmbH

http://www.braunroth.de

Wer ein Fahrzeug der Oberklasse sucht, kommt an diesem Händler nicht vorbei. Da helfen auch keine Ausreden, dass der Firmensitz in Nürnberg zu weit weg sei, denn dieses Autohaus bietet an, die Kunden für Probefahrten beispielsweise vom Bahnhof oder Flughafen abzuholen. Dann erwarten einen die Modelle mit Edelholzverkleidungen und Ledersitzen unterschiedlicher Fabrikate, die man sich vorab auf der Homepage ansehen kann.

(Homepage S. 66)

Euro Car Market

http://www.euro-car-market.de

"Neuwagen 10-30% unter den unverb. Preisempfehlungen" verspricht Deutschlands Spezialdatenbank für besonders preiswerte neue und junge Wagen (meist EU-Re-Importe). In der Datenbank finden sich über 11.000 Händlerangebote aus ganz Deutschland. Zudem kann über einen Konfigurator das persönliche Wunschauto konfiguriert werden. Die Datenbank liefert dann individuelle, vollgültige Sofortangebote durch automatischen Datenabgleich aus dem Pool mehrerer hundert spezialisierter Händler zu genau diesem Autowunsch. Das Verfahren ist zunächst anonym. Will der potentielle Käufer Kontakt mit aus-

gewählten Händlern aufnehmen, muss er seine Adressdaten eingeben. Gleichzeitig bekommt er alle Daten der Händler. Nach eigenen Angaben werden euro-car-market monatlich annähernd 3.000 Autos verkauft.

Volkswagen Zentrum Freiburg

http://www.gehlert.de

In Freiburg befindet sich ein Volkswagen- und Audi-Zentrum, das zu den Favoriten für die schönste Homepage aller Autohändler zu zählen ist. Hier bietet sich eine übersichtliche Gestaltung, die direkt zu den verschiedenen Modellen führt. Die Gebrauchtwagen-Datenbank bietet in der Hauptsache Fahrzeuge der beiden Hausmarken, aber auch das ein oder andere Fremdmodell zu günstigen Konditionen an.

Gohm Ferrari

http://www.gohm.de

Nur 23 Ferrari-Händler gibt es in ganz Deutschland – dies ist einer davon. Bei diesem Singener Unternehmen kann man nicht nur den aktuellen Bestand an neuen und gebrauchten Ferraris bestaunen, sondern auch Informationen zu Formel-1-Fahrerlehrgängen ordern oder Einblick in den Veranstaltungskalender nehmen.

Gottfried Schultz

http://www.gottfried-schultz.de

Gottfried Schultz vertreibt an über 30 Standorten im Rhein-Ruhr-Gebiet Autos der Marken Porsche, Audi und VW. Neu- und Gebrauchtwagen sind in großer Auswahl ständig verfügbar, die Prospekte können online angefordert werden. Für die Gebrauchten gibt es eine Datenbank mit rund zweieinhalbtausend Einträgen, die binnen Sekunden abgerufen werden können. Prima!

Homepage Braunroth Automobil GmbH

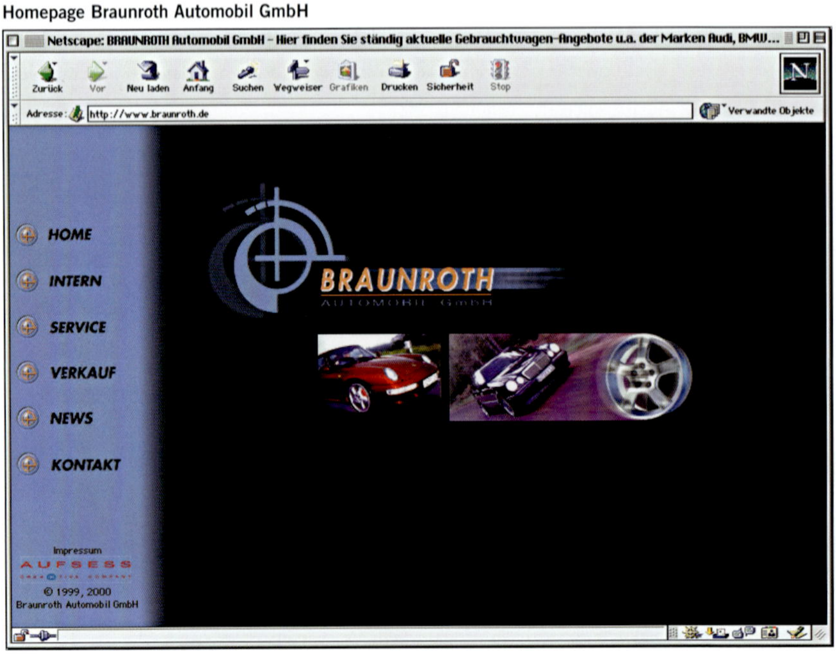

US-Auto-Teile-Service Fritz Schröder

http://home.t-online.de/home/US-Auto-Schroeder/us.htm

Der norddeutsche Betrieb Schröder hat sich vor über 30 Jahren auf US-Fahrzeuge spezialisiert und rüstet diese mitsamt Abgasgutachten und Ausnahmegenehmigungen für den europäischen Markt zulassungsfertig um. Sie bieten eines der größten Ersatzteillager für US-Fahrzeuge (vom Baujahr 1953 bis heute) und importieren auf Anfrage. Per E-Mail kann nach jedem Teil für den eigenen Schlitten angefragt werden. Wenn für den nächsten Betriebsausflug oder die Weihnachtsfeier ein ganz besonderer Bus gesucht wird, kann man sich sogar einen original amerikanischen Schulbus oder Greyhound-Bus buchen.

JRC

http://www.jrc.de

Auf den ersten Blick betrachtet unterscheiden sich die Webseiten der Firma JRC nicht wesentlich von denen anderer Autohäuser. Was die Homepage des 1984 gegründeten Unternehmens hervorhebt, ist die so genannte „multi lingua car database", mit der es möglich ist, das gesamte Angebot von JRC in insgesamt zehn verschiedenen Sprachen anzusehen – selbst eine arabische Variante ist vorhanden! Die Firma beschäftigt sich mit dem An- und Verkauf von Neu- und Gebrauchtwagen, wobei der Schwerpunkt auf Geländewagen liegt, die von West- nach Osteuropa im- bzw. exportiert werden – immer wechselseitig. Die Firma ist in Merzig nahe der französischen Grenze ansässig, die Anfahrt ist auf einer Karte ausgeschildert. Demnach steht dem Geländewagenschnäppchen nichts mehr im Wege, doch Vorsicht: Die Angebote werden täglich aktualisiert!

Kamps-Gruppe

http://www.kamps-gruppe.de

Volkswagen, Audi, Porsche und Seat sind die Marken, die von der Kamps-Kette hauptsächlich vertrieben werden. Dazu gibt es ein überreiches Angebot verschiedenster Gebraucht-

Homepage Euro Car Market

wagentypen. Die 15 Niederlassungen konzentrieren sich auf Nordrhein-Westfalen und Sachsen und zeichnen sich durch ein außergewöhnliches Serviceprofil aus. Dazu gehört, dass das Unternehmen in Leipzig 24 Stunden am Tag geöffnet hat. Wenn man aber zu keiner Tageszeit einen Besuch abstatten kann, holt man sich einen ersten Überblick auf dieser Website und startet eine Suchanfrage für seinen Traumwagen.

Ralf Bastian Euroimport-Vermittlung

http://www.kfz-euroimport.de

Es ist gemeinhin bekannt, dass trotz der angestrebten Harmonisierung der europäischen Länder untereinander bei bestimmten Produkten teilweise immense Preisunterschiede bestehen. Das bekannteste Beispiel ist der Neuwagenkauf, bei dem im Ausland bis zu 30 % im Vergleich zu Deutschland gespart werden kann. Da ein Autokauf im Ausland aber gewisse Probleme mit sich bringt, hat sich die Ralf Bastian Euroimport-Vermittlung mit Sitz in Flensburg darauf spezialisiert, den Kunden durch sämtliche Klippen des ausländischen Autokaufs zu lotsen. Auf der Website finden sich daher viele nützliche Informationen, die vorab genauestens über das Procedere aufklären sowie die aktuellen Angebote übersichtlich dargelegt. Und wieder einmal dämmert es, dass das vereinte Europa Vorteile birgt.

Mobile.de

http://www.mobile.de

Endlich ist Schluss mit den ewigen Kompromissen beim Kauf von Neu- und Gebrauchtwagen, denn bei mobile.de wird jeder Wunsch erfüllt. Daran arbeiten über 100 Autohäuser, die sich bundesweit unter dieser Adresse zusammengeschlossen haben und ihr gesamtes Angebot gemeinsam präsentieren. Zusätzlich haben private Anbieter die Möglichkeit, ihre Gesuche oder Angebote hinzuzufügen. Die Suche ist übersichtlich in die Fahrzeuggruppen PKW, Wohnmobile, Motorräder und LKW gegliedert. Die Anfrage kann nach Herstellern, Baujahr, Preis oder Ausstattungsmerkmalen eingeschränkt werden. Treffer werden binnen Sekunden angezeigt und können sogar mit Bild angesehen werden. Interessant ist darüber hinaus die Möglichkeit, nach Händlern in einer bestimmten Region zu suchen. Der Service- und Magazinteil bietet Gutachter, einen Chatroom, Links und Berichte aus der Branche.

Kfz-Handel Felscher

http://www.mobile.de/felscher-erzfinke

Die Stadt Ahaus verbinden die meisten mit den Castor-Transporten. Doch Ahaus hat mehr zu bieten, und dieses „mehr" ist durchweg positiv. Z.B. der Kfz-Handel Felscher-Erzfinke, eine der ersten Adressen in Sachen solide Gebrauchtwagenangebote. Die Webpage ist denkbar unspektakulär und konzentriert sich auf das Wesentliche. Das Angebot kann, nach verschiedenen Kriterien sortiert, abgefragt werden. Sollte das gewünschte Modell nicht dabei sein, kann man die Firma beauftragen, es auf dem Markt ausfindig zu machen. Besondere Aufmerksamkeit verdient das Sonderangebot des Tages.

Hauspreis-Service Wittkus

http://www.mobile.de/hs_wittkus

Die Firma Hauspreis Service Wittkus aus Döbeln hat sich auf den Vertrieb von EU-Importen spezialisiert und bietet somit viele Fahrzeuge zu guten Konditionen an. Flexible Finanzierungsmodelle erleichtern dabei den Kauf. Darüber hinaus gibt die Firma dem privaten Autoverkäufer aktive Verkaufshilfe durch die Bereitstellung einer Garantieversicherung und durch das Aufsetzen eines Leasing- und Finanzierungsvertrages für den Käufer. Mittels Web-Scriptabfrage kann man sich das aktuelle Fahrzeugangebot der Firma ansehen, alle Wagen sind dabei mit Preis und Beschreibung aufgelistet, und ein täglich wechselndes Sonder-

angebot ist sogar bebildert. Skoda-Interessenten sollten den Betrieb einmal näher unter die Lupe nehmen – es lohnt sich!

Jens Hof Automobile

http://www.mobile.de/jens-hof

Ambassador? Mahindra? SsangYong? Was exotisch klingt, ist für Jens Hof Automobile Alltag. Keine Automarke ist den Frankfurtern fremd. Die Homepage ist angenehm schnörkellos und ermöglicht per Pull Down-Menü eine Auswahl nach Fahrzeugtyp oder Hersteller. Wie bei anderen Anbietern können zusätzliche Suchanfragen abgeschickt und der eigene Gebrauchtwagen angeboten werden. Eine gute Adresse für alle, die in und um Frankfurt wohnen.

JurAutomobile

http://www.mobile.de/jura

Jedes Restaurant, das etwas auf sich hält, hat eine Tageskarte mit den Empfehlungen des Küchenchefs. Automobile Leckerbissen empfiehlt die Firma Jura. Weswegen ein täglich wechselndes Angebot die Eingangsseite des Autohandels aus Hohenfels ziert, selbstverständlich mit Foto(s), Preis und Fahrzeugdaten, frisch aus der Datenbank. Diese Datenbank ist natürlich offen für jedermann; darüber hinaus bietet sich noch die Möglichkeit, per Web-Formular einen Suchauftrag an die Firma zu schicken oder sogar auf dem gleichen Wege sein eigenes Gefährt zum Kauf anzubieten. Telefon- oder Faxanschluss oder eine einfache Postkarte erfüllen den Zweck jedoch genauso gut.

Opel Autohaus

http://www.opel-autohaus.de

Von Nordrhein-Westfalen aus erobert das Opel Autohaus die gesamte Republik: In mittlerweile acht Filialen sind die Modelle aus den Werkstätten von Adam Opel zu haben. Die Homepage ist erfrischend schlicht gestaltet und führt direkt in das Programm der Neu- und Gebrauchtwagen, die man sich über Datenbanken ansehen kann. Bei Letzteren stehen auch Fremdfabrikate zur Auswahl.

Opel Willner

http://www.opel-willner.de

Opel Willner bietet in Bayern die sechsfache Gelegenheit, sich ein neues Fahrzeug zuzulegen. Alternativ kann man sich aber auch übers Internet durch das Sortiment führen lassen – dabei bleibt nicht mal die Beratung auf der Strecke, denn ein Versicherungsfachmann im Hause steht auch online für Fragen zur Verfügung; gleiches gilt für die Finanzierung. Die Datenbanken bieten eine stolze Auswahl an Neu-, Vorführ- und Gebrauchtwagen für jeden Geldbeutel.

Autohaus Laatzen Petermax Müller GmbH

http://www.pm-mueller.de

Als der Käfer begann, die Herzen der Menschen im Sturm zu erobern, gründete der Autorennfahrer, Weltrekordinhaber und Automobilkaufmann Petermax Müller im Jahre 1950 ein Handelsunternehmen für Volkswagen in Hannover; heute vertreibt das Unternehmen auch Modelle von Audi. Im Internet kann man sich die Auswahl der Neu- und Gebrauchtwagen zu Gemüte führen, die auch Mietwagen und Geschäftsfahrzeuge umfasst. Hier liegt der Schwerpunkt auf Audi und VW, aber andere Fabrikate sind auch durchaus zu haben.

Autohaus Reinicke

http://www.reinicke.com

Von Querfurt aus über Barnstädt, Steigra, Gleina und Baumersroda führt der Weg nach Mücheln zum Autohaus Reinicke – oder über diese Homepage. Dieser Händler hat sich auf Kraftfahrzeuge der Marke „Ford“ spezialisiert. Hier kann man seinen Wagen neu oder gebraucht kaufen, reparieren, tunen oder am Ende wieder entsorgen lassen. Wer nicht in der Gegend wohnt, profitiert vom Ersatzteilangebot: über 6.000 Artikel hat die Firma ständig auf Lager. Eine weitere Attraktion sind die Zusatzangebote wie Standheizungen oder Navigationssysteme.

Saab Zentrum Herten

http://www.saabzentrum.de

Auch das Saab-Zentrum in Herten verbreitet im Netz seine Angebote. Dazu zählen nagelneue Fahrzeuge und solche aus zweiter Hand. Das Navigieren fällt dank der übersichtlichen Gestaltung der Site angenehm leicht, und wer mag, kann sich sogar bei einem 360-Grad-Panorama-Rundgang in den Verkaufsräumen umsehen.

Southeastern Auto Exports USA

http://www.seautoexp.com

Über den großen Teich hinweg findet ein reger Autohandel statt, der gewiss noch größer sein könnte, wenn dem nicht die Zollbestimmungen und das Procedere des Verschiffens im Weg stehen würden. Southeastern Auto Exports mit Sitz in den USA haben es sich zur Aufgabe gemacht, diesen Austausch auszubauen. In erster Linie importieren sie zwar den New Beetle oder exotische Maseratis für den extrovertierten Amerikaner, aber in die andere Richtung funktioniert es ebenso gut. Ein E-Mail-Formular ermöglicht die gezielte, aber unverbindliche Suche nach dem Objekt der Begierde, und die ausführlichen Angaben über den Transport via Atlantik stellen sicher, dass man mit seinen Wünschen hier an der richtigen Stelle ist.

Homepage Autohaus Reinicke

Autohaus Stietenroth

http://www.stietenroth.de

Das Autohaus Stietenroth im niedersächsischen Burgwedel präsentiert im World Wide Web seine stolze Auswahl an verschiedensten Volkswagen-Modellen. Neben den günstigen Angeboten sind vor allem die umfassenden Serviceleistungen des Hauses zu erwähnen. Auch beim Kauf eines Gebrauchtwagens können sich die Kunden über lange Garantiezeiten freuen. Wer mag, kann an der Slotmachine auf der Homepage sein Glück versuchen und sich auf ein Überraschungspaket freuen.

Stumpf Automobile

http://www.stumpf-automobile.de

Burghaun-Schlotzau kennt man zwar nicht einmal aus den Verkehrsnachrichten, ist aber durchaus ein Ort, der dank des Autohändlerpaares Stumpf einen Besuch wert ist. Das Angebot besteht in Gebrauchtwagen und Unfallfahrzeugen aller Fabrikate, die zu extrem günstigen Konditionen zu haben sind.

Tamsen

http://www.tamsen.de

Bei diesem Fahrzeughändler gilt mit Sicherheit die Losung „Klasse statt Masse". Ausschließlich Autos der Luxusklasse werden hier angeboten. Wer möchte kann sich im Showroom umsehen, der in Italiener, Engländer und moderne Klassiker untergliedert ist. Die Homepage bietet außerdem einen Rundgang durch die Werkstatt und erläutert nebenbei die Serviceleistungen, die zum Standart des Hauses zählen.

Varex Handelsgesellschaft mbH

http://www.varex.com

Luxuriöse Limousinen, Geländewagen, Cabriolets und Coupés mit gehobener Ausstattung

Homepage Tamsen

von den Herstellern Mercedes Benz, DaimlerChrysler, Porsche, BMW und Audi sind nicht unbedingt an jeder Straßenecke zu bekommen, nicht einmal gebraucht. In Mühlheim an der Ruhr befindet sich Varex, ein Unternehmen, das die feinsten gebrauchten Autos auf deutschen Straßen vertreibt. Eine kleine, aber feine Auswahl der Modelle wird auf der Homepage des Unternehmens vorgestellt, wobei die vielen Extras und Ausstattungsmerkmale aus den ausführlichen Beschreibungen die Finger feucht werden lassen.

Verzeichnis aller Volkswagen-Händler

http://www.volkswagen.de/international/deutsch/map/partner_.htm

Lupo, Polo, Golf, New Beetle, Bora, Passat, Sharan. Na, klingelts? Genau: VW. Wo Sie ihren nächsten VW-Vertragspartner finden, entnehmen Sie bitte dieser Homepage. Suchkriterien eingeben und schon erhalten Sie die gewünschte Adresse. VW hat viele Gesichter. Welche genau – auch das finden Sie hier. Natürlich auch jede Menge Informationen zu den oben aufgeführten Modellen. Und noch viel mehr. Doch sehen Sie selbst. Auf der VW-Homepage. Einer Seite mit Weltgeltung.

Volvo Ortmann

http://www.volvo-ortmann.de

Der Bochumer Volvo-Spezialist Ortmann bietet den Besuchern seiner Homepage die Möglichkeit eines Rundgangs durch die Neuwagengalerie seines Hauses. Kataloge können ebenfalls angefordert werden; des Weiteren bietet die Datenbank mit den Gebrauchtfahrzeugen Vorführmodelle, Volvos aus zweiter Hand und Gebrauchte anderer Hersteller mit verschiedenen Finanzierungsmöglichkeiten.

Hersteller

Dodge

http://www.4adodge.com

Schon der Name dieser Automarke zergeht einem auf der Zunge: Dodge. Klingt so ähnlich wie „fudge", also Weichkaramell. Ähnlich genüsslich wie Karamellbonbons essen ist das Fahren und Ansehen der Dogde-Modelle – und da das in Deutschland ein eher seltener Genuss ist, sei jedem diese Site ans Herz gelegt. Sie bietet die Möglichkeit, sich einen Traum-Dodge zusammenzustellen, z.B. eine Avenger-Limousine oder einen Ram Pickup nach Maß. Dabei ist die Site überaus ansprechend aufgemacht, bietet einen guten Bedienkomfort und ist selbst mit geringsten Englischkenntnissen gut zu verstehen.

Acura

http://www.acura.com

Honda Amerika hat unter dem Label Acura das Marktsegment der Luxuswagen betreten. Vor einem guten Jahrzehnt wurde die Idee geboren, die klaffende Lücke auf diesem Gebiet schließen zu wollen, und dies ist – der Homepage nach zu urteilen – wirklich gelungen. Toll ist die Sneak Preview auf der Site, die dem Besucher die neuesten Informationen aus der Planungsabteilung liefert. Der Clou: Die Versorgung mit diesen intimen Details kann sogar abonniert werden. Design- und Technikfragen werden ausführlich dargestellt und auch das Thema „Umweltschutz" wird umfassend beleuchtet. Insgesamt ein ACURArater Auftritt!

Aixam

http://www.aixam-mega.fr

Aixam Mega überrascht durch die große Spanne der angebotenen Fahrzeugtypen. Sei es der kleine Stadtflitzer, mit dem man auch noch im Briefkastenschlitz einen Parkplatz findet, Prestigemodelle wie der „Mega Monte Carlo", oder die unverwüstlichen Sport- und Geländefahrzeuge wie der „Dakar 2000" – für jeden Wunsch ist etwas dabei. Die Site ist vergleichsweise knapp gehalten und verliert keine langen Worte über das Unternehmen, Design-Ideen oder dergleichen, denn die Autos sprechen für sich selbst. Alle Modelle werden mit technischen Erläuterungen und Ausstattungsmerkmalen vorgestellt, ansonsten gibt es nur noch eine Liste mit Bezugsquellen.

Alfa Romeo

http://www.alfaromeo.de

Das „cuore sportivo", das „sportliche Herz", zeigt sich bei Alfa Romeo schon in der Kühlergrillgestaltung, und folgerichtig wird die Website mit Abbildungen der Kühlergrille von den 60ern bis heute eingeleitet. Die Marke gibt sich – nach dem Imagetief im letzten Jahrzehnt – frisch und unverbraucht. Selbstverständlich ist die aktuelle Modellpalette mit Fotos und Fakten abrufbar, darüber hinaus bietet der Alfa-Shop Fanartikel vom Benzinfeuerzeug bis hin zur Wanduhr. Besonders schön ist die bebilderte Firmengeschichte, in der noch einmal die interessantesten Fahrzeuge seit 1920 präsentiert werden.

Aston Martin

http://www.astonmartin.co.uk

Robert Dover hat mit den berühmten „White Cliffs" nichts zu tun, wohl aber mit Großbritannien im Allgemeinen und mit der englischen Autoproduktion im Speziellen: er ist Chairman (Vorsitzender) von Aston Martin. Diese britische Traditionsmarke ist vor allen Dingen durch einen anderen prominenten Insulaner bekannt geworden, denn der Geheimagent schlechthin, James Bond, fuhr jahrzehntelang einen Wagen aus dieser Edelschmiede. Mittlerweile ist die Doppelnull auf BMW umgestiegen, was aber nicht heißen soll, dass Aston Martin nach dem legendären Fahrzeug im Geheimdienst Ihrer Majestät nun schlechtere Vehikel produziert. Ganz im Gegenteil, wovon sich Autofetischisten aus aller Welt virtuell überzeugen können. Die Homepage von Aston Martin ist genauso elegant aufbereitet, wie es die Modelle der VB- oder DB-Serien sind. So dezent die Site daherkommt, so luxuriös wirken die PKW, denen man ein so technokratisch-schnödes deutsches Wort gar nicht zumuten möchte.

Audi

http://www.audi.com

Gut, es gibt auch eine deutsche Web-Seite unter www.audi.de, jedoch weiß die international ausgelegte „Audi World Site" mehr zu beeindrucken. Der ultramoderne Auftritt von Audi im Internet setzt optische Maßstäbe, von denen manch andere Unternehmen noch lernen können. Zweisprachig werden hier Autos der Premiumklasse präsentiert. Die animierten Grafiken sind ein Hochgenuss, allerdings setzen sie eine schnelle Internetverbindung voraus. Designerischer Höhepunkt nicht nur der Audi-Flotte, sondern auch des Web-Auftritts ist allerdings das neue Sportcoupé Audi TT, welches multimedial in einem Extra-Fenster (auch unter der eigenen Adresse www.audi-tt.com erreichbar) vorgestellt wird.

Moskwitch

http://www.azlk.ru

Jetzt wird's kyrillisch: Der Moskwitsch gehört zu den legendären Fahrzeugen aus der ehemaligen Sowjetunion. Diejenigen User, die des gezeichneten Buchstabensalats russischer Provenienz mächtig sind, sind beim Betrachten der Moskwitsch-Site eindeutig im Vorteil. Der Rest betreibt lustiges Rätselraten, ob es sich bei den für westliche Augen unlesbaren

Zeichen um Hubraumangaben oder Werbeslogans handelt. Wenn nicht das Aus schon vor dem ersten Boxenstopp in Form eines schlappmachenden Servers erfolgte...

Beijing Jeep

http://www.beijing-jeep.com/english/index.html

Wer Freunde und Bekannte mit einem Exoten überraschen will, der fährt beim nächsten Stammtisch mit einem Beijing Jeep aus China vor. Wer deshalb vorab die Homepage ansteuert, der sollte sich nicht vor kryptischen Schriftzeichen fürchten, denn die englischsprachige Version der Site verrät alles Wissenswerte – auch ohne dass der Browser auf die asiatische Codierung vorbereitet wäre. Die Fahrzeuge, die als „treu wie ein Hund, belastbar wie ein Maultier und wendig wie eine Bergziege" bezeichnet werden, erhalten eine umfassende Darstellung zu ihrer Ausstattung, ihren technischen Aspekten und Modellunterschieden. Jetzt muss man nur noch vor Ort den passenden Ersatzteilservice finden...

Birkin

http://www.birkin.co.za

Hört sich an wie eine englische Schauspielerin, die französische Obszönitäten stöhnt, und ist doch ein Fahrzeug: Birkin. „Kit Cars" nennen die Briten jene Fahrzeuge, die man sich als eine Art Bastelsatz aus mehreren Modulen ganz nach eigenen Vorstellungen zusammenstellen kann. Solche Autos werden auch vom südafrikanischen Hersteller Birkin angeboten, weswegen die Besucher dieser Site hier viele Sportwagen finden, die zu einem außergewöhnlichen Preis/Leistungs-Verhältnis angeboten werden. Die Site verrät nicht nur die Händleradressen auf allen Kontinenten, sondern stellt vor allem das Konzept der Do-it-yourself-Modelle vor. Welche Gedanken zu diesem Angebot führten, erfährt man in der Rubrik „History"; wer mag, kann hier auch die Äußerungen der Presse über Birkin recherchieren.

Bitter Automobile

http://www.bitter-automobile.de

Wieder einmal gelangen wir über diese Site in das Oberhaus des Automobilbaus. Erich Bitter verwirklichte das, wovon viele nur träumen: Er stellte auf der technischen Grundlage von Opel-Fahrzeugen seinen persönlichen Traumwagen her. Da es bei dem einen Modell nicht blieb, sorgte Bitter mit seinen sportlichen Flitzern für ausreichend Aufmerksamkeit, so dass sich ein eigener Fanclub für seine Schönheiten etablieren konnte. Dieser stellt auf seiner Homepage auch einen hervorragenden Ersatzteil-Lieferservice zur Verfügung: Engagierte Liebhaber haben aus allen Winkeln des Landes Ersatzteile für den Bitter CD und den Bitter SC zusammengetragen. Dazu gibt es allgemeine Clubinfos und eine Übersicht über die Modelle aus Bitters Werkstatt.

BMW Automarkt

http://www.bmw.de

Die Homepage von BMW weckt die Bastellust bei ihren Besuchern und bildet – wenn nötig – jeden zum Spezialisten aus. Wer glaubt, „von solchen Dingen keine Ahnung" zu haben, der kann sich im Technik-Lexikon das nötige Know-how aneignen, um sich dann beim Car-Configuarator selbst seinen Traumwagen zusammenzubasteln. Das Ergebnis stellt man auf dem virtuellen Parkplatz ab, damit man bei der Bestellung nur noch mit dem Finger darauf deuten muss. Im Zentrum stehen die verschiedenen Produkte des bayerischen Autoherstellers und die maßgeschneiderten Serviceangebote. Dazu gehören neben den Autos auch die Motorräder. Ein Blick auf das Unternehmensnetzwerk verrät, wo die Offerten in der Nähe zu erstehen sind. Abgerundet wird das Programm durch die letzten Neuigkeiten, die das Unternehmen betreffen, einen Ausflug in die Motorsportaktivitäten und die Stellenangebote des Hauses.

Bristol

http://www.bristolcars.co.uk

Wer seine Vorstellung darüber präzisieren möchte, was „Understatement" wirklich heißt, der sollte sich einmal auf der Homepage des kleinen britischen Autoherstellers Bristol Cars umsehen. Eine unscheinbarere Form der Noblesse ist sicher in den vergangenen 53 Jahren nicht über den Asphalt gerollt, seit nämlich die ersten Modelle die Fabrikation verlassen haben. Dabei ist die Site ein wichtiger Anknüpfungspunkt für diejenigen, die sich weitergehend mit der Marke beschäftigen wollen, denn Bristol hat keine einzige Niederlassung oder Händler, bei denen man die guten Stücke aus der Nähe betrachten könnte. Die Homepage stellt die hohen Ansprüche an Design, Technik und Komfort vor, die zum endgültigen Erscheinungsbild der Fahrzeuge geführt haben.

Bugatti

http://www.bugatti.ch

Die langen Motorhauben und schier endlose Achsabstände sind neben der aufwendigen Ausstattung das gemeinsame Merkmal aller Fahrzeuge aus der Produktion des Hauses Bugatti. Das sind Gründe genug für manche Liebhaber, zu Modellen dieser Marke ein innigeres Verhältnis zu haben als zur eigenen Ehefrau. Für diese Fraktion unter den Surfern ist natürlich auch ein Besuch auf der Bugatti-Site ein Muss. Diese ist zwar von der Handhabung nicht unbedingt der Weisheit letzter Schluss, fasst jedoch die gut 100-jährige Geschichte der Nobelmarke liebevoll zusammen. Dabei wird die Vergangenheit immer in Zusammenhang mit dem Geist und der Kultur der jeweiligen Epoche gestellt und zu guter Letzt auf die Gegenwart transferiert.

Buick

http://www.buick.com

Buick: Das klingt bullig – ist es aber nicht. Man sehe sich nur einmal das Vorzeigemodell „LeSabre" an, dann weiß man, was amerikanische Ingenieure an schönen Autos zuwege bringen. Und mit großem „Wow!" Und „Whooa!" (amerikanisch-englische Ausdrücke größter Beeindruckung und Überraschung) geht es weiter zum Rendezvous mit Buick-Beteiligung. Die exklusive Preview lässt den begeisterten Surfer teilhaben an der Evolution auf dem Autosektor, wie der Begleittext vollmundig verkündet. Und wirklich: Kleine Videos im QuickTime-Format zeugen von der innovativen Power, die in den Buicks steckt. Das entlockt uns durchaus ein „Wow!" oder „Whooa!"

Vauxhall

http://buypower.vauxhall.co.uk

Fragt man in Großbritannien nach Opel, stößt man auf Unverständnis. Fragt man nach Vauxhall, bekommen viele Briten leuchtende Augen. Opel heißt dort Vauxhall, so wie „Raider" in „Twix" umbenannt wurde (es gibt natürlich noch andere schmackhafte Schokoriegel). Prunkstück der virtuelen Präsentation ist der VX220, der noch in diesem Frühherbst das Licht der Weltöffentlichkeit erblicken wird. Dieser schnittige Sportwagen sieht schon auf den Fotostudien äußert elegant und rasant aus; ein Grund mehr, häufiger hierher zu surfen. Die Briten sind – und hier schließt sich der Kreis – ebenso wie Opel ein Tochterunternehmen der GM-Gruppe.

Cadillac

http://www.cadillaceurope.com

Eine der nordamerikanischen Topmarken ist der Cadillac. Der Kindheitstraum auf vier Rädern (zumindest wenn man Freund amerikanischer Krimiserien oder großer Hollywood-

Produktionen war) hat mittlerweile (natürlich) auch eine europäische Domain, die unter dieser Adresse zu finden ist. Mit neuem Logo geht der US-Gigant des Automobilen europaweit an den Start: Man informiert in einer „internetten" Slide-Show über die Innovationen innerhalb des Unternehmens und an den Modellen, der Leitgedanke von „The Fusion of Art and Science" wird dabei bis zum Letzten ausgereizt. Des Weiteren gibt es die Fimendaten zu lesen, die Vetragshändler werden aufgeführt und Serviceinfos sowie Online-Kataloge runden das positive Bild einer Luxushomepage für Luxusfahrzeuge ab.

Callaway

http://www.callawaycars.com

Wer bei amerikanischen Autos nur solche Wagen im Kopf hat, die wie ein Schlachtschiff auf der Straße liegen und an der Seite einen Streifen mit Holzimitat-Lackierung haben, der kennt die eleganten Sportwagen der Firma Callaway nicht. Sie haben durch Kooperationen mit zahlreichen – auch europäischen – Unternehmen eine präzise Vorstellung davon gewonnen, wie Autos aussehen sollten – und wie besser nicht. Die Site stellt die wichtigsten Modelle aus den vergangenen Produktionsjahren vor und zeigt, was Callaway sich für die aktuelle Saison ersonnen hat. Dazu kommt ein Rundgang durch die Kreativ-Etage und Jobangebote für all die Glücklichen, die sich über den Besitz einer Green Card freuen dürfen.

Caterham

http://www.caterham.co.uk

Wieder einmal landen wir in dem Land, das die Weisheit in Sachen feinster Sportwagen gepachtet hat. Caterham in Surrey, England, ist der Geburtsort für die gleichnamigen Roadrunner mit allen Finessen. Wer auf chromblitzende Überrollbügel und leuchtend gelbe oder rote Lackierungen steht, wird mit vielen Bildern und Videos auf dieser Site auf seine Kosten kommen. Außerdem werden hier neueste Nachrichten aus der Fertigung veröffentlicht und Berichte aus Fachzeitschriften zur Verfügung gestellt. Ein Einkaufsführer berät werdende Kunden über die Modelle von Caterham, wer es Ernst meint, der erhält auch die Adressen der autorisierten Händler.

Chevrolet

http://www.chevroleteurope.com

Seit 95 Jahren steht der Name Chevrolet für amerikanisches Autoverständnis. Und da alles, was in den USA groß geworden ist, irgendwann einmal auch Europa infiziert, ist es kein Wunder, dass auch auf deutschen Autobahnen Chevies keine Seltenheit mehr sind. Auf dieser Site können Sie die extra für den deutschen Markt konzipierten Modelle vom Camaro über die legendäre Corvette bis zum klassischen S10 Pickup bewundern. Die Anpassung an europäische Märkte geht natürlich nicht so weit, dass die Modelle ihre amerikanische Ursprünglichkeit verleugnen könnten. Die Website übrigens auch nicht – sie ist nur in englischer Sprache zu haben. Take a ride!

Chrysler

http://www.chrysler.de

Sophisticated American Design verspricht Ihnen die Web-Seite der Chrysler GmbH in Deutschland. Für die Modelle des amerikanischen Autobauers hat sich nach der Fusion mit Daimler erst einmal nicht viel geändert – gewohnt selbstbewusst werden die „Ami-Schlitten" in diesem virtuellen Autohaus dem Publikum präsentiert. Diese Homepage kommt deswegen auch ohne großartige Kommentare oder Werbeslogans aus. Dafür gibt es um so mehr Appetithappen für Automobilhungrige – angefangen beim „Neon" über den „Stratus" bis zum „Wrangler" und „Cherokee" sind sie alle dabei, die Klassiker von Chrysler.

Citroen

http://www.citroen.de

Nutzfahrzeuge – was für ein uncharmantes Wort! Lässt man sich frei von seinen Assoziationen leiten, erwartet man vielleicht auf dieser Seite die für das beginnende 21. Jahrhundert passende technische Version von Ackergäulen, jedoch vermag der Showroom von Citroën diesen Trugschluss in Luft aufzulösen. Irgendwie sind sie doch alle sehr ästhetisch, die Modelle des französischen Autobauers. Überzeugen kann allerdings nicht nur das Design der Modelle – auch die technischen Daten, mit denen die Besucher hier reichlich versorgt werden, sprechen eine deutliche Sprache. Für Nostalgiker und Ewiggestrige hat Citroën darüber hinaus auch die Pforten einer Oldtimer-Ausstellung geöffnet.

Daewoo

http://www.daewoo-auto.com

Daewoo kennt man, spätestens seit der prägnanten Werbekampagne Mitte der 90er, wo der lautmalerische Name des Automobilherstellers aus Fernost in Harry-Belafonte-Manier (Dääjuu, Däädä-ä-juu, oder so ähnlich) über den Äther gesungen wurde. Auf der Daewoo-Homepage können Sie Details zu einzelnen Fahrzeug- und Sondermodellen abfragen und sich über deutsche Händler- und Clubadressen informieren. Als Extra bietet Daewoo Gewinnspiele und eine hilfreiche Tipp- und Hinweisreihe zum Thema Auto und Reisen.

Daihatsu

http://www.daihatsu.de

Ein bisschen erinnert der Cuore an den Rover Mini – nur, dass der Kleinstwagen aus dem Hause Daihatsu ein Kind der 90er ist und in jede noch so winzige Parklücke unserer überfüllten Großstädte passt, während man den Mini eher mit einer romantischen Spritztour auf fast unbefahrenen Landstraßen in Verbindung bringt. An Image haben die Autos aus Fernost tatsächlich stark hinzugewonnen, und auf dieser exzellent gemachten Site kann man sich davon überzeugen, dass sie optisch den Klassikern aus unseren Jugendträumen längst das Wasser reichen können. Auch in puncto Informationsgehalt ist das Webangebot von Daihatsu vorbildlich: Händlerverzeichnis, Preislisten, Ausstattung – nur für eine Probefahrt müssen Sie schon das Haus verlassen.

DaimlerChrysler

http://www.daimlerchrysler.com

Das Ergebnis der Gigantenhochzeit zwischen Daimler-Benz und dem amerikanischen Chrysler-Konzern kann man im Internet auf dieser „Corporate Homepage“ bewundern. Eine solche Jahrhundertfusion verlangt natürlich nach geschichtlicher Aufarbeitung, und so wird dem Besucher anhand von historischen Daten nähergebracht, wie es überhaupt so weit kommen konnte, dass über den großen Teich hinweg automobile Erfahrung aus über 120 Jahren einfach zusammengelegt wurde. Heute ist Daimler Chrysler als Automobil-, Transportmittel- und Serviceunternehmen die Nummer eins weltweit – die Unternehmenszweige, die über die Produktion von Automobilen, Lastwagen, Eisenbahn- und Raumfahrttechnik bis hin zu Finanzdienstleistungen gehen, besetzen allesamt Spitzenpositionen der jeweiligen Industriebereiche. Gottlieb Daimler, Karl Benz und Walter P. Chrysler wären mit Sicherheit sehr zufrieden gewesen...

Donkervoort

http://www.donkervoort.nl

Schicke Nobelautos – aus feinster Schmiede und in kleinster Auflage gefertigt – kommen nach allgemeiner Vorstellung aus britischer oder italienischer Fertigung. Dabei geraten die

Modelle aus der Produktion unseres Nachbarlandes Niederlande zu Unrecht in Vergessenheit. Donkervoort beliefert die Liebhaber kleiner, offener Rennwagen mit Fahrzeugen, wie man sie sich kaum schöner ausmalen kann. Dass sie den Vergleich nicht scheuen brauchen, beweist das Unternehmen schon in der Linksammlung der Homepage, die zu allen wichtigen Automobilherstellern führt. In der Hauptsache geht es jedoch um die eigenen Produkte. Sie sind in neuer und gebrauchter Ausführung zu haben und werden mit zahlreichen Bildern vorgestellt. Dazu kommen Nachrichten aus der Fertigung, ein Merchandising-Bereich und vieles mehr.

Ferrari

http://www.ferrari.it

Ein optischer Leckerbissen, nicht nur für Motorsport-Ästheten, ist die offizielle Homepage von Ferrari. Wer sich keinen eigenen Roten leisten kann und nur mal seinen Träumen Stoff geben möchte, ist hier genau richtig. Neben den neuen Flitzern sind nämlich auch die unvergesslichen Formen vergangener Tage zu bewundern. Alle Modelle seit 1947 werden ausgestellt und sind lebhafte Beweise, wieso die roten Rennmaschinen Kultstatus haben. Außerdem: Jede Menge Formel-1-Infos rund um Schumacher und Barrichello – allerdings in englischer Sprache.

Ferrari Deutschland

http://www.ferrari-deutschland.de

Diese Site steht im Zeichen des „cavallo rampante“ – dem sich aufbäumenden Pferd, des legendären Markenzeichens von Ferrari. Hier finden die Fans und Ferraristi alles, was das Herz begehrt: Veranstaltungstermine für Fahrsicherheitstrainings oder von Vereinstreffen, eine Firmengeschichte, den Online-Shop und die Latest News aus der Formel 1.

Fiat

http://www.fiat.de

Automobile Leidenschaft im Internet – neben aktuellen News- und Entertainment-Inhalten steht auf dieser Website klar die Produktpalette im Vordergrund. Der „Showroom“, die Ausstellungsplattform für alle Fiat-Modelle, ist trotz der umfangreichen und vielfältigen Technik-, Preis- und Ausstattungsinformationen effizient und sicher zu navigieren. Shockwave-Applets zeigen z.B. die einzelnen Lackierungsmöglichkeiten auf einen Klick. Interaktive Flash-Module informieren zudem über die Firmenhistorie und die legendären Fahrzeuge des Konzerns.

Ford

http://www.ford.de

„Ford. Die tun was“: Dieser Slogan findet seine konsequente Fortsetzung auch im Online-Auftritt des Automobilherstellers. Beispielhaft transferiert das Unternehmen hier die Design-Philosophie der kommenden Generation, die schon jetzt durch den Ford Ka, den Ford Puma, den Ford Cougar und den jüngsten Erfolg, den Ford Focus repräsentiert wird, ins Internet. Neben bestechender Benutzerfreundlichkeit glänzt der Auftritt mit einer Synthese von Formenspiel und Funktionalität. Hier kann der Besucher detaillierte Informationen zum gesamten Fahrzeugangebot abrufen und sich sein Wunschmodell finanzieren und versichern lassen. Sollte der Geldbeutel einmal etwas enger geschnürt sein, hilft die Ford Gebrauchtwagenbörse garantiert weiter. Spiel und Spaß kommen natürlich auch nicht zu kurz. Ein durchgängig exzellenter Auftritt; man möchte am liebsten sofort einsteigen und losfahren.

General Motors

http://www.gm.com

Man möchte meinen, man hat die Mutter aller Automobile vor sich. Was sich alles unter dem Dach von General Motors versammelt, ist schon aller (automobilen) Ehren wert: Chevrolet, Pontiac, Opel, Saab, Buick, Oldsmobile, Cadillac, GMC, der EV-1, Saturn (hat nichts mit Audiophilem, sondern mit Automobilem zu tun!), Vauxhall (das britische Pendant zu Opel) und Holden gehören zu dem Car-Multi der an Größe in der Welt seinesgleichen sucht. Nun sind viele der Unternehmen und Modelle fest im nordamerikanischen Markt verankert, weswegen GM in Deutschland (und Europa) noch nicht so im Gedächtnis der Autofahrer verankert ist. was sich aber durch diese (rein englischsprachige) Site vielleicht ändert: Hier erfährt der wissbegierige User alles von A bis Z: die Geschichte der Company ebenso wie die Produktpalette, ergänzt um zahlreiche Links zu den Tochter- und Schwesterfirmen.

GMC

http://www.gmc.com

GMCs kennt man. Zumindest aus dem Fernsehen oder dem Kino, dort fahren die Pick-ups zuhauf über die Schirme oder Leinwände. Hier zu Lande ist ein Trend Pro-GMC auch sprübar, immer häufiger sieht man die schnittigen Mini-Transporter oder wuchtigen Pick-ups (alles Ansichtssache!) über die Straßen fahren. Die Homepage zu den Kleinst-Trucks vermittelt viel vom „american way of life", so wie diese Wagen typisch amerikanische Phänomene sind.Und demnächst einen noch größeren Siegeszug in Europa antreten werden, so viel ist sicher. Der General-Motors-Ableger überzeugt jedenfalls im Netz durch eine gelungene Präsentation seiner geländegängigen Fahrzeuge; wer's also exklusiver mag, der schaut sich unter „GMC Commercial" nach den „terms and conditions" um.

HTK Seven

http://www.hkt7.de

Die Fahrzeuge aus der Höckmayr-Manufaktur erfüllen in puncto Exklusivität nahezu jedes Kriterium – und sei es noch so streng. Streng genommen ähneln die Wagen den britischen Sportscars, doch der HTK Seven „ist eine Herausforderung für alle, die das Außergewöhnliche mögen, über eigene Vorstellungen eines Sportwagens verfügen und das reine Fahrvergnügen, unvergleichbare Fahrleistungen, modernste Technik und Zuverlässigkeit für unerlässliche Voraussetzungen sehen. Gleichzeitig aber auch ein Stück Nostalgie im Herzen tragen." So weit, so Höckmayr persönlich. Wenn noch Fragen sind, können diese via E-Mail gestellt werden. Die Antwort kommt hoffentlich so rasant wie die Höckmayr-Fahrzeuge aussehen.

Holden

http://www.holden.com.au

Wer von der Automarke Holden noch nie etwas gehört hat, stammt definitiv nicht aus Australien. Dort ist die Firma, die zur GM-Unternehmensgruppe gehört, nämlich ansässig. Und eine (wenn nicht sogar „die") feste Größe auf dem Automobilmarkt in „Down Under". Auf der Holden-Homepage erfährt der Fan exotischer Modelle dann alles über die Firmengeschichte und kann sich im virtuellen Showroom der „Aussies" die Modelle dieser Mittelklasse- oder Geländewagen und die niedlichen City-Flitzer von Holden einmal näher ansehen.

Honda

http://www.honda.de

Der Name Honda steht für zwei Dinge: Automobile und Motorräder. Und genau diese zwei Dinge sind auf dieser Website des japanischen Autoherstellers zu sehen. In beiden Sparten längst eine Größe auf dem deutschen Kfz-Markt, zeigt Honda alles, was es zu bieten hat. Die Palette reicht von Kompakt-, Freizeit- und Sportwagen bis hin zu luxuriösen Limousinen.

Hummer

http://www.hummer.com

Es ist doch erstaunlich, wie unglaublich schick die Homepage eines Militärfahrzeugherstellers sein kann. Was den Fahrzeugen an Design fehlt und ihnen ihren unfreiwilligen Charme verleiht, ist bei der Site wieder ausgeglichen worden. Sie erinnert an das futuristisch-sachliche, ultramoderne Layout der Flyer von angesagten Szeneclubs oder an Werbekampagnen ausgefallener Londoner Modelabels. Mittlerweile, nachdem auch der amerikanische Rüstungshaushalt eingefroren wurde, beliefert Hummer verstärkt die Industrie und Privatkunden. Für beide Gruppen gibt es einen Rundgang durch Hummers Vorführraum, der irgendwo am Ende der Welt in der Wüste liegt. Aber Schwarzenegger war ja auch schon da...

Hyundai

http://www.hyundai.de

Wenn auch Ihr (zukünftiges) Auto ein Hyundai ist (oder sein soll), dann empfiehlt sich ein Besuch auf der Homepage des koreanischen Autoherstellers. Hier finden sich die Modelle von A (wie Accent) bis X (wie XG 30) aufgelistet. Wobei der Fachmann sich nicht mehr zu wundern braucht, der Laie aber staunt: Verband man bislang den Namen Hyundai mit Klein- und Mittelklassewagen, überrascht z.B. der Accent durch ansprechendes Design und jede Menge Komfort – ein richtiges Prachtstück der Kompaktklasse. Ob Prospekt oder Probefahrt, Finanzierung, Leasing oder Versicherung: Zu jedem Modell hat Hyundai das entsprechende Servicepaket geschnürt. Formschön auch das neue Coupé, mit dynamischen Design und stilsicherem Interieur. Wuchtig und nutzbringend kommen die Vans der Serie H-1 daher, eher klein, dafür aber citytauglich der Atos. Und wer ein bisschen Action braucht, der schaut unter Events nach oder nimmt an einer der zahlreichen Hyundai-Sonderaktionen teil.

Infiniti

http://www.infiniti-usa.com

Der US-amerikanische Fahrzeughersteller Infiniti zeigt den deutschen Herstellern sehr plakativ, wie ansprechend man eine Werbesite für einen Autohersteller gestalten kann. Wie bei vielen ausländischen Fabrikaten gibt es auch hier einen Club für diejenigen, die schon einen Wagen dieser Marke besitzen. Doch wer ganz neu einsteigen möchte, der kann sich auf ganz umfassende Weise einen Infiniti vorführen lassen. Virtuelle Demos bringen den eifrigen Surfer ans Steuer, die Ausstattung der einzelnen Modelle wird in Wort und Bild erläutert.

Jaguar

http://www.jaguar.co.uk

„Don't dream it. Drive it." Der Werbespruch von Jaguar zielt voll auf die Emotionen. Im Jaguar-Archiv können Sie alles über die Geschichte und Entstehung der legendären englischen Nobelmarke nachlesen; das eigentliche Highlight ist die Computersimulation, in denen Sie etwa bei einem XK 8 Convertible virtuell das Verdeck öffnen und schließen oder eine 180-Grad-Kameradrehung durch den Innenraum eines XJR nachvollziehen können.

Keinath GT

http://www.keinath.com

Der Keinath GT ist rundum ein wunderschöner Sportwagen, der die Herzen eines jeden Autoliebhabers höher schlagen lässt. Horst Keinath sitzt Tag für Tag in seiner Fabrikationshalle in Reutlingen und lässt Jungenträume Wirklichkeit werden. Großartige Finanzie-

rungsangebote der Keinath-Bank gibt es auf dieser Homepage natürlich nicht, dafür aber technische Angaben und Preise und dann und wann Sonderaktionen, in denen z.B. die GT-R Sportwagen zu günstigen Konditionen zu haben sind. Die Termine für die nächste Präsentation auf dem Autosalon in Genf bieten die Möglichkeit, die schicken Geschosse einmal außerhalb der Firmenhalle zu sehen.

KIA Motors

http://www.kia-motors.de

Ein Lob an den zweitgrößten Automobilhersteller Koreas: Mit sehr ausführlichen Texten über das Unternehmen und seine Produkte macht der asiatische Hersteller KIA im Internet nicht nur auf sich aufmerksam, sondern auch seine Modelle regelrecht schmackhaft. Liegt es vielleicht an den sehr informativen Internetseiten, dass sich Modelle der Marke KIA auch in Deutschland ständig wachsender Beliebtheit erfreuen? Jedenfalls ist diese hervorragende Site ein Beleg für erfolgreiche Marketing- und PR-Arbeit. Optisch einfallsreich und mit verschiedensten Möglichkeiten für den User zum lustvollen Surfen ausgestattet (bis hin zum Download), warten die eigentlichen Objekte der (Autofahrer-)Begierde im Zentrum per Foto und detaillierter Information auf Neugierige: die Modelle, von Carnival und Clarus bis hin zu Sondermodellen. Da bleibt man gerne länger und lässt sich verführen. Noch verführerischer: attraktive Gewinnspiele, ebenfalls am Firmament des KIA-Kosmos zu finden.

Laforza

http://www.laforza.com

Wer die Homepage-Adressen sämtlicher Autohersteller dieser Welt sammelt, der kommt natürlich an dieser Site nicht vorbei. Tatsächlich erinnert das Design der Modelle aus der Produktion des amerikanischen Herstellers Laforza eher an das kastenförmige Erscheinungsbild der geschätzten Kübelwagen, aber das macht nichts. Immerhin gibt es auf der Homepage eine Auswahl an „European Stile Wheels" und einen Blick in das ergonomisch gestaltete Innere. Und außerdem: So genanntes „klares Design" finden doch alle gut, oder? Vorbild für andere Hersteller ist diese Site dennoch. Sie bietet zum Beispiel – ökologisch korrekt – ein Verzeichnis mit gebrauchten Ersatzteilen und straft damit alle Vorurteile von der amerikanischen Wegwerfgesellschaft Lügen.

Lamborghini

http://lamborghini.itg.net

Lamborghini – ein Name, der Klang hat. Die Italiener sind eine der ersten Adressen, wenn es um formschöne Sportwagen geht. Die Geschichte des Unternehmens beweist wieder einmal, dass es vom Traktor zur Nobelkarosse kein weiter Weg ist. Die Lebensgeschichte Ferruccio Lamborghinis gibt diese Homepage der Firma aus Bologna in Auszügen wieder. Vom 350er GTV bis zu den aktuellen Modellen aus der Werkstatt sind alle eleganten und antriebsschnellen Luxusfahrzeuge, die die Produktion jemals verlassen haben, vertreten. Daneben haben die seit zehn Jahren laufenden Aktivitäten der Firma im Rennsport ihren festen Platz. „Diabolos" und andere Schönheiten sind in der Galerie in Bild- oder Filmformat anzusehen und herunterzuladen. Die Aufmachung der Website folgt dabei ganz dem sportlichen Design der Autos – makellos und äußerst rasant!

Lancia

http://www.lancia.de

„Individualisten sind stets auf der Suche nach dem Außergewöhnlichen. Nach Dingen mit Perspektive. Genau diese Perspektive will die hervorragend gemachte Site von Lancia dem umworbenen Individualisten bieten. Die Modelle standen schon immer für außergewöhn-

liche Designs und etwas mehr Power unter der Haube, als man für den Weg zum Supermarkt benötigt. Daran scheint sich bis heute nichts geändert zu haben – der neue Lancia Y wirkt genauso eigenwillig und faszinierend wie die Klassiker der Delta-Generation. Stark.

Isdera

http://www.leonberg.com/isdera

Isses der da oder Isdera? Eigentlich gehören die Autos dieses exklusiven Herstellers schon in eine Welt, in der man über Geld nicht spricht. Dass die Preise trotzdem angegeben werden, für die man immerhin schon ein Einfamilienhaus bekommt, überrascht. Ansonsten macht der Hersteller Isdera die Sache auf seiner Site kurz und schmerzlos: Die Leonberger zeigen ihre kleine Auswahl und begnügen sich mit technischen Angaben. Eine Abbildung der Modelle lässt ungefähr erahnen, was einen Isdera von einem gewöhnlichen Mittelklassewagen unterscheidet: Die hier vorgeführten Wagen könnten auch direkt aus der Weltraumforschung stammen.

Lexus

http://www.lexus.de

Wunderschön! Lexus ist die Automarke für gehobene Ansprüche – die Modelle gehören allesamt zur Luxusklasse und sind auf jeden Fall einen Klick wert, auch wenn es Ihr alter Wagen noch ein Weilchen tut. Diese Homepage jedenfalls ist hervorragend aufbereitet und dürfte sogar überzeugten Fußgängern das Gefühl vermitteln, dass ihnen irgend etwas fehlt...

London Taxis

http://www.london-taxis.co.uk

Die altmodischen Taxis in London gehören so sehr zu der Stadt wie Franz Beckenbauer zum FC Bayern München, Pommes zur Currywurst und Daisy Duck zu Donald. An den neuen Modellen, die seit einigen Jahren die Stadt durchqueren, scheiden sich jedoch die Geister. Wer in einer Trockenübung die Vorzüge und Nachteile erkunden möchte, der kann sich auf der Homepage www.london-taxis.co.uk umsehen. Hier bemühen sich die Betreiber redlich, ihr neues Modell im rechten Licht darzustellen. Wer immer schon davon geträumt hat, selbst ein solches Taxi zu besitzen, der kann sich sogar aktuelle Angebote unterbreiten lassen oder – in Anbetracht des schwachen Euros – wenigstens einen hübschen Merchandising-Artikel erstehen.

Lotus

http://www.lotuscars.com

Die ersten Autos aus dem Hause Lotus waren eine gelungene Kombination aus Sportwagen und Auto für den täglichen Gebrauch. Auf der offiziellen Lotus-Homepage erfahren Sie mehr über die Geschichte des Autos und können einen Blick auf die Modelle werfen. Für alle Freunde exklusiver und sportlicher Wagen sicherlich ein Muss.

Marcos

http://www.marcoscars.com

„Mantis", „Gottesanbeterin" und andere exotische Namen haben die Herren (und Damen) von Marcos-Cars für ihre im wahrsten Sinne des Wortes abgefahrenen Sportwagen gefunden – und die Assoziationen sind gar nicht mal so weit hergeholt. Wer das nicht glaubt, schaut einfach selbst auf der Homepage des Herstellers nach – und kann dort gleich virtuell ein Modell seiner Wahl mit der Lieblingsfarbe versehen. Die Site bietet neben diesen Spielereien auch den Kurzabriss der Firmengeschichte, in der zugleich die Philosophie des Herstellers zusammengefasst wird. Wer ernsthaft den Kauf eines Flitzers aus diesem Hause

erwägt, kann die Händleradressen einsehen. Dabei wird bereits auf der Site eine hübsche Auswahl gebrauchter Modelle geboten, die natürlich alle einen Nachteil haben: Sie wurden für den Linksverkehr gebaut!

Maserati

http://www.maserati.it

Neptuns Dreizack ist das Wahrzeichen von Maserati und der Homepage dieses automobilen Edelkonfektinärs. Auf Italienisch oder Englisch kann sich der Freund rassiger Sportwagen durch die Seiten bis ins Motorsportnirwana klicken, was mit dem Modell 3200 GT allerdings recht schnell erreicht ist, da sich große Teile der URL zum Zeitpunkt der Recherche im (Wieder-)Aufbau befanden. Obwohl: Eigentlich ist der Name Maserati ja schon Programm. Aber ein bisschen optisch naschen wäre schöner...

Mazda

http://www.mazda.de

Virtuelle Probefahrt gefällig? Bei Mazda können Sie ihre Geschicklichkeit bei einem unterhaltsamen Gewinnspiel testen und einen Hindernisparcour bewältigen. Besonders aufwendig ist dieses Game nicht, aber dennoch kurzweilig. Allerdings sollte Ihr Computer über ein Shockwave-Plug-In von Macromedia verfügen. Ansonsten gibt's hier natürlich Mazdas satt zu sehen und dazu einen interessanten Einblick in die 50-jährige Firmengeschichte des Automobilherstellers, der bis zum heutigen Tag schon mehr als fünf Millionen Fahrzeuge verkaufen konnte. Glückwunsch!

Mercedes Benz

http://www.mercedes-benz.de

Mercedes Benz – Ihr guter Stern auf allen Straßen. Spätestens seit der Fusion mit Chrysler strahlt der Stern aus Untertürkheim wieder heller, vergessen ist das Drama um Elchtest und die A-Klasse. Die hat sich mittlerweile zum Verkaufsschlager entwickelt und spiegelt somit den Erfolg von Mercedes auf der ganzen Linie wider: Ob im Motorsport oder auf der Straße – Mercedes gehört zu den „Global Playern", die den Ton angeben. Dissonanzen sind nicht hörbar, auch der Internet-Auftritt der Schwaben kann sich sehen lassen. Die neuesten Modelle aller Sparten (PKW, LKW etc.) oder das Mercedes-Engagement in der Formel 1 sind Themen auf einer vorbildlichen Homepage. Die Erfinder des Automobils setzen auch im Netz die Standards.

Mercury

http://www.mercuryvehicles.com

Die Autos mit dem Label „Mercury" kommen eigentlich aus dem Hause Ford, doch das stört den Surfer nicht, der auf der Suche nach amerikanischen Fahrzeugen ist. Diese Site glänzt durch ihre ansprechende Aufmachung, die nach unserem Empfinden in ganz untypischen Farben aufgemacht ist. Dabei lässt sie sich wunderbar navigieren, hat ein ansprechendes Layout und liefert dabei eine Fülle detaillierter Informationen für diejenigen, die sich in irgendeiner Weise mit Mercury befassen möchte.

Austin Mini

http://www.mini.co.uk

Kein Auto ist je so unterschätzt worden wie der Austin Mini. Das putzige kleine Auto, zunächst belächelt, konnte als Rennversion jedoch sage und schreibe dreimal die Rallye Monte Carlo gewinnen. Wie einen die Homepage wissen lässt. Da hier klare Strukturen nicht zu erkennen sind, landet man mit einem beherzten Klick mitten in der bunten Welt der/s Minis

– und möchte sie so schnell nicht mehr verlassen. Es gibt überall viel zu sehen, im sprichwörtlichen Sinne z.B. in der „Kinovorführung", wo kurze Filme im QuickTime-Format von der Leinwandpräsenz dieser Kultobjekte handeln. Wer den Mini fest ins Herz geschlossen hat, begibt sich am besten direkt in die „Merchandising-Ecke", um sich ein Andenken an den mittlerweile 40-jährigen Star zu bestellen. Verweilen lohnt sich...

Mitsubishi

http://www.mitsubishi-motors.de

Viele andere Automobilhersteller überholt Mitsubishi mit seiner deutschsprachigen Website locker. Denn was hier an angenehm textlastigen, rasend schnell übertragenden Inhalten geboten wird, geht weit über platte Werbung hinaus. Natürlich kann man sich alle Autos des japanischen Herstellers anschauen, Prospekte bestellen oder nach dem nächsten Vertragshändler suchen. Aber daneben gibt es eine Gebrauchtwagenbörse, den Mitsubishi-Hotelführer und noch den Fanartikel-Shop. Stundenlanges Surfvergnügen ist garantiert.

Monteverdi

http://www.monteverdi.purespace.de

Peter Monteverdis Biografie ist nicht von den Automobilen zu trennen. Wer vermag schon zu sagen, ob seine Eltern die Zweisamkeit nicht auch schon im Wagen suchten? Nachdem er schon dank seines Vaters im Geschäft des Autohandels aufwuchs, begann er seit den 50er-Jahren mit dem Bau eigener, äußerst schnittiger Fahrzeuge, die teilweise sogar in der Formel 1 mitfuhren. Die Liebhaber seiner Modelle versammeln sich auf dieser Fansite, die in elegantem Schwarz Modellreihen, ein virtuelles Museum, Literatur, einen Markt für Einzelteile und ganze Wagen, Links und vieles mehr bietet.

Morgan

http://www.morgan-motor.co.uk

Ein Besuch beim ältesten PKW-Hersteller in Privatbesitz bringt die Wahrheit ans Licht: Stil ist britisch! Damit ist natürlich nicht der rituelle Fünf-Uhr-Tee gemeint, sondern ein Wagen, der Stil mit dem richtigen Anteil Luxus zu verbinden weiß: der Morgan. So bezeichnet die Morgan-Familie Ihren Wagen auch stolz als „the first and last of the real sports cars." Auf der Homepage erfährt man weiterhin, wie der Morgan Stück für Stück zusammengebaut wird; schließlich braucht man nur die Skizze der Fabrik anzuklicken, um detaillierte Informationen zur jeweiligen Produktionsstufe samt Fotos des Werkes und der im jeweiligen Bereich beschäftigten Mitarbeiter zu bekommen. Natürlich darf auch das Händlerverzeichnis sowie eine Liste der Morgan-Clubs auf der ganzen Welt nicht fehlen. Wer lieber klein anfangen möchte, kann sich eines der verschiedenen Modelle als Bildschirmschoner herunterladen – früher oder später verfällt man ja doch dem Wagen mit den rasanten Rundungen...

Nissan

http://www.nissan.de

Eine wahre Komfort-Site aus dem Hause Nissan: Hier werden die vier Neuauflagen des Almera, Serena, Primera und Micra präsentiert. Besonderer Knüller ist dabei der Primera für Orientierungsschwache: Hier ist der Autokompass in Form des 3D-Navigationssystems Birdview(er) serienmäßig zu haben. Wer wird denn da noch Straßenkarten lesen?

Oldsmobile

http://www.oldsmobile.com

So alt, wie der Firmenname es vermuten ließe, sind die Modelle diese ur-amerikanischen Automobilherstellers gar nicht. Die Ami-Schlitten sind vielmehr formschön und design-

technisch ausgereift, nichts ist mehr zu spüren von der Mittelmäßigkeit, welche die Mittelklassewagen für den Mittelstand einst „auszeichnete". Die Oldsmobile werden primär für den US-Markt angefertigt, doch wer sich etwas Exklusives gönnen möchte, der kann sich auf dieser URL über Modelle und Modalitäten schlau machen. Um sich allerdings in technische Details vertiefen zu können oder die Firmengeschichte nachzulesen, muss man des Englischen schon mächtig sein, denn auf europäische Bedürfnisse nimmt diese Site rein sprachlich selbstredend kein Rücksicht.

Opel

http://www.opel.de

Zuerst blitzt der weltbekannte Opel-Blitz auf der Site auf, und kurze Zeit später baut sich eine Homepage auf, die Lust aufs Fahren macht. Bilder von sportlichen Cabriolets genauso wie solche von familienfreundlichen Autos sind auf den Seiten von Opel zu sehen. Dazu werden alle Themen, die man sich im Zusammenhang mit dem großen Rüsselsheimer Autohersteller nur vorstellen kann, behandelt: Vom Motorsport über Fanclubs bis hin zu technischen Details der unterschiedlichen Modelle und Händleradressen erfährt man hier alles – und das ganz easy! Die weit verzweigte Menüleiste am unteren Bildschirmrand leitet den „Besucher" spielend einfach von übergeordneten Themen zu untergeordneten Punkten. Besonders interessant auch die Jahreswagenbörse: Mitarbeiter von Opel können via Internet ihren Jahreswagen zum freien Verkauf anbieten. Und praktisch für den „Besucher" ist die stark ausgebaute E-Mail-Funktionalität, mit der man schnell und unkompliziert Kontakt zu Opel aufnehmen kann.

Panoz

http://www.panozauto.com

Wenn sich das schöne Geschlecht aktiv dem Motorsport zuwendet, dann steigen auch die ästhetischen Qualitäten der Rennwagen. Das ist zum Teil dem Hause Panoz zu verdanken, das die Pilot(inn)en mit schnellen und schicken Fahrzeugen ausstattet. Wahre Augenweiden sind hier zu sehen, und die Gestalter dieser Website haben mit Bildmaterial zum Glück nicht gegeizt. Dabei wurden die beiden Geschäftszweige zu gleichen Anteilen gewürdigt, die Straßenwagen einerseits und die Sportwagen andererseits. Erstere werden mit allen für Kunden interessanten Details vorgestellt, letztere haben mit Teamporträts und Veranstaltungskalender eine würdige Darstellung erhalten.

Peugeot

http://www.peugeot.de

Wenn es beim nächsten Autokauf vielleicht ein Peugeot sein darf, dann sei die Homepage des französischen Automobilherstellers wärmstens empfohlen. Das Laden der einzelnen Seiten dauert zwar unerklärlich lange, aber das Know-how soll schließlich in den Autos stecken und nicht in der Website. Von den verschiedenen Finanzierungsmodellen über Umweltaspekte bis zu den Erfolgen im Motorsport werden alle Fragen beantwortet. Wen die Darstellung überzeugt hat, der kann ganz und gar einsteigen und bei den Stellenangeboten nach dem Anfang einer neuen beruflichen Perspektive suchen.

Plymouth

http://www.plymouthcars.com

Die Homepage von Plymouth ist zwar im Layout ganz sachlich und erwachsen, aber tatsächlich bietet sie nebenbei einen ähnlichen Service wie eine Jugendzeitschrift. Deswegen kann man Streifenwagen nachbasteln, E-Mail-Freundschaften mit anderen Plymouth-Fahrern aufbauen und seine schönsten Fotos einsenden. Der seriöse Teil stellt natürlich das Unternehmen sowie die Modelle der Saison vor und gibt Neuigkeiten preis. Interessant für den deutschen Besucher dieser Website dürften auch die Links sein, die an das Ende gestellt wurden.

Pontiac

http://www.pontiac.com

Der Pontiac gehört zu den Sportfahrzeugen, mit denen man sich auf der Straße gewiss nicht zu schämen braucht. Wer dies ähnlich sieht, wird an dieser Homepage seine wahre Freude haben. Interessant wird diese Webpage aber auch für die Freunde anderer Automobile (für den Fall eines Autoschadens im englischsprachigen Ausland), denn es wird ein Mini-Dossier für eine gelungene Kommunikation mit dem ortsansässigen Automechaniker geboten. Gelungener Gag am Rande: Mittels dieser Hilfe kann man auch mit seinem Fahrzeug „in Verbindung treten" – eine Liste mit Beschreibungen verschiedener Motorengeräusche bietet erste Hinweise darauf, wo der Schuh drücken könnte. Darüber hinaus sei auf die Unternehmensgeschichte hingewiesen, denn diese erfreut ganz besonders das Auge.

Porsche

http://www.porsche.com

Wussten Sie, dass über 60 % aller jemals gebauten Porsche bis heute noch fahren? Fast könnte man meinen, der Stuttgarter Spezialist für „Rennsemmeln" möchte einen davon abhalten, auf die virtuelle Ausstellung der Carreras und Boxster zu klicken, um gleich den Link auf die Gebrauchtwagenhändler aufzusuchen. Kaum, denn der Anblick lohnt sich wirklich. Wen die Träumerei vom eigenen Porsche nur schmerzlich an seinen überzogenen Dispokredit erinnert, kann sich mit den angebotenen Accessoires trösten. Für die Porsche-Uhr mit dem Ziffernblatt, das den Armaturen des 911 nachempfunden ist, muss man zwar jede Menge großer Scheine hinlegen. Doch schön, wenn man sie hätte: Die Auflage bleibt limitiert.

Proton

http://www.proton.de

Proton: Nie gehört? Der Name gehört Malaysias Automobilhersteller Nummer eins und steht für „Perusahaan Otomobil Nasional Berhad". Wie die Modelle dieses noch sehr jungen Automobilunternehmens heißen und wie sie aussehen, müssen Sie sich schon selbst erklicken. Nur so viel sei verraten: Der Name Proton steht auch für kleine Preise bei großen Leistungen. Interessiert?

Renault

http://www.renault.de

Autos zum Leben soll es natürlich auch im Internet geben. Renault schmeichelt dem Online-Publikum französisch vielfältig und einfallsreich mit Bildschirmseiten, die so raffiniert wie die Autos selbst gestylt sind. Einzelnen Modellen sind eigene Websites gewidmet (Prospekte können online ins Haus geklickt werden) genauso wie der Firmengeschichte und dem 100-jährigen Firmenjubiläum. Die Hausbank liefert im Web passende Finanzierungsangebote, während Fachjournalisten die aktuellen Pressemeldungen nachschlagen können. Das Leben macht bei Renault auch online Freude.

Rinspeed

http://www.rinspeed.com

Wenn man täglich die Nachrichten verfolgt, bekommt man leicht den Eindruck, der Automarkt wird unter immer weniger Beteiligten, die dabei beständig an Größe gewinnen, auf-

geteilt. Dabei ist die Zahl der ambitionierten Kleinhersteller erstaunlich groß. Einer davon, mit Sitz in der Schweiz, nennt sich Rinspeed, und gelangte eigentlich über den Bau von behindertengerechten Fahrzeugen zur Konstruktion von individuellen Modellen in Kleinstauflage. Inzwischen wird jede Form von Sonderserien- und Prototypenbau sowie Spezialanfertigungen geboten. Unter den Rubriken „Report" und „Presse" finden sich Dokumentationen der bisherigen Tätigkeitsfelder. Dazu kommen Bilder, Beschreibungen und Daten zu den bisher erschienenen Modellen und den aktuellen Neuentwicklungen.

Bentley

http://www.rolls-royceandbentley.co.uk/bentley

„R-R & B" ist keine Abart amerikanischer Popmusik, sondern die Abkürzung des Firmenzusammenschlusses von Rolls Royce und Bentley. Beide Namen gelten als Synonyme für britische Nobelkarossen, dementsprechend präsentiert sich diese Site auch in elegantem Dunkelgrün. Hier werden die Meilensteine aus der Firmengeschichte vorgestellt, die Modelle aus der laufenden Produktion und die Lieferantenadressen auf der ganzen Welt genannt. So ist es jederzeit möglich, von öffentlichen Rechnern aus der Jugendherberge in New York die Händleradressen in der Umgebung zu erfragen, denn schließlich kann man schlecht ohne Mitbringsel für die Lieben aus dem Urlaub zurückkehren!

Rolls Royce

http://www.rolls-royceandbentley.co.uk/index.html

Typisch britische Eleganz und Noblesse, gepaart mit Dynamik, präsentiert Ihnen die offizielle Website von Rolls Royce & Bentley. Ob Sie sich nun für den kräftigen Bentley Continental T mit seinen 426 PS und einer Höchstgeschwindigkeit von 270 km/h oder den Bentley Azure, eine betörende Kombination aus entspannender Darbietung und romantischem Stil, entscheiden, das geflügelte „B", das jede Bentley-Fahrzeugfront schmückt, symbolisiert immer eine perfekte Symbiose aus Hightech und traditionellen Standards. Ein gleichermaßen außergewöhnliches Erlebnis garantiert Ihnen die Marke Rolls Royce. Absolutes Prunkstück ist das Modell „Silver Seraph", das mit seiner Fünf-Gang-Automatik, gekoppelt an einen V12-Motor, absolut mühelosen Leistungsabruf gewährleistet. Eine elegante Innenausstattung, u.a. mit edlem Furnierholz und Bezügen aus feinstem Leder, verleiht Ihrer Individualität zusätzlichen Ausdruck. Des Weiteren bietet die Site die neuesten Nachrichten, Fahrertraining(!), Geschenkabteilung und eine Media-Site mit Wissenswertem für Journalisten.

Rover

http://www.rover.de

In den 60er- und 70er-Jahren, als Rover noch zu British Leyland gehörte, machte der britische Automobilhersteller vor allem mit Qualitätsproblemen von sich reden, und in den 80er-Jahren führte die Kooperation mit Honda zu einer Reihe von gesichtslosen und langweiligen Allerweltsautos. Doch seit der Übernahme durch BMW geht es mit der Rover Group, zu der auch so legendäre Marken wie Land Rover, MG oder der Mini gehören, aufwärts: Selbstverständlich werden alle Marken und Modelle hier ausführlich vorgestellt, wobei im Mittelpunkt der neue Rover 75 sprich: „Seventyfive" steht, der derzeit wohl eines der gelungensten Automodelle der britischen Automobilindustrie darstellt. Hoffentlich versinkt die Traditionsmarke nach Veräußerung durch BMW nicht wieder im Mittelmaß...

Saab

http://www.saab.de

Wer Autos mit dem Zündschloss zwischen den Vordersitzen baut, muss einen besonderen

Geschmack haben. Saab in Schweden hat ihn in seiner 50-jährigen Geschichte genügend bewiesen, und die Website reiht sich nahtlos in das Erscheinungsbild eines unkonventionell fortschrittlichen Automobilbauers ein. Auf grafisch bis zum letzten Pixel durchgestalteten Seiten ist einfach alles da: alle Modelle, alle technischen Details, alle Preise, alle Kataloge zum Bestellen. Gut gemacht sind auch die multimedialen Elemente. Bei Saab passt ein Crashtest als Quicktime-Movie auf eine Diskette und ist garantiert ungefährlich. Der Aufenthalt lässt sich sogar noch kurzweilig spielerisch abrunden: Im „Joynal" warten diverse Online-Spiele.

Saturn

http://www.saturncars.com

Ganz jung-dynamisch geht es bei dem amerikanischen Autohersteller Saturn zu. Hier tragen alle rote Turnschuhe und sind gut drauf. Das gehört zum Firmenkonzept, denn nach Ansicht der Führung bauen die Angestellten bessere Autos, wenn man nett zu ihnen ist. Wer sich davon überzeugen möchte, findet auf der Homepage alle notwendigen Infos, um einen Wagen nach dem eigenen Geschmack auswählen und erstehen zu können – sofern man auf amerikanischem Boden weilt oder über das notwendige Know-how für einen Import verfügt. Also nichts wie ab in den Showroom!

Seat

http://www.seat.de

Die schöne spanische Tochter des Volkswagenkonzerns weiß, was sie ihren deutschen Kunden schuldig ist. Nicht nur digitale Kataloge und hübsche Bildchen neuer Autos, sondern interaktive Informationen und digitale Dienstleistungen. Zum Beispiel eine Gebrauchtwagenbörse, die nach Ausfüllen eines Formulars eine Reihe von Angeboten – auch von anderen Herstellern – anzeigt. Oder das gut gemachte Techniklexikon, in dem Begriffe wie „Anti-Submarining" und „Störkrafthebelarm" erklärt werden. Dazu noch die Händlersuche und die Gelegenheit, Informationen via Mail anzufordern. Ein Showroom, der den Besuch lohnt. Heißer Tipp für Journalisten: Es gibt eine Pressedatenbank mit Bildern und Texten.

Skoda

http://www.skoda-auto.de

Donnerwetter: Skoda ist der drittälteste Autohersteller der Welt! Die Marke hat sich nach der Fusion mit VW im Jahre 1991 zu einer festen Größe auf deutschen Straßen entwickelt. Schlichte Eleganz kennzeichnen das Design der neuen Automobile und auch die Website des deutschen Importeurs. Neben der aktuellen Produktpalette und den Finanzdienstleistungen findet man hier auch Eventkalender mit Terminen zu Road-Shows oder den von der Firma gesponserten American-Football-Vereinen. Motorsport-News sowie ein Geschichtsabriss fehlen natürlich auch nicht. Schauen Sie doch mal rein.

Smart

http://www.smart.com

Beim Smart handelt es sich sicherlich um eines der außergewöhnlichsten und mutigsten Fahrzeugkonzepte der letzten Jahre. Auch die Website gibt sich frisch und modern und bietet beispielsweise einen „Konfigurator", in dem Interessenten Innen- und Außenfarben, Interieur usw. auswählen können. Informationen zu Design, Sicherheit, Technik, Vertrieb runden das Angebot ab. Nicht nur für Technikfreaks eine tolle Spielwiese.

Spectre

http://www.spectrecars.com

Ganz unten, an der schönen Südküste Englands, in dem kleinen Ort Poole, befindet sich der Sitz des kleinen, aber feinen Autoherstellers Spectre Cars Ltd. 1.250 Kilo feinstes Blech verlassen die Produktionshalle in kleinsten Stückzahlen. Der R45, der erste Filius des Unternehmens, entlehnt seine Bezeichnung aus seiner Gesamthöhe: 45 Zoll, gut 110 cm, misst die hübsche Flunder. Dabei bietet sie in der Ausführung alle Annehmlichkeiten typisch britischer Eleganz. Mit Sicherheit ein Wagen, nach dem sich jeder umdreht. Die Site macht wenig Aufhebens um ihr Produkt und lässt die Fakten sprechen. Einige technische Daten, Fotos und das war es bereits.

Strathcarron

http://www.strathcarron.co.uk

Da haben die Macher dieser Website beim berühmtesten Geheimagenten der Welt aber haarscharf aufgepasst – und anschließend sehr präzise abgekupfert. Strathcarron heißt die Firma, die schicke Sportwagen vom schmalen Fließband lässt. Und der Vorspann zur Homepage ist eins zu eins dem James-Bond-Titel entlehnt: Eine Frauensilhouette bewegt sich lasziv vor signalrotem Hintergrund, der alsbald verschwimmt und den Blick auf einen schnittigen Flitzer freigibt. Das Auto sieht aus wie eine geglückte Liaison von Mama Ferrari und Papa Porsche. Dass die Strathcarron-Konstrukteure sich ausgerechnet bei 007 bedienen, kommt nicht von ungefähr, schließlich sitzt die Firma in Bedfordshire. Und Briten können – das gehört zum kleinen Auto-Einmaleins – seit jeher elegante und sportive Wagen herstellen. Selbst der Soundtrack zum Kurzmovie könnte von John Barry stammen, doch auf die Dauer wird die Endlosschleife monoton. Bis dahin jedoch haben wir ob der Schlangengöttin im Feuerdesign schon Stielaugen bekommen – jetzt können wir uns den technischen Details in aller Ausführlichkeit widmen...

Subaru

http://www.subaru.de

Die Automarke Subaru könnte mit ihrer Homepage einen Preis gewinnen. In puncto Übersichtlichkeit und Struktur ist diese Website kaum zu überbieten. Statt der lästigen und nervenaufreibenden Suche nach Informationen hinter nervös auf- und abspringenden Icons kann man hier per Abkürzung über den Button „Auf einen Blick" alles Wesentliche auf eine Bildschirmseite bringen und von dort aus bequem die Orte aufsuchen, die einen wirklich interessieren. Dabei wäre das gar nicht nötig gewesen, denn alles, was hier zu sehen ist, lohnt allemal einen näheren Blick: Ob es die Modelle wie Legacy oder Forester sind oder das Gewinnspiel, bei dem allerhand Preise winken...

Toyota

http://www.toyota.de

Eine etwas andere Autopräsentation: Nach dem selbstgewählten Motto „Technik, die keiner versteht, kann keinen begeistern", erklärt Toyota auch für Autofahrer mit zwei linken Händen und einer Fünf in Physik, was an den technischen Entwicklungen aus dem Hause Toyota gut und innovativ ist. Behutsam herangeführt an die Welt der Motoren, die für die meisten Menschen ein Buch mit sieben Siegeln bleibt, das man nur mit Hilfe des Zündschlüssels aufschlagen kann, werden die Besucher dann zu den Modellen weitergeleitet.

TVR

http://www.tvr-eng.co.uk

Die Homepage der TVR Motor Company ist bewusst minimalistisch gestaltet und eignet sich derart genauso für rasantes Lesen wie die flotten Modelle Tuscan, Chimaera, Griffith und Cerbera der Firma für rasantes Fahren. Die 1947 gegründete Firma kann gerade in letzter Zeit einen immer größeren Bekanntheitszuwachs in ihrem Heimatland Großbri-

tannien feststellen. Auch in Deutschland ist die TVR schon mit fünf Vertragshändlern vertreten. So kann der deutsche Surfer hoffen, dass diese interessant gestalteten Seiten auch bald in deutscher Zungen präsentiert werden, zurzeit sind allerdings Englischkenntnisse angebracht. Doch glücklicherweise gilt auch hier, dass ein Bild mehr sagt als tausend Worte, und so kann sich der Liebhaber schneller und rassiger Wagen an den bebilderten Vorstellungen der einzelnen Modelle erfreuen.

Volvo

http://www.volvocars.de

Die Automobile der schwedischen Marke Volvo sind etwas für Menschen, die auf Komfort nicht verzichten wollen. Wer angenehmes Reisen mit Sicherheit und Bequemlichkeit verbinden will, schaut sich auf den Internet-Seiten des Automobilkonzerns in Ruhe die einzelnen Modelle an und informiert sich über technische Daten ebenso wie über Umweltschutzaspekte, Firmengeschichte und Finanzierungsmöglichkeiten. Wen die Darstellungen überzeugt haben, den führen die richtigen Links zum Händler in der Nähe.

Westfield

http://www.westfield-sportscars.co.uk

Das ist wirklich eine feine Sache: Sportwagen, die man sich dank eines Modulsystems selbst zusammenstellen kann. Sämtliche Hauptkomponenten sind bei Westfield frei wählbar, so gelangt man zu einer weit größeren Variationsbreite als durch das übliche Klimaanlage-ja/nein-Muster. In etwa 120 Stunden Arbeit wird dann das Wunschmodell zusammengebaut – und ab geht die Post! Das Modulsystem wird auf der Homepage dank der Möglichkeiten des Internets äußerst plastisch dargestellt. Außerdem kann man das Gebrauchtwagenangebot abrufen und sich über die Aktivitäten des Unternehmens im Motorsport informieren.

Wiesmann

http://www.wiesmann-auto-sport.de

Wer sich stundenlang an liebevoll erdachten, kleinsten Details ergötzen kann, der sollte einen Besuch dieser Site nicht versäumen. Die Gebrüder Wiesmann teilen neben ihren Eltern auch die Leidenschaft für den Motorsport. Eigentlich hatten sie vor einen Rennwagen zu konstruieren, doch das Ergebnis – ein wunderhübscher Roadster – fiel etwas anders als geplant aus. Die Homepage der Brüder stellt den Sportwagen mit seiner Entwicklungsgeschichte, den handwerklichen Details und den technischen Daten vor. Daneben werden im Shop die Zutaten für die „Carcosmetic“ und Accessoires wie Ventilkappen mit dem Gecko als Logo feilgeboten.

Hot Auto Links

http://www.wwwheels.com/links

Sollten wir hier doch noch einen Autohersteller vergessen haben? Schwamm drüber, sei's drum, es gibt doch die „World Wide Wheels Hot Auto Links“, die surfende Autofahrer zu allen Autoherstellern dieser Welt führen. Von Acura bis Volvo sind alle am Start. Die Site ist dezent-rasant aufgemacht, kommt ohne überflüssige Schnörkel aus und bringt uns dorthin, wo wir es bislang nicht hingeschafft haben. Sogar bis nach Peking.

Volkswagen

http://www1.vw-online.de/international/deutsch/index.htm

Schön, dass Sie hier sind, findet die Homepage der offiziellen Website von Volkswagen. Das findet auch der Surfer. Jedenfalls dann, wenn er auf der Suche nach einem erstklassigen

Internet-Angebot war. Denn VW zeigt virtuell, was das Unternehmen kann und was es tut. Und das ist nicht nur der Autobau! Neben den aktuellen Modellen, ihrer Finanzierung und reichlich Infos über den Beetle (Das Kultauto der Zukunft!) engagiert sich der VW-Konzern nämlich auch im kulturellen Bereich: Ein Start-up-Programm für junge Künstler und Bands ist dafür nur ein Beispiel.

Modelle

Ford Ka

http://www.alles-ka.de

Der Ford KA, jenes kugelrunde Spaßgefährt für die Innenstadt, macht auch im Netz internette KApriolen. Für die sorgt in erster Linie KAsper. KAsper ist ein KAshüpfer (pardon: Grashüpfer), der durch die kunterbunte KA-Welt hüpft und von einer KAtastrophe in die nächste taumelt. Dem Rasenmäher soeben entronnen, prallt KAsper vor einen Baum und ist hin. Aber noch nicht weg: Der flotte Wiesenbewohner ist die animierte Sitemap. Klingt komisch, ist aber so. Und so hüpft KAsper von „KArlsruhe" zur „Praxis Dr. KAlauers" und von da zur „KApelle". Das Ganze schön geflasht und mit der tollen Musik von Bandaloop unterlegt. Verantwortlich für den 1-(K)A-Webauftritt sind u.a. „Wundermann Cato Johnson" aus Frankfurt und Hans-Jörg Brehm, der die Zeichnungen beisteuerte. KAnn es sein, dass wir uns mehr solcher Webpräsenzen wünschen? Definitiv. KAlasse!

Audi TT

http://www.audi-tt.de

Die Homepage des Audi TT: eine stilistische, in dezentem Schwarz-weiß-grau gestaltete Hommage an das Fahrzeug. Ob Roadster oder Coupé – hier erfährt der Audi-Fan alles über seinen Liebling. Der Audi TT gehört sicherlich zu den innovativsten und schönsten Modellen, die in den ausgehenden 90er-Jahren hervorgebracht wurden und sie beherrscht haben. Analog zum Auto ist auch die Extra-Homepage für den TT in punkto Design und Funktionalität herausragend geworden. Mit zwei Klicks kommt man schnell zum Ziel seiner Wünsche: So wird der Nutzer mit den Menüpunkten Facts, Service und Dialog (und ihren Unterpunkten) rundum versorgt. Man kann sich auf Wunsch einen Katalog schicken lassen, im TT-Shop das nötige Zubehör einkaufen oder sich sein Traumauto im Car Configurator (inklusive unverbindlicher Preisempfehlung) zusammenstellen. Zeitlose Eleganz und unaufdringlicher Luxus verbindet der Audi TT so auch auf seiner Homepage aufs Engste miteinander. Da bleibt einem nur noch eins zu wünschen: gute Fahrt!

VW New Beetle

http://www.beetle.de

Falsch gedacht! Hier handelt es sich nicht etwa nur um ein x-beliebiges Auto, sondern um ein neues Kultobjekt auf unseren Straßen. Für einigen Wirbel hat der neue VW „Beetle" ja schon gesorgt. Als modernisiertes Modell des legendären VW „Käfer" rangiert er bereits ganz oben auf der Wunschliste der jugendlichen Autofahrer. Auch die Internet-Seiten präsentieren sich in flottem Design: Per Zoom-In kann man den Innenraum des Wagens genauer unter die Lupe nehmen, Nahaufnahmen des Cockpits oder des Armaturenbretts halten so manche Überraschung bereit. Wenn man nun mal gerade keine Gelegenheit zum Beetlefahren hat, kann man ja in der virtuellen Mitfahrzentrale chatten oder ausgiebig im „Beetle-Shop" bummeln. Von der Krawattennadel bis zum „Kuschelbeetle" ist hier so ziemlich alles erhältlich, was zu einem richtigen Kultobjekt gehört.

Renault Clio

http://www.clio.de

Zig Jahre nach der Einführung des ersten Modells – das 1991 zum Auto des Jahres gewählt wurde – präsentiert sich der neue Renault Clio als völlig neu konstruiertes Fahrzeug, das, so Renault, „nicht mehr lieb, sondern erwachsener und bestimmter ist". Grund genug, dem Clio eine eigene Web-Seite zu spendieren, auf der man in den Kapiteln Konzept, Komfort, Sicherheit, Technik alles über den sympathischen Kleinwagen aus Frankreich erfährt. Besonders lohnend: Ein Besuch im „Showroom", welcher nicht nur Außen- und Innenansichten des Wagens im 3D-Quicktime-Format bietet, sondern auch interessante Videos von der Präsentation bis hin zum Crashtest.

VW Golf

http://www.generationgolf.de

Deutschlands meistverkauftem Auto hat Volkswagen in der vierten Modellgeneration jetzt seine eigene Website spendiert. Die Generation Golf zeigt in Reinkultur, welchen Spaß Werbung im Web machen kann. Das Produkt auf vier Rädern wird zum multimedialen Zentrum eines freizeitorientierten Lebensstils. Nachzulesen im „GolfMag", das stets freie Mitarbeiter sucht. Freaks finden Downloadadressen, Plaudertaschen den Chat-Bereich. Und ganz nebenbei wird das Auto vorgestellt. Was bleibt, ist der Eindruck: Auto und Website fein gemacht.

Jaguar S-Type

http://www.jaguar.de

Geschichte wiederholt sich. Und doch verändert sich die Fortschreibung um Nuancen. Jaguar wiederholt derzeit (s)eine Erfolgsgeschichte: 1955 wurde das Modell „S-Type" etabliert, eine kompakte Sportlimousine mit luxuriöser Ausstattung. 1963 gewann die Baureihe des britischen Automobilherstellers die Tourenwagenmeisterschaft – mit einem nahezu serienmäßigen Modell! 1999 kehrte die Legende anlässlich des Genfer Autosalons zurück: formschön, luxuriös, elegant und kraftvoll. Brillante Technik, gepaart mit dynamischen Design, von all dem kann man sich unter dieser Adresse ein Bild machen. Nehmen Sie Einblick ins elegante Interieur und schauen Sie unter die Motorhaube, wo 3.0-Liter-V6- oder 4.0-Liter-V8-Motoren für die notwendige Power sorgen. 2000 ist Jaguar auf dem Sprung, den deutschen Markt zu erobern: Mit dem S-Type ist die These widerlegt, dass man Stil nicht kaufen kann.

Jeep

http://www.jeep.de

Vergessen Sie die Kopien, hier gibt's das Original: den Jeep. Als Laie bezeichnet man die Geländewagen im Allgemeinen gerne als „Jeep", was de facto falsch ist, wie diese Seite zeigt. Hier gibt es den uramerikanischen (Auto-)Traum auf vier wuchtigen Rädern: geländegängig, straßentauglich, leistungsstark und up to date im Design. Die Fotos der Modelle „Wrangler", „Cherokee" und „Grand Cherokee" vor der beeindruckenden Kulisse des Grand Canyon manifestieren die Amerika-Assoziationen, auch wenn das Chrysler-Unternehmen mittlerweile zu großen Teilen fest in deutscher Hand ist. Deswegen gibt es auch mehr – und vor allen Dingen deutschsprachige – Infos unter der Adresse der Chrysler GmbH Deutschland.

Honda HR V: The Joymachine

http://www.joymachine.com

Honda war schon immer eine ganz besonderer Firma. Dies offenbart sich schon bei einem Blick auf die Firmengeschichte: 1977 stand Honda vor der Herausforderung, sich auf dem amerikanischen Automobilmarkt zu etablieren, obwohl die Firma bis dato lediglich Erfah-

rung mit Motorrädern gesammelt hatte, die weltweite Konkurrenz viel zu groß war, und Honda über keinerlei Automobilvertriebsnetz verfügte. Schon wenige Jahre später hatte sich Honda, entgegen aller Expertenmeinungen, in den USA erfolgreich etabliert. Wir spulen vor bis zur Jetztzeit und stellen bei Betrachtung der Honda-Joymaschine-Website fest, dass Honda wieder einmal seinen eigenen ungewöhnlichen Weg gegangen ist. Der neue Wagentypus wird im Stile eines Popkulturobjektes vermarktet und ist mit interaktiven Shockwave-Elementen versehen, sei es das „Joy-Magotchi" oder der Cartoon-Film zum Selbermachen.

Renault Kangoo

http://www.kangoo.de

Die französische Automarke Renault stellt auf dieser umfangreichen Website ein Fahrzeug vor, das wie sein Vorbild R4 zum Klassiker werden dürfte: „Die automobile Interpretation neuer Werte", das ist der Kangoo. Der „Online-Channel" kann einen wirklich lebendigen Eindruck des Wagens vermitteln und lässt kein Detail aus: Außen- und Innenausstattung, Extras und vieles mehr gibt es auf der aufwendig wie liebevoll gestalteten Homepage zu sehen. Prädikat: höchst informativ und optisch ansprechend.

Peugeot 206

http://www.peugeot206.de

Auf dieser Seite, die eigens für den neuen Peugeot 206 entwickelt wurde, erwartet Sie alles andere als eine langweilige, mit Informationen überhäufte Autowerbung. Es handelt sich hier vielmehr um einen interaktiven Film. Schon das Intro verrät, dass hier eine topmoderne Seite vorliegt, die nicht an bewegten Bildern spart. Falls Ihr Modem nicht zu den langsamsten gehört, sollten Sie bei Interesse an diesem Auto unbedingt diese Seite aufsuchen, denn auch sämtliche Untermenüs, wie zum Beispiel Sicherheit, Technik und Insassenkomfort, gleichen individuellen Kinofilmen, ohne dass die erwünschten Informationen dabei auf der Strecke bleiben.

VW New Bettle: Turbonium-Site

http://www.turbonium.com/flash/index.html

Der New Beetle von VW hat schon für genug Furore auf bundesdeutschen Straßen gesorgt. Solches soll nun auch weltweit erfolgen. Wenn der Webauftritt mit dem Titel „Turbonium" dafür der Maßstab ist, dann findet das Kerbtier auf vier Rädern reißenden Absatz. Bei Turbomium flasht es ganz gewaltig: Der Beetle von hinten, von vorn und von der Seite, präsentiert zu hektischen Drum'N'Bass-Klängen. Verschiedene Icons bieten optionalen Zugang zu diversen Details des Käfers, die Begriffe ploppen regelrecht ins Bild – zunächst langsam, dann immer schneller werdend. Bevor es dem Surfer zu rasant wird, zieht er die Notbremse und schaut sich an, ob der New Beetle über ähnlich gelagerte Sicherheitsmerkmale verfügt. In der Rubrik „Safety" liegt das Auto beispielweise unter dem Röntgengerät und gibt viel von seinem Innenleben preis – per Knopfdruck fahren sogar die Airbags aus! Sehr schön auch die Sparte „Television", in der man Einblicke ins „Making of..." der Beetle-Commercials nehmen kann oder sich das Werbefilmchen in voller Pracht und Schönheit (und Länge!) anschaut. Ein turbostarker Auftritt des Kultwagens aus Wolfsburg!

Motor & Sport

Motorrad

Aprilia

http://www.aprilia.de

Egal ob 125er, 250er oder 500er Klasse: Die italienische Marke Aprilia zählt schon seit unzähligen Jahren immer mit zu den Siegern verschiedenster Motorradrennen. Die offizielle Aprilia-Homepage zollt einem der führenden Motorradhersteller in Europa den gebührenden Respekt, indem sie von der Präsentation gängiger, straßenverkehrstauglicher Scoo-ter- und Motorradmodelle bis zu aktuellen Rennergebnissen alles Wissenswerte über die venezianische Firma darlegt. Renngeschichte, Fotogalerie, Händler, News, Maillisten und sogar Comics bietet die Site dem Motorradfreund. Ein echter Schmaus für Augen und Ohren ist die „Flash-Area" mit Videoclips, die auch die Nicht-Motorrad-Experten absolut begeistern werden.

Bike-Forum.de: Das unabhängige Forum

http://www.bike-forum.de

Es gibt keine dummen Fragen, sondern nur dumme Antworten. Diese Regel gilt auch im Bike-Forum, in dem sich Motorradfahrer zu beliebigen Themen austauschen können. Untergliedert wurde das Forum in die Bereiche Fun, Technik, Reise, Bekleidung und Allgemeines, in denen die Besucher Tipps und Tricks ebenso wie abgelegte Kombis und Ersatzteile untereinander austauschen. Dabei gibt es kaum eine Anfrage, zu der nicht irgendjemand etwas zu sagen hat. Zusätzlich gibt es einen Chatroom, in dem online über Gott und die Welt getratscht werden kann.

Bikers live!

http://www.bikerslive.de

Der Mann ist ganz in Leder und guckt grimmig. Dabei hätte er allen Grund zum Strahlen, ziert sein Konterfei doch die Internetseiten des Motorradmagazins „Bikers live!". Trotz des irreführenden Titels (keine Motorradfahrer beim Strip zu entdecken...), beherbergt das Journal aus dem Huber Verlag in Mannheim einiges, was ein mehrmaliges Hinschauen lohnt: nämlich exklusive Motorräder. Und auch davon kündet die Startseite, denn der grimmige Motorradfahrer sitzt auf einer Maschine, für die die Vokabel „Höllengerät" erfunden wurde. Wer solche Themen liebt, ist bei Bikers live! gut aufgehoben.

BikerTermine.de

http://www.bikertermine.de

Motorradfahren bringt scheinbar mehr Menschen zusammen als Auto fahren, denn Seiten wie diese gibt es für Vehikel auf vier Rädern nicht. Termine, Partys, Events für das laufende und sogar das nächste Jahr, Stammtische, Club-Treffen und allgemeine Treffpunkte werden hier für alle Biker zusammengetragen und veröffentlicht. Wer möchte, kann seine eigenen Veranstaltungen und Termine hinzufügen. Überraschend ist die Aktualität und die Übersichtlichkeit, was das Ergebnis bester Pflege ist.

biketec

http://www.biketec.de

Gerade auf dem Motorrad lässt es sich während der Fahrt verdammt schlecht auf der Landkarte nach dem rechten Weg sehen. Wie unendlich nützlich sind da die Navigationshilfen von Biketec, die in den Tankrucksack gesteckt werden können. Die Site ist schön über-

sichtlich gestaltet und bietet doch ausreichend Informationen und Darstellungen, mit denen man sich ein Bild von der Funktionsweise machen kann. Natürlich sind auch diese Pathfinder GPS-basiert. Der Clou: Bei Bedarf kann man sie auch in einen PKW einbauen.

B & M Bikershop

http://www.bm-bikershop.com

Alle Motorradfreaks aufgepasst: im Internet bietet der B & M Bikershop zahlreiche Artikel an, die das Herz der Zweiradfans höher schlagen lassen. Vorgestellt werden nicht nur Buckles, Schmuck und Sonnenbrillen, sondern es können auch Lederjacken und -hosen sowie Helme, Motorradersatzteile u.v.m. bestellt werden. Zum Zeitpunkt der Recherche wurde die Homepage gerade überarbeitet; deswegen: immer mal wieder reinschauen.

BMW C1

http://www.bmw-c1.de

Man spricht von IHM. ER ist da. Die Rede ist vom neuen BMW C1, dem ersten Scooter mit Dach. Folgt man der unglaublich cleveren grafischen Animation (natürlich flash-unterstützt) auf der BMW-C1-Homepage, dann kann man sich wahrlich auf den Frühling und die Stadt freuen. Die Imagekampagne zum City-Flitzer auf zwei Rädern zeigt es: Die Zweibeiner bekommen wieder Lust aufs Zweiradfahren. Denn schließlich ist man einigermaßen wind- und wettergeschützt unter dem Dächlein, das trotz allem Windabweisendem noch genügend Luft für Fahrspaß lässt. Und zu den beschwingten Easy-Listening-Klängen dieser poppigen Page surft man dann gespannt noch weiter in die BMW-Motorrad- oder -autowelt. Übrigens: Das Osterei auf im Rollerformat verfügt sogar über eine Leselampe. Wie man allerdings lesen und dabei cruisen soll, vermögen wir nicht zu sagen...

Burning Out

http://www.burning-out.de

Wer ausgebrannt ist, hat vom Leben nicht mehr viel zu erwarten. Ganz anders das Motorradmagazin Burning Out: Hier wird ein echter Burnout hingelegt, bei dem nicht nur der Gummi auf dem Asphalt kleben bleibt, sondern auch jede Menge Infos im Hirn der interessierten Motorradfans. Schon eingangs wird klar gestellt, dass dies nicht ein elitäres Journal ist, sondern ein Fanzine mit direktem Bezug zu seine Lesern: „Eure Motorrad-Zeitung“. Ähnlich charmant und gnadenlos subjektiv geht es im Inneren der Zeitschrift weiter – wohl die richtige Ansprache ans fahrende Zweiradvolk. Jedenfalls sind rund 9.000 Site-Hits nicht zu verachten.

Bundesverband der Motorradfahrer e.V.

http://www.bvdm.de

Der Bundesverband der Motorradfahrer e.V. (BVDM) wurde 1958 gegründet, also zu einer Zeit, als das Motorrad in der Öffentlichkeit praktisch nicht mehr existent war. In der Gesetzgebung wurden die Belange des Motorrades nicht mehr berücksichtigt und in der Öffentlichkeit galten Motorradfahrer als Spinner oder armer Schlucker. Die Gründer des BVDM hatten es sich zum Ziel gesetzt, eine Vereinigung ins Leben zu rufen, die das Motorrad am Leben erhielt und die für die Rechte des Motorradfahrers kämpfen sollte. Auf der Website des BVDM sind die aktuellen Termine zu Verbandstreffen und Veranstaltungen einzulesen, hier findet man auch die Adressen der BVDM-Ansprechpartner und Regionalbüros. Außerdem gibt es viel Service rund ums Motorrad: Streckensperrungen, Reifenkombinationen, Informationen zu offenen Pässen, einen Roadbookeditor und vieles anderes mehr.

Baboons enduro-net

http://www.enduro-net.de

Von den einen als „Joghurtbecher" verunglimpft, von den anderen heiß geliebt: Die Rede ist von Enduros. Die Geländemaschinen haben sich bei Laien als die Fahrzeuge eingeprägt, die in großen Veranstaltungshallen oder auf hügeligen Freiluftanlagen samt „Reiter" meterhoch in die Luft katapultiert werden. Die Könner dieser Szene werden abgöttisch verehrt – wovon u.a. auch diese Website kündet. Wer mehr zu den knatternden, extrem geländegängigen Zweirädern erfahren möchte, der gehe zu Baboon. Der erklärt alles.

Szene Enduro Online

http://www.enduro-online.de

Wer diese Homepage aufruft, hört die Motoren aufheulen, Zweige knacken und Blätter an seinen Helm klatschen. Das liegt nicht an Sounddateien, die in die Site integriert sind, sondern vielmehr daran, dass sie die Besucher gleich gefangen nimmt. Die Online-Ausgabe von Enduro Szene Online bietet zwar nur einen kurzen Einblick in die Reportagen des Druckwerks, hat aber trotzdem immer aktuelle Rennergebnisse, Neuigkeiten und eine Streckendatenbank sowie Termine und Fernsehsendungen parat. Neben dem Chat bietet die Site auch die Möglichkeit, Probehefte zu bestellen und ein Abonnement abzuschließen.

Ghost Riders MC Germany

http://www.ghost-riders.com

Langes Haar und einen ebenso langen Bart zu haben, ist zwar keine Aufnahmebedingung für diesen Motorradclub, aber die vorgestellten Jungs auf dieser Website sehen schon verdammt nach Kaperfahrt aus. Im Jahre 1973 gründeten amerikanische GIs im fränkischen Kitzingen den Ghost Riders MC. Das Ziel war, amerikanische Bikerkultur nach Deutschland zu bringen. Als Emblem, dem so genannten Color, wählte man einen Totenkopf mit nach oben stehenden Flügeln. Inzwischen haben sich Sektionen in allen

Homepage Szene Enduro Online

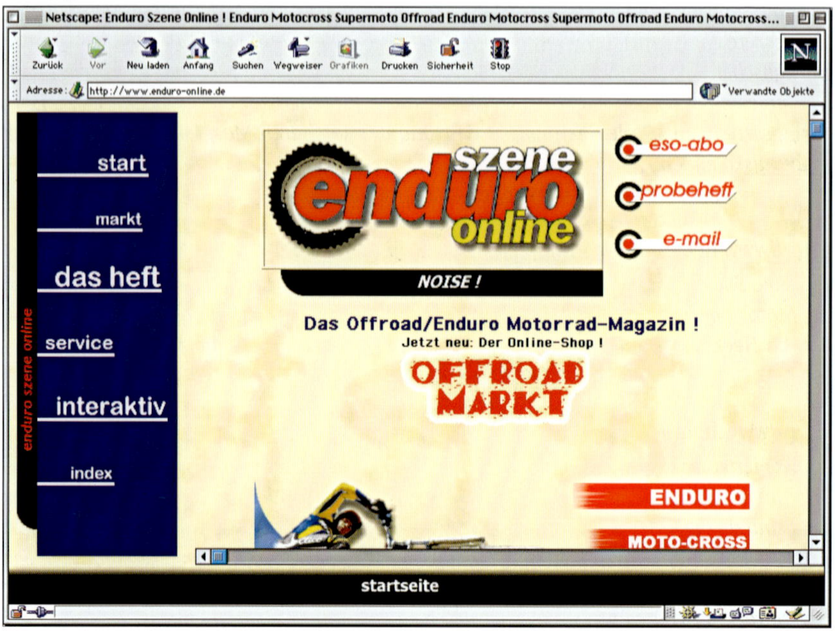

Teilen des Landes angeschlossen. Wer bei den Großveranstaltungen dabei sein möchte, bei denen immerhin auch Größen wie Canned Heat oder Motörhead dabei sind, findet die Termine auf dieser Homepage.

Gebrauchtmarkt Motorrad

http://www.gm-motorrad.de

Gebrauchtbörsen für Autos gibt es im Internet wie Sand am Meer, Zweiradfahrer hatten bislang das Nachsehen. Das ist jetzt anders: Im „Gebrauchtmarkt Motorrad" können Sie kostenlos Anzeigen einsehen und auch selbst schalten, wobei die Listen bereits einen gut gefüllten Eindruck machen. Auch Außenseitermarken wie „Ducati" waren gut vertreten. Allein das „Händlerverzeichnis" scheint erst im Aufbau begriffen, wenigstens fanden wir hier für Köln keinen und für Berlin nur einen Motorradhändler. Dafür können Sie im gut frequentierten Forum schnellen Kontakt zu anderen Kauf- oder Verkaufswilligen finden.

Moto Guzzi by Motorrad Mensing

http://www.guzzi.de

Wer unter der Adresse http://www.guzzi.de die offizielle Seite der Moto Guzzi Company vermutet, wird bei Besuch der Seiten eines Besseren belehrt. Der Motorradhändler Mensing aus Hofheim bei Wiesbaden hat sich den Namen gesichert, um seine Firma mit angeschlossener Werkstatt der Welt bekannt zu machen. Und er tut gut daran, kann sich das Angebot der Firma im wahrsten Sinne des Wortes sehen lassen („... nämlich jetzt und hier und in Farbe!"), da die neuen und gebrauchten Maschine per Foto, Preis-, Alters- und Leistungsangabe vorgestellt werden. Ist statt eines Neukaufes lediglich ein Wochenendtrip geplant, kann man bei Mensing die Motorräder auch mieten. Die Werkstatt samt Shuttle-Service runden das Angebot ab, so dass sicherlich der ein oder andere jetzt sein Feuerross gen Hofheim reiten wird...

Harley Davidson

http://www.harley-davidson.de

Die Legende auf zwei Rädern wird seit rund 95 Jahren gebaut und kommt aus den USA. Für Tausende von Fans ist die Harley-Davidson das einzig wahre Motorrad – und für unzählige andere ein lebenslanger Traum vom Fahren. Die deutsche – aber gleichwohl komplett in englischer Sprache gehaltene – Website von Harley-Davidson nimmt Fahrer und Freunde mit auf eine Fahrt durch die Produktpalette und Geschichte des Unternehmens. Dazu Tipps für passende Fahrtziele, die richtige Wartung der kostbaren Maschinen und ein Veranstaltungskalender.

Bike Show Bremen

http://www.heckmanngmbh.de/kalender/index/X001-99_d.html

Die Bike Show Bremen, zumeist gegen Ende November stattfindend, ist eine Ausstellung für Motorräder, Roller, Trikes, Bekleidung und Zubehör, präsentiert von der „Fachausstellungen Heckmann GmbH". Nähere Informationen gibt es nach Direkt-Kontakt.

Hein Gericke, Versandhandel für Motorradzubehör

http://www.hein-gericke.de

Passionierten Motorradfahrern muss man Hein Gericke sicher nicht vorstellen: Es handelt sich um den mit Abstand größten und bekanntesten Versandhandel für Motorradzubehör. Ob Schutzhelm, Lederkombi, Stiefel, Regenschutz – bei Hein Gericke gibt es alles zu fairen Preisen. Im Online-Shop können Sie jeden Artikel sofort bestellen. Besonderes Bonbon: Wenn Sie in einem Bestellformular Typ und Baujahr Ihres Motorrades angeben, bekommen Sie kostenfrei ein Datenblatt zu Zubehör und Technik Ihres Motorrades zugesandt.

Uwes Rollerseiten

http://home.germany.net/Uwes-Rollerseiten

In den 50er-Jahren begann ihr Siegeszug und gerade heute erleben Motorroller wieder eine starke Renaissance. Dabei sprechen eine Reihe von Nachteilen gegen das Roller-Konzept: Die kleinen Schubkarrenräder ermöglichen zumeist nur eine bescheidene Straßenlage, die technischen Teile sperren sich unzugänglich gegen jede Wartung und die zumeist schmalbrüstigen Motoren lassen jede Autobahnfahrt zum Abenteuer werden. Aber echte Rollerfans können über solche Argumente höchstens lächeln. Wenn Sie auch das Rollerfieber gepackt hat oder Sie sich davon packen lassen wollen, sind „Uwes Rollerseiten" die richtige Adresse für Sie. Uwe selbst fährt (natürlich!) eine Vespa, die ET4 im Retro-Look, und hat auf seiner Website jede Menge Tipps und Tricks, Adressen und Links für Rollerfahrer gesammelt.

JM Leder Collection

http://home.t-online.de/home/JMLedercollection

Jedes Kind weiß, dass Motorradfahren eine Menge mit Lebensgefühl und dem richtigen Outfit zu tun hat. Neben den Ansprüchen ans Zweirad werden auch hohe Erwartungen ans Accessoire gestellt. JM Leder-Collection geht auf diese Bedürfnisse ein und befriedigt alle Wünsche stilbewusster Biker. Fünf Millimeter starkes Bullenleder ist das liebste Kind des Händlers, für Produkte wie Sattel- und Werkzeugtaschen. Für Harleys werden aufwendig verarbeitete Sitzbänke angeboten und die dazu benötigten Pflegeprodukte. Alles kann online bestellt werden und wird innerhalb weniger Tage verschickt.

Ketten-Theiss GmbH

http://home.t-online.de/home/ketten-theiss/homepage.htm

Motorrad-Ketten sind ein Spezialgebiet der Ketten-Theiss GmbH. Die Mitarbeiter der Firma sind Experten für Rollenketten, Zahnräder/Kettenräder, Kugellager, Flyerketten, Kegelräder, Zahnriemen, TL-Buchsen und Kartzahnriemen. Die Produkte (Kette, Ritzel und Kettenrad gibt's einzeln oder im Set) für Motorräder der Marken Honda, Kawasaki, Suzuki, Yamaha und BMW werden preislich und modellspezifisch vorgestellt. Neben diesen Motorradketten führt Ketten-Theiss auch Getriebe-Steuerketten und verschiedene Schraubschlösser. Die Site bietet Telefon- und Fax-Nummer zwecks Bestellung und eine detaillierte Standortbeschreibung des Firmengeländes in Köln-Braunsfeld.

Honda

http://www.honda.de

Der Name Honda steht für zwei Dinge: Automobile und Motorräder. Und genau diese zwei Dinge sind auf dieser Website des japanischen Autoherstellers zu sehen. In beiden Sparten längst eine Größe auf dem deutschen Kfz-Markt, zeigt Honda alles, was es zu bieten hat. Die Palette reicht von Kompakt-, Freizeit- und Sportwagen bis hin zu luxuriösen Limousinen.

Kaup Motorrad

http://www.kaup-motorrad.de

Peter Kaup tut etwas Gutes, denn seit 1989 kauft er ständig Motorräder von Topzustand bis Totalschaden auf und zerlegt sie zur Ersatzteilgewinnung. Durch den Einsatz von gebrauchten Originalteilen wird eine zeitgemäße Instandsetzung bezahlbar. Dies gilt besonders für die preiswerte Unfallreparatur, Motorschäden aller Art und auch die Restauration z.B. eines Klassikers. Alle Teile werden auf ihre Funktion überprüft und auf Bestellung verschickt. Daneben gibt es aber auch den Handel mit neuen Ersatzteilen, so dass sich für alle Suchenden etwas finden sollte.

Kawasaki

http://www.kawasaki.de

1966 begann der Aufstieg von Kawasaki mit einem Paukenschlag. Als noch englische Marken den Markt beherrschten, zeigte die W1 mit knapp 50 PS aus 650 ccm, was die Zukunft bringen sollte. Auf der Website finden Sie das komplette Programm, von der Supersportler-Ninja-Reihe über Klassiker, Chopper, Sporttourer und Enduros bis hin zu den „kleinen" 125ern mit vielen Fotos und allen technischen Daten vorgestellt. Da geht jedem Fan der japanischen Traditionsmarke das Herz auf. Und wenn Sie meinen, dass Wasser keine Balken hat und Motorräder unbedingt Räder brauchen, werfen Sie doch mal einen Blick in die Jet-Ski-Abteilung...

KTM

http://www.ktm.co.at

KTM: Die Kürzel stehen nach dem Namen des Firmengründers für „Kraftfahrzeuge Trunkenpolz Mattighofen". Sie stehen aber auch für robuste Zweitakt- und Viertakt-Geländemaschinen, die unter Kennern einen ausgezeichneten Ruf haben. Die Website stellt alle aktuellen Modelle vor und lässt in einer Zeitschiene die Geschichte des Unternehmens Revue passieren. Außerdem finden Sie hier aktuelle Sportnews, etwa von der „härtesten Wüstenrallye der Welt" in Dakar sowie die Anmeldemöglichkeit zu vielen reizvollen „Adventure Tours."

Motorradclub Kuhle Wampe

http://www.kuhle-wampe.de

Hört, hört – ein Motorradclub mit kulturellem Anspruch! Dass die Vereinigungen der Zweiradfans und -freaks nicht zwingend mit Rockertum (beliebtes Klischee) oder marodierenden Neo-Nazibanden in Verbindung gebracht werden müssen, beweist die Homepage des Motorradclubs „Kuhle Wampe". Der Begriff hat mitnichten etwas mit dem Modewort „cool" zu tun, sondern entstammt vielmehr dem Berliner Arbeitermilieu der 20er-Jahre und bedeutet „leerer Bauch". Bertolt Brecht hat den „Laubenpiepern" (Kuhle Wampe war gleichzeitig der Name einer Laubenkolonie Berlins) und Arbeitslosen unter dem Titel „Kuhle Wampe oder wem gehört die Welt" filmisch ein Denkmal gesetzt. Entsprechend dem Brechtschen Geist wenden sich die Clubmitglieder auch explizit gegen faschistische Umtriebe und engagieren sich in Sachen antifaschistischer Arbeit und Politik. Der Verband, der sich aus etwa 60 Motorradclubs in Deutschland zusammensetzt, hat es sich zum Ziel gesetzt, dem Image der rasenden Rowdys entgegenzuwirken und über die Tachobegrenzung hinaus zu denken. Dass der Spaß dabei trotzdem nicht zu kurz kommt, davon zeugt diese Site.

Kymco

http://www.kymco.de

Motorräder und Roller von japanischen Herstellern werden zu Unrecht als „Joghurtbecher" verunglimpft, denn sie gehören zweifellos mit zu den robustesten und modernsten Maschinen. Seit 30 Jahren ist auch Kymco in Sachen Zweiräder mit von der Partie und ihre solide Arbeit wurde ihnen damit gedankt, dass sie binnen weniger Jahre traumhafte Verkaufszahlen erreichten. Auf der Homepage wird das aktuelle Angebot vorgestellt, der Überschaubarkeit wegen unterteilt in Roller und Motorräder. Für alle Modelle gibt es hinreichend technische Daten und Preislisten, um sich ein Bild von den Maschinen zu machen. Die Händlerliste verrät die nächste Möglichkeit für eine Probefahrt.

Das Tourerweb

http://members.aol.com/tourerweb

Oliver Fuchs tourt gerne mit seinem Motorrad durch die Gegend und hat den Webring

„Tourerweb" aufgemacht, in dem er Motorradtouren sammelt. Und immerhin sind hier schon mehr als 50 Touren in teilweise haarkleinen Beschreibungen zu finden – in Deutschland, aber auch in anderen europäischen Ländern. Da die Website nur auf andere Homepages mit Tourenbeschreibungen verlinkt, findet sich hier auch so manche nette Selbstdarstellung passionierter Biker.

Lippe'scher Zweirad-Weihnachtsmarkt

http://www.messezentrum.de

Alle Jahre wieder findet er statt, der Lippe'sche Zweirad-Weihnachtsmarkt in der Messehalle 21 des Messezentrums B 239 in Bad Salzuflen. Traditionell am zweiten Adventswochenende dreht sich dann alles in vorweihnachtlicher Vorfreude um Motorräder, Fahrräder, Ersatzteile und Zubehör. Alles was zwei Räder hat, bekommt hier gewaltig Beine gemacht. Auf der Homepage des Messezentrums kann man direkt Informationsmaterial über diese bekannte Zuschauermesse anfordern – bequemer geht es fast nicht mehr. Auch die Anfahrt ist unproblematisch, schließlich liegt das Messezentrum direkt an der A2. Doch aufgepasst: In dieser Jahreszeit sollte man sich warm einpacken, bevor man aufs Motorrad steigt!

Mica Peak Designs

http://www.micapeak.com

Mica Peak ist eine private Website, deren maßgebliche Aufgabe es ist, WWW und E-Mail-Service für die motorradfahrende Öffentlichkeit, insbesondere für die Öffentlichkeit der westlichen USA zu bieten. So haben die Liebhaber schneller Öfen die Möglichkeit, sich in Mailinglisten einzutragen oder sie gar zu eröffnen, den Bilderpool der Website nach Fotos seiner Traummaschine durchzustöbern oder sich in der so genannten „registry" nach einem gebrauchten Motorrad umschauen. Sollte sich das Gesuchte nicht auf Anhieb finden lassen, steht direkt auf der Homepage eine Suchmaschine zur Verfügung, die keine Wünsche offen lässt. Insgesamt finden sich auf den Seiten von Mica Peak über 45.000 Webseiten und Bilder – ein von privater Hand aufgebautes Angebot, das so manchen kommerziellen Anbieter schon am Start abhängt.

Motalia

http://www.motalia.de/html/aprilia.html

Die Fans italienischer Motorräder werden von Motalia, dem Motorradmagazin von jenseits der Alpen, bestens bedient. Keine Bange, die Seiten gibt es auch (auszugsweise) auf Deutsch. Zum Beispiel hier: Fotogalerien mit den schnittigen Boliden auf zwei Rädern stehen neben Fahrberichten der neuesten Aprilia-Modelle. Freunde und Enthusiasten werden ob der Lektüre sicherlich bereit sein, die Telefonrechnung ein wenig überzustrapazieren.

Motocross.com

http://www.motocross.com

Normalerweise jammerten die Freunde des zweirädrigen Motorsports, dass niemand an sie denkt – und sie hatten recht. Dank dieses Online-Magazins brauchen sich Motocrossfans nicht länger vernachlässigt zu fühlen – vorausgesetzt, sie sind des Englischen mächtig. Die Website läuft fast über mit den Ergebnissen und kritischen Zusammenfassungen aus dem Profisport und allerhand Berichten, die alle aktiven Motocrosssportler interessieren werden, wie z.B. Ratgeber zur Ernährung oder dem Aufwärmtraining. Im Online-Shop wird der Zubehör-Bedarf gedeckt und im Chatroom plaudern Gleichgesinnte.

Moto Falcone – Der Moto Guzzi-Spezialist

http://www.moto-falcone.de

Einkauf im Internet – für viele ist das heute eine Selbstverständlichkeit. Auch der Moto Guzzi-Spezialist „Moto Falcone“ bietet auf seiner Website zahlreiche Ersatzteile für alle Moto Guzzi-Einzylinder an. Egal, ob Sie die meist gefahrene „Nuovo Falcone“ Ihr Eigen nennen oder im Besitz eines älteren Modells wie „Airone“ oder „Ercole“ sind: auf dieser Site können Sie per Brief, Fax oder online das benötigte Ersatzteil bestellen. Zukünftig wird der Moto Guzzi-Fan die Möglichkeit haben, unter dieser Adresse kostenlos mit Gleichgesinnten Tipps und Erfahrungen auszutauschen.

Moto Guzzi

http://www.motoguzzi-us.com

Die offizielle Seite der Moto Guzzi Company präsentiert sich sehr amerikanisch. Zum einen gibt es die Seiten nur auf Englisch, zum anderen ist die Struktur der Website auf „Business“ statt Unterhaltung angelegt. (Übrigens ein merkwürdiger Widerspruch zum sonst so entertainment-orientierten Verhalten der Amerikaner). Neben den aktuellen Modellen und attraktivem Zubehör findet sich noch eine kurze, jedoch schön bebilderte Darstellung der Firmengeschichte sowie ein Terminplan der nächsten Rennen mit Moto Guzzi-Beteiligung. Das alles (s.o.) ohne großartigen Firlefanz oder eine aufgepeppte Warenpräsentation durch leicht bekleidete Frauen, wie es sonst branchenüblich ist. Die wahre Ware – das ist es, was zählt. Und mehr verlangt der Moto Guzzi-Enthusiast auch nicht. Einziger Makel: Die Sitemap befand sich zum Zeitpunkt der Recherche „under construction“. Ob der „Schaden“ behoben wurde und Moto Guzzi in allen Bereichen nun wieder Vollgas gibt – es liegt an der geneigten Leserschaft, dies herauszufinden. Viel Spaß dabei!

BMW

http://www.motorrad.bmw.de

Die Pflichtadresse für alle Motorradfans im Internet bietet neben umfassenden Infos über die Maschinen auch ein Angebot an Motorradzubehör, das an Umfang kaum zu überbieten ist. „Aktuell“ informiert über Ereignisse, wie z.B. die legendäre Wüstenrallye (vormals) nach Dakar, auf der BMW-Fahrer regelmäßig die ersten Plätze belegen. Das BMW-Motorrad-Magazin lässt keine Fragen offen, wenn es um Reistetipps rund ums Motorradfahren geht. In einer Gebrauchtmotorrad-Börse kann man seine Traummaschine erspähen und in der Info-Box u.a. sein technisches Hintergrundwissen mit dem Technik-Lexikon auf Vordermann bringen. Hinweise zu Finanzierung und Leasing, für diejenigen, die nun wirklich auf den Geschmack gekommen sind, komplettieren den Online-Auftritt.

Motorrad.net

http://www.motorrad.net

Ursprünglich aus einer Privatinitiative entstanden, überzeugt das Motorrad.net mit einem gut gemachten, umfassenden und informativen Web-Angebot. Technisch interessierte Biker können in der mehr als 1.000 Motorräder und Roller umfassenden Datenbank Produktbeschreibungen und technische Details abfragen. Daneben gibt's hier aktuelle News und Infos rund um das Thema „Verkehr & Motorrad“ und Zugriff auf eine gut sortierte Datenbank mit Kontaktadressen zu Organisationen und Herstellern. In der Rubrik „Verkehr & Umwelt“ kann man unter anderem die aktuellen Zulassungszahlen sowie Adressen zu Sachverständigen- und Erste-Hilfe-Organisationen erfahren. Und soll es auf große Tour gehen, empfiehlt sich der Bereich „Reise & Freizeit“ mit aktuellen Wetter- und Straßenzustandsberichten, Veranstaltungstipps und Reiseberichten. (Homepage S. 102)

Motorrad-Diebstahl-Service: motorradarchiv.de

http://www.motorradarchiv.de

Wenn einem der fahrbare Untersatz gestohlen wurde, ist einem schnell zum Heulen zumute. Gerade Zweiradfahrer sind häufig Opfer solcher hinterlistigen Anschläge und die Hoffnung, das geliebte Stück wiederzufinden, ist leider gering. Die Macher diese Website haben es sich zum Ziel gesetzt, die Aussichten zu erhöhen, sein Motorrad wiederzuerhalten. Dazu soll über diese Seiten ein Netzwerk geschaffen werden, in dem man sein Motorrad mit genauer Beschreibung als gestohlen melden kann. Ebenso sollte man sich melden, wenn einem auf vielleicht nicht ganz legale Weise Teile oder ein ganzes Krad zum Kauf angeboten wurden. Der Übersichtlichkeit halber wurden alle Steckbriefe nach Marken geordnet.

Motorradmagazin

http://www.motorradmagazin.de

Ein Muss für Biker: Das Motorradmagazin im Internet bietet Infos über alles, was für den Spaß auf zwei Rädern dazugehört. Die Böcke selbst stehen natürlich im Mittelpunkt dieser hervorragend gestalteten Website. Technische Daten und Fahrberichte der neuesten und stärksten Moto Guzzis, Hondas oder Yamahas gehören genauso zum Programm wie Reisetipps über die schönsten Passrouten Europas. Abgerundet wird der Service des Motorradmagazins durch einen Terminkalender, der eigentlich als Bookmark auf jedem Biker-PC eingetragen sein sollte.

Motorrad-Markt

http://www.motorrad-markt.com

Ob Händler, Importeure, Zubehör, Gebrauchtteile, Motorrad-Clubs, Zeitschriften, private Anzeigen oder Vermietungen: Der „Motorrad-Markt" schickt sich an, einer der Hauptumschlagplätze für alles zu werden, was den Zweiradfan interessiert. Die umfangreichen Datenbanken und Linksammlungen – gesucht werden kann nach Name, Marke oder Post-

Homepage Motorrad.net

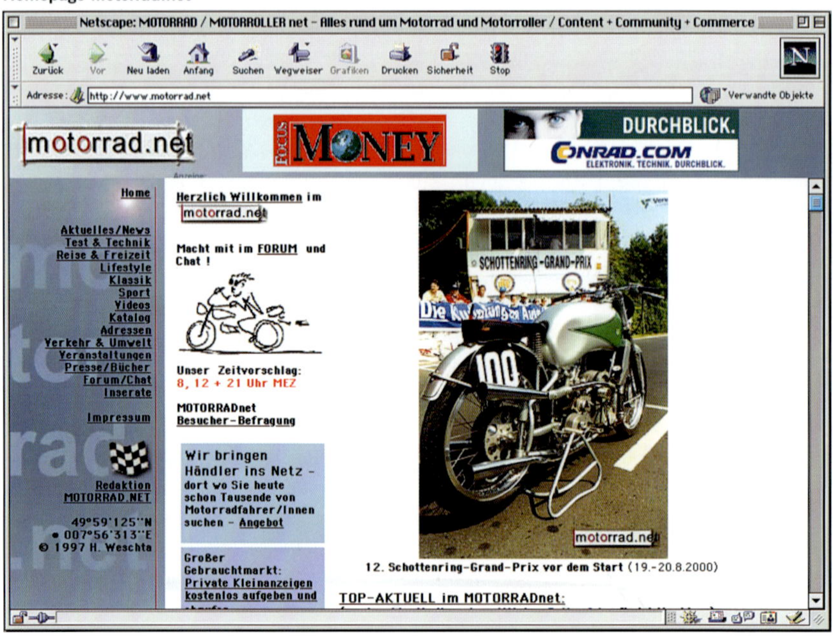

leitzahl – weisen zwar noch ein paar Lücken auf, aber davon abgesehen gefällt das Angebot gerade durch die schlichte und zweckgebundene Gestaltung.

Motorrad online

http://www.motorradonline.de

Europas größte Motorradzeitschrift trägt den schlichten Titel „Motorrad". Gar nicht schlicht hingegen ist das Angebot im Internet: Hier finden Sie nicht nur den meistfrequentiertesten Online-Markt für gebrauchte Zweiräder und Zubehör, sondern auch eine Übersicht über (fast) alle Motorräder auf dem deutschen Markt, ein Lexikon mit Schraubertipps und vielen Antworten zu Recht, Reisen, Service, ein Forum, einen Shop mit Accessoires und Fachliteratur, Heftvorschau, Nachrichten, Termine, Adressen... Die einzige Gefahr dieser Adresse besteht darin, dass Sie vor lauter Surfen gar nicht mehr zum Motorradfahren kommen.

Motorradsuche.de

http://www.motorradsuche.de

Das Internet hat scheinbar bei manchen Menschen kreative Kapazitäten freigesetzt, die vorher kein passendes Ventil gefunden haben und im Tiefschlaf vor sich hin dämmerten. Die Macher des ambitionierten Projektes „Motorradsuche" haben dieses Werk in ihrer Freizeit erstellt, wofür ihnen bei Gelegenheit die Füße zu küssen wären. Vielleicht reicht ja auch schon ewig währender Internetruhm... Allein die Suchmaschine ist grandios, ganz zu schweigen von den verschiedenen Foren zu An- und Verkauf, Clubs, Terminen und Chats. Die Info-Sammlung für Biker sollte auch den hartgesottensten Motorradfahrer aus seinen Stiefeln werfen.

Motorway – Das Online-Zweirad-Magazin

http://www.motorway.de

Ob Chopper, Harley oder Fun-Scooter für die Innenstadt – es gibt kaum ein Zweiradthema, das bei Motorway ausgespart wird. Reportagen über Bike-Touren, Fahrberichte der Neuerscheinungen auf dem Zweiradsektor und die Vorstellung exklusiver antiker Vehikel, wie der Victoria KR-35 aus Nürnberg, bildfen das gerüst eines Motorradmagazins, das viele User ansprechen wird: Wer Motorrad fährt, fährt voll auf die Website von Motorway ab.

MuZ

http://www.muz.de

MuZ, das „Motorrad- und Zweiradwerk Zschopau-Hohndorf", bietet zehn verschiedene Modelle an. Dabei sind sportive Motorräder genauso vertreten wie Funbikes und Enduros. Seit 1992 ein malaysisches Unternehmen die GmbH übernommen hat, wird noch mehr als zuvor in die Entwicklung neuer Modelle investiert. Auf dieser Website erfahren Sie alles Wissenswerte über MuZ. So zum Beispiel genaue Beschreibungen und Fotos der angebotenen Zweiräder. Ein Service ganz besonderer Art: Alle Jobsuchenden finden unter dieser Adresse einige Stellenangebote innerhalb des Unternehmens. Sie sehen: Der Aufschwung Ost wird durch weitere zwei Räder angetrieben...

Bike-News des Christian Rieck Verlags

http://www.rieck.de/bikenews.htm

Eine recht wilde Sammlung von Hinweisen und Tipps für Motorrad- und Rollerfahrer hat der Christian Rieck Verlag zusammengestellt. Das Ganze wurde angenehm unprätentiös gestaltet und in die Bereiche Rechtstipps, Technikhinweise, Sicherheit und Buchbesprechungen unterteilt. Ergänzt wird das Angebot durch interessante neue Produkte auf dem Markt und einen Wegweiser durch das Internet, der zu Werner-Comics oder anderen privaten Homepages von Motorradfreaks führt.

Motorradtouren: Richtig packen!

http://www.rrr.de/~phil/motorrad/reisen/pack.html

Unter dieser Adresse lernt man ES, der Rest kann einpacken: Philip Herzog hat mit seinem Motorrad schon einige Kilometer fern der Heimat abgefahren. Das richtige Packen seiner Siebensachen ist eine Kunst, die er dabei zur Perfektion entwickelt hat. Seine Erkenntnisse teilt er allen Interessierten via Internet mit – und damit leistet er einen wichtigen Beitrag für die Sicherheit von Beifahrer und Fahrer. Außerdem hat er einen Bauplan beigefügt, mit dessen Hilfe jeder einen extrem günstig zu bepackenden Gepäckträger nachbauen kann. Abgerundet wird diese Beratung durch einen weiteren Teil zum Thema Kofferkauf für Zweiräder. Also: Packen Sie es ein!

Faszination Motorrad: Messe Sinsheim

http://www.schall-messen.de/motorradfas/index.html

Motorrad-Ulm und Faszination Motorrad in Sinsheim gehören zu den interessanten Messeereignissen auf deutschem Terrain. Beide werden von dem Messeveranstalter Schall ausgerichtet. So ist es naheliegend, die firmeneigene Homepage aufzusuchen, um sich über die Termine, Standgebühren oder Anfahrtswege zu informieren. Wer genug vom Messerummel hat, kann im benachbarten Auto- und Technikmuseum wertvolle mobile Schätzchen begutachten oder im angeschlossenen 3D Kino entspannen.

Motorrad-Ulm, Fachmesse

http://www.schall-messen.de/motorradulm/index.html

„Motorrad-Ulm", eine Ausstellung der Schall-Firmengruppe, die im Spätherbst stattfindet, ist bei Motorrad-Fans seit jeher ein fester Bestandteil des Terminkalenders. Das Angebot mit Motorrädern, Rollern, Trikes, Bekleidung, Tuning und Zubehör beinhaltet alles, was das Biker-Herz begehrt. Ein action-geladenes Rahmenprogramm mit Prominenten aus der Motorrad-Szene und täglichen Gewinnspiele machen „Motorrad-Ulm" zu einer Event-Messe, die in dieser Form auch die kommenden Jahre mit regem Publikumszuspruch rechnen kann.

Scooter Attack

http://www.scooter-attack.com

Bislang waren Roller an der Ampel keine ernsthafte Konkurrenz. Das könnte sich aber ändern, wenn sich die Adresse dieser Homepage weiter herumspricht: Scooter Attack vertreibt zwar noch keinen Raketenantrieb, aber alle anderen Ersatzteile und vor allem Tuningzubehör über das Internet. Die Rubriken Tipps und Tricks sowie die Leistungskurven geben der Site viel Substanz. Shoppen können hier Endverbraucher und Händler, wobei Letztere über ein Passwort Zutritt erhalten.

Suzuki

http://www.suzuki.de

Auf diese Site werden Liebhaber des Motorsports garantiert voll abfahren: Von supersportlichen Hochleistungsmaschinen mit Rennsportqualitäten über Tourenmaschinen, legendären Choppern bis hin zu Rollern oder Funbikes: Für jedes Alter und jeden Fahrstil ist hier das entsprechende Motorrad dabei.

Biker Informationen Kärnten

http://www.tourenfahrer.com

Ein richtiger Biker ist immer auf der Suche nach neuen Touren. So trifft es sich gut, dass unter dieser Adresse einige der schönsten Strecken in und um Kärnten zu finden sind. Für Reisende, die sich zusätzlich zu exzellenten Routen auch für Land und Leute sowie Kultur und Genuss interessieren, wurden passende Links in den einzelnen Tourenbeschreibungen verankert. Die Berichte berücksichtigen die Eigenarten der Strecke, so dass Pausen und Übernachtungen eingeplant werden können und unerfahrenere Fahrer einschätzen können, was auf sie zukommt.

Trial Action

http://www.trials.net

Trial ist eine Motorradsportart, bei der die Fahrer schier unüberwindbar steile Hänge bezwingen, wobei sie genauestens die Balance halten. Und Trial Action ist das Fanzine dazu. Das Magazin begann, wie viele Erfolgsgeschichten im Internet, 1995 mit einer einfachen und einsamen Homepage, die sich inzwischen zu der meist gelesenen und bekanntesten „Trials Site im Internet" entwickelt hat. Was angesichts der Fülle an Informationen über die tollen Kerle auf den heißen Kisten auch nicht weiter verwundert. So können sich Besucher der Seite, sofern sie über Real Audio verfügen, z.B. eine Begrüßung durch Topfahrer Jordi Tarrés anhören. Neben den aktuellen Berichten und Ergebnissen von den letzten Weltmeisterschaften und nationalen Titelkämpfen finden sich auch allerlei Leckerbissen, wie z.B. ein geradezu überquellendes Fotoarchiv der gewagtesten Sprünge.

Piaggio Vespa

http://www.vespa.com

Mit der Vespa hat die Firma Piaggio einen Mythos geschaffen, der in 15-millionenfacher Ausführung weltweit verkauft wurde. An dieser Homepage kommen die Fans nicht vorbei, denn Piaggio hat hier alles zusammengetragen, was es über das kultige Zweirad zu wissen und anzusehen gibt. Dabei muss man etwas hartnäckig sein, um an der aufdringlichen Werbung für den aktuellen Vespa-Kalender vorbeizukommen. Dann aber eröffnet sich eine Riesenwelt quer durch die gut 50-jährige Geschichte des Vehikels. Dazu gehört auch das aktuelle Programm des Herstellern, in dem z.B. die neuen emissionsfreien Mofas wie das „Zip & Zip" vorgestellt werden.

Das Vespa-Archiv

http://www.vespa-archiv.de

Rollerfahrer aufgepasst! 20 Megabyte groß ist mittlerweile das Vespa-Archiv im Web. Schon die Stichworte auf der als Grafik ausgeführten Menüleiste zeigen, was drinsteckt: Technik, Geschichte, Infos, Kaufen, Restaurations-Guide und aktuelle Meldungen, um nur die wichtigsten zu nennen. Das reicht für stundenlange Informationstouren, bei denen am Ende nur eine Frage offenbleibt: Warum kann der Computer nicht so schön knattern wie eine Vespa?

Das Volle Programm!

http://www.volles-programm.de

„Das Volle Programm!" bietet alles, was das Biker-Herz begehrt. Von B wie „Bekleidung" über M wie „Motorradreisen" bis hin zu Z wie „Zubehör" kann sich der begeisterte Surfer durch das Angebot wühlen. Wer ein Motorrad gebraucht kaufen möchte, dem sei das Suchformular empfohlen, mit dem die Datenbank ganz gezielt nach Marken, Hubraumklasse, PLZ und Veröffentlichungsdatum durchsucht werden kann. Wer einen Touren- oder Reisepartner sucht, kann in den Inseraten stöbern oder kurzerhand selbst eine Anzeige aufgeben. Wer sich mit Begriffen wie „Beschichtung", „Wassersäule", „Laminierung" oder „Hohlfaser" schwer tut, kann gleich einen Rundgang durch den Bekleidungsteil machen, in dem diese und andere Begriffe gut und übersichtlich erklärt werden. Fazit: Das Volle Programm! bekommt unsere volle Empfehlung!

Wer fährt was?

http://www.wfwl.de

Motorradfahrer sind bekanntlich gesellige Menschen, die sich auf der Landstraße gern gegenseitig grüßen. Und oft wird aus dem Gruß auch eine Reisebekanntschaft. Sollten Sie den Fahrer – oder die Fahrerin – einer bestimmten Maschine wiederfinden wollen, schauen Sie doch mal in dieses Verzeichnis: Hier kann sich national und international jeder Biker mit seiner E-Mail-Adresse und der genauen Typbezeichnung seines Motorrades eintragen lassen... Ein Service, der offenbar auch oft genutzt wird.

Wheelies

http://www.wheelies.de

Was gibt es heutzutage noch kostenlos? Zumeist nur ein freundliches Wort oder einen Händedruck. Apropos „Druck": Gedruckt gibt es das kostenlose Motorradmagazin Wheelies zwar nicht, aber online. Unter dieser Adresse nämlich. So können Biker kostengünstig ihrer Passion nachgehen und die neuesten Tipps und Trends aus der Zweiradbracnhe nachlesen. Und das gesparte Geld in ihren Feuerstuhl investieren.

XS Laden

http://www.xsladen.de

In diesem Online-Shop dreht sich alles um und auf zwei Rädern, denn Motorräder und Fahrräder sind das Nonplusultra im XS Laden in Stuttgart, inklusive Zubehör, Tuningmaterial, Rahmen, Devotionalien, Helme und Bekleidung. Durch einen Klick auf die einzelnen Icons gelangt man zu den jeweiligen Marken und Warengruppen, die Stichwortsuche greift schon nach den ersten drei Zeichen.

Yamaha

http://www.yamaha-motor-europe.com

Der Spezialist für Audiophiles und Mobiles aus Fernost gehört zu den Herstellern von Seriensiegern – sowohl in der einen als auch in der anderen Kategorie. Wir wollen uns an dieser Stelle nicht den Keyboards oder HiFi-Anlagen widmen, sondern richten unser Augenmerk auf die rassigen Rennmaschinen aus der Yamaha-Produktion. Besonders sehenswert dabei ist die flash-animierte Site der Scooter, der leicht kaputte Heimorgelsound im Hintergrund ist dabei das einzig Störende. Ansonsten kann man gar nicht so schnell gucken, wie der Mauszeiger über die Seiten huscht und ein Eigenleben bekommt, um sämtliche relevanten Daten zur Yamaha-Historie und -Gegenwart anzuzeigen. Dazu gibt's natürlich jede Menge Infos zum Stand der Dinge in allen Rennklassen, in denen Yamaha-Bikes an den Start gehen, die Produktpalette der Motorradschmiede und „Hot News" aus der Firmenzentrale.

Motorsport

Rallye Monte Carlo

http://www.acm.mc/acm.html

Des Französischen muss man schon mächtig sein, um mit der Homepage des monegassischen Automobilclubs glücklich zu werden. In dem Zwergstaat finden bekanntlich eine Reihe namhafter Rennen statt, die das gesamte Feld von der Formel 1 bis zu Oldtimerrennen abdecken. Die Darstellungen zu diesen Austragungen sind detailliert, geben Einblick in die Historie und verweisen auf zukünftige Rennen. Die Mitgliedschaft im Verein ermöglicht einen ermäßigten Eintritt zu den Veranstaltungen und den Zugang zum Vereinsarchiv. Ansonsten kann man auch einfach nur dazugehören und an Diners und Konferenzen teilnehmen.

Rallye Finnland: Die 1.000-Seen-Rallye

http://www.akkry.fi/nesterallyfinland

Ein High-Tech-Spektakel ohnegleichen in einer malerischen Umgebung bietet die von Nesté gesponserte Rallye, die alljährlich Ende August in Finnland stattfindet und ein wichtiger Bestandteil der FIA World Rallye Championship-Serie ist. Die Veranstaltung ist das größte Zuschauerevent in Skandinavien, das 1999 allein in Finnland rund zwei Millionen Fernsehzuschauer in seinen Bann zog (Anm. d. Red.: Finnland hat fünf Millionen Einwohner!). Die Site liefert u.a. die Route zum Rennen und Unterbringungsmöglichkeiten für all jene, die live vor Ort die Atmosphäre schnuppern wollen. Wer sich vorab ein Bild machen möchte, der sollte gut in Englisch oder Finnisch sein – mehr Sprachen stehen nicht zur Wahl.

Camel Trophy

http://www.cameltrophy.com

Es ist gut und schön, sich immer bei Fahrertrainings zu melden und diese mit Auszeichnung zu bestehen. Auch sind Autos mit stabiler Bereifung eine feine Sache, aber das rechte Abenteuer findet einfach nicht auf deutschen Straßen statt – was angesichts der dichten Besiedlung dieses Landes auch ganz gut ist. Wer seine Fahrkünste einmal richtig unter Beweis stellen möchte, der meldet sich zur Camel Trophy, und mimt den Wüstenfuchs in den abgelegensten Winkeln der Erde. Die Trophy-Site stellt die Teams und die Routen vor, bietet Bewerbungsunterlagen, einen eigenen Online-Radiosender – und verbreitet somit schon im Netz einen Hauch von Abenteuer!

Dragster

http://www.dragster.de

Zu den charmantesten Veranstaltungen im Motorsport gehören mit Sicherheit die so genannten Drag-Races, bei denen Rennwagen im Gewand eines 58er-Chevys oder einer Ente daherkommen. Am Hockenheimring wird bei solchen regelmäßig stattfindenden Rennen um die Gunst des Publikums gebuhlt, wobei Originalität der Fahrzeuge und Schnelligkeit in einem ausgewogenen Verhältnis stehen. Wer sich hier einloggt, kann die aktuellen Termine einsehen und sich über die Geschichte dieser Rennen informieren. Die aktuellen Ergebnistabellen nennen die amtierenden Drag-Queens und im Online-Shop kann man Fanbedarf erstehen.

Indy Car

http://www.indycar.de

Manchmal erscheinen Kartrennen wie eine abgespeckte Version der Formel 1. Wer aber schon das Vergnügen hatte, auf einer Kartbahn selbst einen Rennen mit seinen Freunden zu starten, kann sich hierfür bestimmt schneller erwärmen. Die „IndyCar Championship Series“ werden hier – teils deutsch-, teils englischsprachig – sorgsam dokumentiert. Die Ergebnistabellen der vergangenen 20 Jahre mit den wichtigsten Rennstrecken auf der ganzen Welt können abgerufen werden. Im Online-Shop werden Fanartikel vertrieben, und der aktuelle Stand der Dinge wird im Magazin zusammengefasst.

Kart-Palast München

http://www.kart-palast.de

Das Mitternachtsrennen auf der Kartbahn in München mit zehn Runden Qualifying und 25 Runden Rennen ist nur eines der verlockenden Angebote, die einem die Betreiber auf ihrer Homepage unterbreiten. Der Kart-Palast präsentiert sich im Web mit dem gewohnten und geliebten Karodesign der Zielflagge und stellt seine Anlage mit Bahn und Boxen vor. Wer schon mal darüber nachgedacht hat, seine Mitarbeiter zur Feier des Tages zum Karten einzuladen oder wer seinen Geburtstag auf dem Kurs zelebrieren möchte, der informiert sich hier über die Konditionen. Ein Bonus dieser Site sind die Formel-1-News, die ständig aktualisiert werden. Also nichts wie hin, Promis wie Werner Brösel, Heinz-Harald Frentzen, Abi Ofarim und Prinz Leopold von Bayern haben hier auch schon die Gaspedale strapaziert.

Kartseite von Thomas und Andreas

http://www.kartseite.de

Eine auch hier zu Lande stetig anwachsende Fangemeinde des Kartsports wird sich freuen: Die Kartseite von Thomas und Andreas, zusätzlich gespickt mit News und nützlichen Infos, nimmt Karts, Strecken und das Ambiente hinsichtlich technischem Zustand, Sicherheit, Streckenführung, Hallendesign, Bistros (Preise), Personal (Freundlichkeit, Fachwissen) ordentlich unter die Lupe. Dazu gibt's viele Diskussionsforen, in denen der Kartsportbegeisterte sich mit anderen über allgemeine Fragen, Ausrüstung, Training und vieles mehr austauschen können. Toll sind auch der Flaggenüberblick und die grafische Übersicht, die nach einem Klick auf Land (Österreich, Schweiz) oder Bundesland Infos über Anzahl der Bahnen, Adressen und Bewertungen offenbart. Zu guter Letzt können Sie hier auch Ihre subjektiven Bewertungen oder Zeichnungen (mittels eines integrierten Applet-Programmes) einreichen.

Kartsport Deutschland

http://www.kartsport.de

Spätestens seit Michael Schumacher, der seine Karriere mit dem Kartfahren begonnen hat, wissen wir, dass der Kartsport eine bedeutende Plattform für den Motorsportnachwuchs darstellt. Da der Kartsport im Verhältnis zu den anderen Wagenrennklassen ein sehr preiswerter Motorsport ist, fahren auch viele Hobby- und Freizeitsportler Kart, deren Motoren leistungsmäßig locker Formel 1-Niveau erreichen. Diese Site bietet u.a. ein Kartbahnverzeichnis, Karthistorie, Veranstaltungs- und Fernsehtermine, viele Kart-Links und die Möglichkeit, einem Club oder Verein beizutreten. Ein sehr schönes Extra, gerade für Laien, ist die Flaggenkunde, die Auskunft über die Regeln erteilt.

Kern Motorsport

http://www.kern-motorsport.de

Wenn man der Werbung glauben schenken darf, kann man seine Umgebung durch die üppige Ausstattung des fahrbaren Untersatzes zur Weißglut bringen. Auf dieser Website werden aber viel bessere Angebote gemacht, wenn man seinen Nachbarn imponieren möchte: Mit dem ausreichenden Taschengeld kann man beispielsweise einen ausrangierten Rennwagen erstehen. Das ist aber eigentlich Nebensache, denn das Team Kern Motorsport engagiert sich seit 1993 besonders in der bewährten Nachwuchsrennserie „Formel König". Hier sollte man sich umsehen, wenn man die Starpiloten von morgen kennen lernen will.

La Carrera Panamericana

http://www.lacarrera.de

La Carrera klingt nicht nur nach Porsche und Exotik, sondern verbindet die beiden Elemente auch vortrefflich. Die Panamericana-Rallye gehört zu den Saison-Highlights im automobilen Rennsport, halb Mexiko ist während der tollen Renntage auf den Beinen, um die tollkühnen Piloten in ihren fahrenden Kisten anzufeuern. Die inoffizielle deutsche Website dieses mittelamerikanischen Ereignisses gibt die Rahmenbedingungen derExoten-Rallye vorbildlich wieder, hier erfährt der Freund gepflegten Motorsports alles Wissenswerte vom Kurs zwischen Tuxtla und Nuevo Laredo.

Michael Schumacher Kart-Center

http://www.michaelschumacher-kartcenter.de

Dass das schnelle Fahren nicht nur ein Beruf ist, sondern bei allem Risiko auch verdammt viel Spaß bringt, haben auch die beiden Schumacher-Brüder nicht vergessen. Aus diesem Grunde betreiben sie gemeinsam eine Kartbahn, die auf dieser Homepage vorgestellt wird – mitsamt Kursverlauf und Terminen für die nächsten Rennen. Dabei werden die Möglichkeiten des Internets voll ausgenutzt, weswegen man sich jederzeit über die Auslastungen und Vorbuchungen informieren kann (und natürlich selbst zur Tat schreiten kann). Trotz vieler Informationen, z.B. über die beiden Karttypen, den „BK-1 EVO Racelook“ und den „BK-1 Mini Kart“, bleibt die Site erfreulich übersichtlich und leicht zu bedienen.

MotorRaceTime

http://www.motorracetime.de

Hier haben sich einige Motorsport-Fans große Mühe gemacht. Denn alle, die bei den Deutschen STW-Meisterschaften, der Formel 3-Saison oder dem „Internationalen ADAC-Westfalen-Pokal-Rennen“ nicht anwesend sein konnten, erfahren hier die Details über den Ablauf der einzelnen Rennen. Mehr noch: Nahaufnahmen einiger Rennwagen sind nicht nur für den Liebhaber des Motorsports eine Augenweide. Fast so, als wäre man live dabei. Die Rubrik „Tabelle“ zeigt den Meisterschaftstand nach Abschluss der Läufe. Zahlreiche weitere News, wie etwa die Vorstellung neuer Rennwagen oder der Gesundheitszustand eines verunglückten Fahrers, decken das Informationsbedürfnis eines jeden Motorsportfans nahezu vollständig ab. Zusätzlich lockt ein Quiz für Kenner, bei dem es Freikarten zu diversen rennen zu gewinnen gibt.

Motorsport XL

http://www.motorsport-xl.de

Ein umfangreiches Angebot vom Kartsport bis hin zur Formel 1, präsentieren die Seiten von

Homepage Motorsport XL

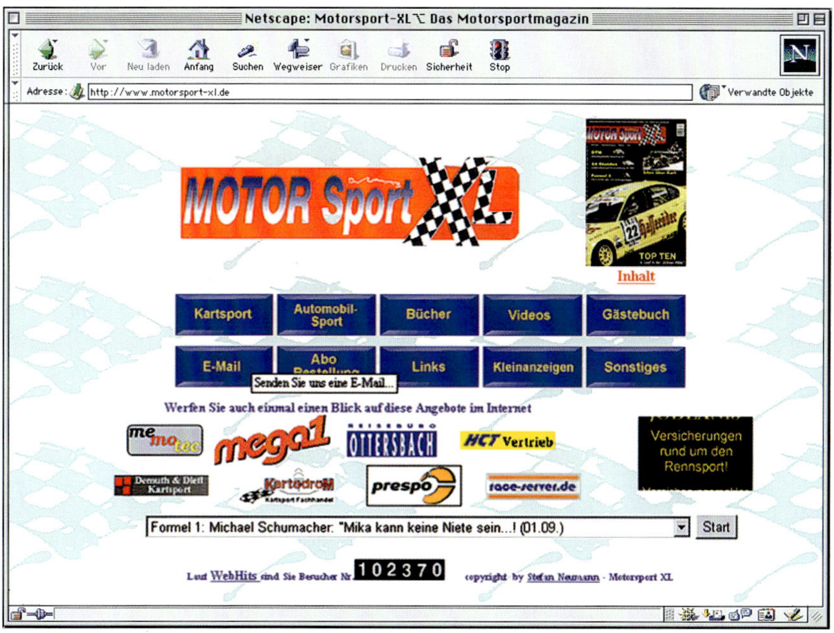

Motorsport XL. Egal ob Sie aktuelle Informationen über das letzte Rennen von Michael Schumacher suchen oder wissen möchten, welche Platzierung es in der DTM gab, hier finden Sie es. Auch in den Medien weniger beachtete Serien, wie zum z.B. Deutsche Tourenwagen Challenge oder die Formel-Nachwuchsserien sind hier umfangreich vertreten. Ein großer Teil wird auch dem Kartsport gewidmet. Es gibt Termine, Infos und News. Wer immer noch nicht genug hat, der kann sich auch die monatliche Zeitschrift oder Bücher bestellen.

Karting Website

http://www.muller.net./karting

Karting, ein Sport der sich in den USA größter Popularität erfreut, erweckt auch hierzulande zunehmend das Interesse von Motorsportbegeisterten. Die Karting-Website, seinerzeit die erste ihrer Art, bietet Kennern der Szene u.a. Rennberichte, Produktbeurteilungen, Rennstreckenbeschreibungen und Anfängern die Möglichkeit, sich an einer der zahlreichen Schulen die Fähigkeiten eines Fahrers anzueignen. Die sehr ausführlichen technischen Berichte geben einen Einblick in das Innenleben dieser „motorisierten Go-Karts". Da es ein US-Sport ist, ist diese Site auch originär amerikanischen Ursprungs und dementsprechend nur auf Englisch.

Opel Motorsport

http://www.opel-motorsport.de

Das Opel Performance Center (OPC) informiert als Motorsportunternehmen der Adam Opel AG umfassend über die Sport-Programme des Hauses und seiner Kunden. Neben dem erfolgreichen Engagement in der DTM (Deutsche Tourenwagen Masters) werden auch viele weitere Disziplinen beleuchtet. Hintergrundgeschichten, News und Features berichten stets aktuell über DTM, Formel 3, Rallyesport und Rallycross, Eisrennen und den Breitensport. Real Audios von Fahrern und Verantwortlichen sowie ständig ergänzte Bildgalerien bieten auch optische und akustische Leckerbissen. Ein eigener Fan-Bereich inklusive Merchandise-Kollektion rundet das umfassende Angebot ab. Darüber hinaus stellt die Website weitere OPC-Geschäftsfelder dar, etwa die Konzeption sportlicher Serienautos.

Homepage Opel Motorsport

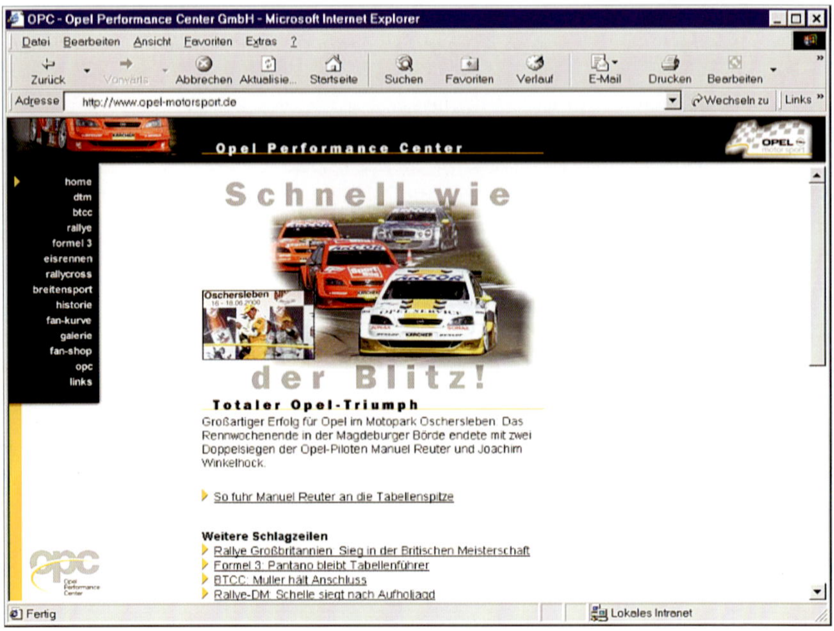

Point Racing

http://www.point-racing.de

Wer die Kirmes mit ihren putzigen Autoscootern hinter sich gebracht hat und schon etwas ernsthafter auf den richtigen Kartbahnen als Sportler unterwegs ist, der verlangt auch nach einer ordentlichen Ausrüstung. Die gibt es u.a. hier, bei Point Racing. Die Gestaltung der Site ist dabei ebenso ungewöhnlich wie angenehm: Wer auf dem Sicherheitsserver shoppen möchte, hat sein Bestellformular ständig im Blick und nimmt die daneben aufgeführten Produkte per Mausklick unter die Lupe.

Ralf Waldmann

http://www.ralfwaldmann.de

Ralf „Waldi" Waldmann, der 250er-Motorrad-Vizeweltmeister 1996 und 1997, hat hier eine kleine, aber charmante Fanpage erhalten. Sie kommt ohne viele technische Spielereien aus und konzentriert sich auf die großen Erfolge in seiner Karriere. Allein der letzten Saison wird ein weiterer Schwerpunkt zugestanden. Das allein soll es aber nicht gewesen sein und deshalb glänzt die Website durch eine Reihe von Links zu anderen Motorradsport-Seiten.

Rallycars

http://www.rallycars.com

Echte Rallye-Junkies treffen sich bei rallycars.com. Die wichtigsten Wagen dieses Sportvergnügens werden ausführlich mit der Geschichte ihrer Entwicklung und ihren großen Erfolgen vorgestellt. Dazu gibt's Filme zum Download und jeweils eine eigene Galerie, in der dank modernster Technik sogar das Hitzeflimmern des Asphalts lebendig gehalten wurde. Die Fahrzeuge sind jedoch ohne ihre Piloten nichts, den wichtigsten von ihnen wurden deshalb virtuelle Denkmäler gesetzt. Um dem ganzen die Krone aufzusetzen, haben die neuesten Modelle der WRC umfassende technische Beschreibungen erhalten.

Rallycross Online

http://www.rallycross.de

Rallycross Online – diese Seiten lassen die Herzen von Rallye-Fans höher schlagen! Der Freund des Autocrossrennens wird durch gut strukturierte Seiten zu den Informationen geführt, die er haben will. Hier kann man sich Rennberichte durchlesen, die aktuellsten Renntermine abrufen, Ergebnisse vergleichen und recherchieren sowie eine Vorschau auf anstehende Highlights bekommen. Wem das nicht genügt, der wird noch mit den Links zu den Homepages einiger Fahrer versorgt. Man kann auch in der Rubrik „Autos" nach Angeboten schauen, um den eigenen „Rennstall" aufzurüsten. Wer immer noch nicht genug hat, stöbert unter der Rubrik „Tabellen" in den Rennergebnissen des heutigen Jahres oder vergangener Rennzeiten.

Rallye-Online

http://www.rallye-online.de

Nachdem man sich stundenlang durch eine Vielzahl bunter, technisch überladener Homepages zum Rallye-Sport geklickt hat, freut man sich über solch eine Website, die präzise und sachlich verpackte Infos zu bieten hat. Auf Vollständigkeit wurde besonders bei der Zusammenstellung der Meisterschaftsstände Wert gelegt, dazu wird eine Auswahl an Fahrern und Fahrzeugen vorgestellt. Der letzte Leckerbissen besteht in der Neuigkeitensparte, die ausführliche Sportberichte zu bieten hat.

Rallye-Sport.de

http://www.rallye-sport.de

Rallye-Fans treffen sich hier: Wer etwas über die ADAC/PRS Rallye Berlin-Brandenburg erfahren möchte oder sich Berichte zur Golden Tulip Rallye lesen will, er ist hier bestens aufgehoben. Eine Vorschau auf die 13. ADAC Bavaria Historic darf ebenso wenig fehlen wie News und Aktuelles rund um den ADAC-Junior-Cup. Veranstaltungstipps, Forum, Nachrichten zur Deutschen Rallye-Meisterschaft und der deutschen Rallye-Challenge komplettieren ein Angebot, bei dem der Rallye-Freund schon förmlich das Kribbeln im Gaspedal spürt.

Motorsportclub Eisenach e.V.

http://www.rallye-wartburg.de/Galerie

Die Rallye Wartburg, die heute einen festen Platz im nationalen und internationalen Rallyesport einnimmt, kann auf eine sehr lange Tradition zurückblicken. Was zu DDR-Zeiten bereits 1954 die „Leistungsprüfungsfahrt durch Thüringens Wälder" war, entwickelte sich ab 1955 zur „Rallye Wartburg". Um an dieser Wettfahrt teilzunehmen, muss man sich nur das Ausschreibungs- und Nennungsformular herunterladen und ausgefüllt zurückschicken. Darüber hinaus glänzt die Eisenacher Website, da es hier gelungen ist, ein Maximum an Informationen rund um die Rallye sehr übersichtlich zu präsentieren.

Tourenwagen-Magazin

http://www.tourenwagen-magazin.de

Sehr lästig an dieser Website ist ihre Überfrachtung mit Werbung, die sich bis in den letzten Winkel zieht. Wenn man die Frames alle weggeklickt hat, wird der Blick freigegeben auf ein durchaus ernst zu nehmendes Magazin zum Tourenwagen-Rennsport. Neben den News aus verschiedenen Kategorien glänzt die Site durch den Büchershop, in dem man weitere Literatur rund um den fahrbaren Untersatz erstehen kann: Das können Veröffentlichungen über bestimmte Rennstrecken, die Geschichte des Motorsports oder die Formel 1 sein, alles fein säuberlich in verschiedene Gebiete untergliedert.

Rennstrecken

24 Stunden von Le Mans

http://www.24h-le-mans.com/2000

Das Aus in der ersten Runde riskiert, wer einen Boxenstopp auf dieser Homepage verpasst. Dabei drohen dem Surfer auf dieser Website zunächst böse Schikanen, denn leider wird die Strecke in Le Mans nur in französischer Sprache erklärt. Die Page an sich ist unterteilt in die Bereiche Motorrad- und Autorennen, wobei der Letztere sicher zahlenmäßig mehr Fans befriedigen wird. Für beide Gruppen finden sich die Listen mit den aktuellen Resultaten, der Terminkalender und die Vorverkaufsstelle für Tickets zu allen Rennen. Dazu kommen kurze Berichte der jüngsten Ereignisse.

A1-Ring Austria

http://www.a1ring.at

Ein Austragungsort der Formel-1-Weltmeisterschaft ist der österreichische A1-Ring. Dabei handelt es sich um eine Rennbahn zum Anfassen: Mit speziellen Rennkarts (260 ccm/9PS) und auf einer eigens dafür angelegten Rundstrecke kann jeder an Trainingseinheiten und Rennen teilnehmen. Je nach Saison gibt es spezielle Veranstaltungen, wie z.B. unter dem Motto „Vatertag ist Truckertag", für die es alles Wissenswerte auf der Homepage nachzu-

lesen gibt. Pressefotos stehen in der Medienrubrik zum kostenlosen Download zur Verfügung. Der ständig aktualisierte Veranstaltungskalender mit den Wettkämpfen aller Klassen darf ebenfalls nicht unerwähnt bleiben.

Circuito de Jerez

http://www.circuitodejerez.com

Im spanischen Jerez treffen zwei Dinge aufeinander, die eigentlich strikt voneinander getrennt sein sollen: Alkohol und Autos. Hier wird zum einen hervorragender Sherry produziert, zum anderen jede Menge Aufregung, wenn sich beim Grand Prix (Formel 1 und Motorradrennen) die besten Piloten miteinander messen. Die Website des Rings besticht vor allem durch ihre äußerst bedienfreundliche Gestaltung. Pull-Down-Menüs zur Linken ermöglichen dem Besucher, sich zu allen Rubriken hinzuklicken und Infos über die Rennkategorien zu erfragen, die Geschichte und den Verlauf des Kurses einzusehen oder praktische Details zur Anreise bis hin zur Autovermietung und der Unterkunft einzuholen.

Hockenheimring

http://www.hockenheimring.de

Der legendäre Hockenheimring lädt ein in (s)eine virtuelle Boxengasse. Die Boxentore lassen sich per Mausklick betätigen und eröffnen dem Besucher Wege durch das Motodrom und seine Veranstaltungen. Das fängt natürlich bei der Formel 1 an und geht über die Deutsche Supertourenwagen-Meisterschaft bis zu den spektakulären Nitro-Olympics der Dragster-Klasse, jener Beschleunigungsmaschinen und Geschwindigkeitsrekordler. Lässt man sich bequem mit Icon-Bedienung durch die Welt des Motorsports am Hockenheimring führen, meint man fast, Motorenlärm und Treibstoffgeruch zu spüren. Das macht Lust auf mehr!

Lausitzring

http://www.lausitzring.com

Der Lausitzring zwischen Cottbus und Dresden bietet Motorsport vom Feinsten, und das inmitten der touristisch wertvollen Umgebung des Spreewaldes. Auf einem Rennareal, das größer ist als 150 Fußballfelder, werden hier die Helden ermittelt, die das Meiste aus ihren Maschinen herausholen und den Kurs am schnellsten bewältigen. Auf der Site werden die auch die Prüf- und Fahrsicherheitsanlagen vorgestellt, auf denen man jederzeit Rennfahrlehrgänge belegen kann. Der prall gefüllte Terminkalender führt durch das gesamte Jahr; Tickets für die Veranstaltungen können online gebucht werden.

Motopark Oschersleben

http://www.motopark.de

Der Motopark Oschersleben präsentiert sich im WWW in Form eines Online-Magazins, das in laufend aktualisierte Bereiche und stets präsente Rubriken unterteilt ist. Damit ist es gelungen, mittels des Inhaltsverzeichnisses viel Information übersichtlich zu gliedern, ohne dass man sich durch lange Zweige zu den gewünschten Details klicken muss. Insgesamt ist diese Site die umfangreichste aller Rennparcours: Sie bietet neben dem Veranstaltungskalender und dem Ticketshop auch Live-Rennbilder, Unterkunftsangebote (von der Nobelherberge bis zum Zeltplatz), Merchandisingartikel und etliches mehr.

Mugello – Autodromo internazionale

http://www.mugello.net/autodromo/index.html

Die IRTA, der internationale Verband für Straßenrennen, zeichnet Jahr für Jahr die sichersten Rennstrecken der Welt aus – der Kurs im italienischen Mugello wurde bereits zwei Mal prämiert. Wer den Motorsport nicht als blutigen Gladiatorenkampf sieht, sondern tatsäch-

lich als eine sportliche und technische Leistungsschau, der wird sich auf diesem Kurs an der richtigen Stelle fühlen. Die Homepage des Ausrichters ist vergleichsweise knapp gehalten, bietet aber dennoch die wichtigsten Informationen: den Veranstaltungskalender, einen Blick auf den Kurs (mit einer eingehenden Beschreibung) und den Eintrittspreisen.

Norisring

http://www.norisring.de

Der Norisring, die nach Monaco traditionsreichste Stadtrennstrecke der Welt, ist der unumstrittene Saisonhöhepunkt der Deutschen Super-Tourenwagen-Meisterschaften. Und auch bei den Fahrern und Teams hat der Nürnberger Stadtkurs den Ruf des „Deutschen Monaco“ – als härteste Sprintstrecke Europas. Diese Homepage geht mit Besucherinfos an den Start, wie beispielsweise Fahrerlisten und Streckenplänen. Viel wichtiger für Besucher dürften die Zeitpläne, Anfahrtsbeschreibungen, Ticketpreise und Übernachtungsangebote sein. Das alles ist ansprechend und übersichtlich gestaltet und ermöglicht einen schnellen Zugriff auf die gewünschten Informationen. Rasant!

Nürburgring

http://www.nuerburgring.de

Willkommen im deutschen Olymp des Motorrennsports: Auf zum Nürburgring! So wie die Anlage selbst zu den aufwendigsten und luxuriösesten der Welt gehört, genauso verspielt und packend ist die Aufmachung der Site. Nachdem die Rennstrecke umgebaut und eine Erlebniswelt eingerichtet wurde, findet sich jetzt auch im Internet ein virtueller Rundgang durch den „Mythos Nürburgring“. Daneben gibt es noch vieles mehr zu entdecken, so z.B. Reportagen der laufenden Saison. Die Grundinformationen über Termine und Tickets werden so schon fast zur Nebensache. Aber eben nur fast.

Silverstone

http://www.silverstone-circuit.co.uk/index.htm

Es gibt Orte, zu denen muss nicht mehr viel gesagt werden. Die britische Ortschaft Silverstone gehört mit Sicherheit dazu. Die Homepage des Racingtracks steht den Erwartungen, die sich an einen so mythischen Namen knüpfen, in nichts nach. Allein die Rubrik „News“ hat die Qualität eines Online-Magazins, selten bewirbt sich ein Austragungsort derartig umfassend als der Kurs für Wettbewerbe schlechthin. Gleichzeitig wird man auf der Site auf Wunsch auch zu allen Teams der Formel 1 verlinkt. Zudem wird der hauseigene TV- und Radiosender vorgestellt, der bei den Großveranstaltungen für die Direktübertragung der Ereignisse sorgt. Bei alledem ist es trotzdem gelungen, die Site so überschaubar zu halten, dass man ohne lange Suche zum Ticketvorverkauf oder dem Veranstaltungskalender gelangt.

Spa-Francorchamps

http://www.spa-francorchamps.be

Eine der ersten Rennstrecken wurde 1922 mit einem Motorradrennen eröffnet: die Strecke Spa-Francorchamps. Das kleine Städtchen Spa stellt sich mit einer Verknüpfung zum Tourismuszentrum vor, ansonsten geht es direkt auf den Asphalt. Kartrennen, Motocross und Formel-1-Wettkämpfe werden hier ausgetragen. Auf der Homepage werden diese drei Bereiche anhand des Kurses ausführlich behandelt, die Strecke mit allen Schikanen dargestellt und vergangene Rennen in der Fotogalerie dokumentiert. Die aktuelle Saison und die beiden letzten Jahre haben in der Rubrik „Reportage“ viel Platz erhalten. Ergänzt wird die Site durch die Rennschule und die praktischen Hinweise zu Übernachtung und Verpflegung. Die sollte – Belgien hin oder her – nicht nur aus Pommes bestehen!

Oldies & Goldies

Auto-Museen

Deutsches Museum München

http://www.deutsches-museum.de

Im Technikuniversum ist das Deutsche Museum in München ein Fixstern. Analog zu dieser Metapher haben die Museums-Webmaster ein hübsches Firmament ins Netz gezaubert, in dem verschiedene Rubriken um den (globalen) Punkt „Deutsches Museum“ kreisen. Eine dieser Rubriken heißt „Ausstellungen“ und hier gelangt man zu den Kraftfahrzeugen. Die Auswahl ist beeindruckend: PKW bis 1950, Automobilproduktionen, Rennwagen und Wettbewerbsfahrzeuge, Automobiltechnik, Nutzfahrzeuge, Motorräder und eine Liste aller Automobile innerhalb der Ausstellung machen diese Site zu einem Kompendium, das sich kein Motorfreund entgehen lassen sollte. Hier findet man den Adler Vis-á-Vis Motorwagen ebenso wie den Citroën DS 19, den legendären Mercedes-Benz „Silberpfeil“ und den Rolls Royce Silver Ghost. Zum hundertjährigen Jubiläum des Automobils 1986 wurde die Automobil- und Motorradabteilung neugestaltet und wesentlich erweitert. Sie gliedert sich in zwei Hallen mit insgesamt 2.200 m² Fläche, die durch eine Rampe verbunden sind. Museumsbesucher, die sich mehr für die Automobiltechnik, Rennwagen und Motorräder interessieren, steuern zuerst die Halle II unter der Luftfahrt an, während „Oldtimer-Fans“ die Halle I unter der Lokomotivenbrücke bevorzugen. So viel zur Navigation vor Ort; die Navigation dieser Site lässt auch keine Wünsche offen: spielend zu bedienen, ist jede Seite mit detaillierten Informationen und schönen Fotos angereichert. Da können wir Ihnen nur den Ratschlag erteilen: lustwandeln Sie einmal virtuell durch Münchens schönste Hallen!

Deutsches Technikmuseum Berlin

http://www.dtmb.de

Mit den bisherigen Ausstellungen (z.B. „Taxi – das mobilste Gewerbe der Welt“ oder „Gummi – die elastische Faszination“) im Bereich Straßenverkehr bleibt das Deutsche Technikmuseum Berlin nicht an Chrom und Lack, Hubraum und Design und dem Chic der Zeit hängen, sondern gewährt tiefere Einblicke. Es richtet den Blick auf die Anfänge des modernen Straßenverkehrs und auf die Entwicklungsgeschichte des Automobils, herausragende Konstruktionen, große, heute oft vergessene Automobilfirmen und deren zahlreiche Konstruktionen, die als Dreirad-, Kleinwagen-, Stromlinien-, Elektro- oder Schwimmwagenmobile oft in „genialen Sackgassen“ endeten. Zum Bestand der Abteilung Straßenverkehr gehören u.a. 20 Pferdekutschen und -schlitten, rund 400 Fahrräder (vom Drais'schen Laufrad bis zum Klappfahrrad), über 200 Motorräder (darunter die komplette Zündapp-Sammlung) sowie knapp 200 Kraftfahrzeuge (vom De Dion-Dampfwagen, Bj. 1883, bis zum NSU Ro 80 mit Kreiskolbenmotor, Bj. 1972). Als Dauerleihgabe befindet sich die komplette Solex-Vergaser-Sammlung in der Obhut des Museums. Wer sich einen Überblick verschaffen möchte oder die Standarddaten (Öffnungszeiten, Lage, Preise, Verkehrsanbindung etc.) abfragen möchte, der wird um einen Besuch der Webseiten des Museums nicht herum kommen. Ein lohnenswerter Besuch!

Sportwagenmuseum

http://www.fordchar.cz/classic

Irgendwo in Tschechien, genauer gesagt im Örtchen Lány, befindet sich ein Sportwagenmuseum. (Bitte haben Sie Verständnis dafür, dass wir die hochkomplizierte tschechische Bezeichnung an dieser Stelle nicht wiedergeben können. Denjenigen, die glauben des

Tschechischen nicht mächtig zu sein, sei an dieser Stelle gesagt: Ruhig Blut, die Site gibt's auch auf Englisch!) Wer nicht reisen möchte, kann die (wirklich ansehnlichen) Exponate jetzt auch im Internet bestaunen. Die wenig komplexe Seite beschränkt sich zunächst auf die Darstellung der Wagen, die von BMW über Ford bis hin zur landeseigenen Marke Skoda reicht. Die Anschauungsobjekte sind per Foto und einer mageren technischen Beschreibung versehen, so dass versierte Motorsportfans bei Durchsicht nur wenig Überraschendes geboten bekommen. Umso erstaunlicher, dass zwischen all den neuwertig wirkenden Autos ein total demolierter BMW TISA steht. Des Rätsels Lösung: Es ist der Siegwagen der European Oldtimer Championships 1992.

Auto und Technik Museum Sinsheim

http://www.technik-museum.de

Hier schlägt das Herz des Technikfans schneller: Auf über 30.000 qm Ausstellungsfläche werden über 3000 Exponate präsentiert. Die militärhistorische Halle und auch die Technik- und Simulationshallen sind aller Ehren wert, aber der begeisterte Autofahrer und -interessierte fängt erst bei der größten europäischen Formel 1-Ausstellung an, mit der Zunge zu schnalzen. Wie das Museum aussieht, wie die Räumlichkeiten aufgeteilt sind, all' das erfährt der Besucher auf der Homepage. Ein wunderschöner, digital-animierter Rundumschwenk zeigt das Eingangsportal und innerhalb des Hauses weisen die Zeichen einem kinderleicht den Weg. „Dreamcars" heißt eine Rubrik und was dort gezeigt wird, lässt einem schier den Atem stocken. So viel Schönheit auf einen Blick: Die Hollywood Cars aus den Fünfzigern lassen aus nostalgischen Träumereien Realität werden. Auch hier wird per 360º-Panoramabild die Halle präsentiert, noch lohnenswerter als am Eingang. Es warten eine Vielzahl an chrom- und blechstarrenden Beauties auf ihre Bewunderer. Rarität: hier gibt es das legendäre 1952er Oldsmobile Rocket 98 Cabrio zu bestaunen, von dem lediglich drei Stück gebaut wurden. Detaillierte Schilderungen und erstklassige Fotos laden zum Verweilen ein. Wer mehr als diese virtuelle Action haben möchte, der kann sich auf der Stelle über

Homepage Auto undTechnik Museum Sinsheim

Preise, Öffnungszeiten, Anfahrtswege etc. informieren. Wir schließen mit den Worten, dass Sinsheim auf jeden Fall eine Reise wert ist. Und sei es „nur" im Internet.

Automobilmuseum August Horch

http://www.trabant.de

Im Mai 1990 wurde in Zwickau das Automobilmuseum „August Horch" der Öffentlichkeit übergeben. Auf einer Fläche von 1000 qm werden gegenwärtig 46 Fahrzeuge aus den Jahren 1916-1991 gezeigt. Das Haus ist dem Lebenswerk Horchs gewidmet, der einst dafür sorgte, dass die Stadt zu einem Zentrum des deutschen Automobilbaues wurde. Die Website stellt die neuesten Ankäufe des Museums vor und bietet eine Kurzbiografie Horchs, der Firmen Audi, DKW sowie Trabant. Liebhaber alter Trabbis treffen sich im Forum und tauschen Mitteilungen, Ersatzteile oder ganze Wagen aus.

Oldtimer

Bugatti-Web

http://www.bugatti.vintageweb.net/bugatti.htm

Der 1947 verstorbene Ettore Bugatti war kein schlechter Mensch, denn er hat den Anstoß für die elegantesten (und mittlerweile teuersten) Autos gegeben. In den Niederlanden wohnen drei große Bewunderer seiner Hinterlassenschaft. Nachdem zunächst jeder eine eigene Webseite in das Internet gestellt hatte, haben sie sich nun zusammengeschlossen und die umfangreichste Wissenssammlung zum Bugatti entstehen lassen. Sei es die Firmengeschichte, Bücher oder Briefmarken mit den schnellen Autos als Motiv: Fans bekommen hier beim Surfen feuchte Hände. Dazu gibt es die Adressen verschiedener Museen weltweit, eine Filmliste und eine Börse für ganze Autos und einzelne Ersatzteile.

Classic Car Avenue

http://www.classic-avenue.nl/index-d.html

Jaguar, MG, Triumph: Das sind Markennamen, die förmlich auf der Zunge zergehen und jeden Autoliebhaber in höhere Sphären katapultieren. Die Classic Car Avenue hilft Ihnen dabei, sich einen lang gehegten Traum zu erfüllen, indem sie Ihnen ein einfach zu bedienendes Suchsystem der Classic-Datenbank bereitstellt, mit dem Sie in aller Ruhe nach Ihrem Traumgefährt Ausschau halten können. Renommierte Fahrzeughändler bieten hier klassische Fahrzeuge samt Beschreibung und Foto an, und da die Angebotspalette von A wie Alfa Romeo und Aston Martin bis W wie Wolseley reicht, dürfte es kein Problem sein, auch Ihr präferiertes Modell ausfindig zu machen. Die Classic Car Avenue gibt Ihnen aber auch die Möglichkeit, Ihr eigenes Angebot zu platzieren. Und wenn Sie wollen, bekommen Sie sogar eine eigens auf Ihre(n) Firma/Club zugeschnittene Homepage inklusive Ihren eigenen Texten, Bildern, Firmen- oder Clublogos und Animationen. Sollte Ihr Haushaltsetat augenblicklich den Kauf eines Klassikers nicht zulassen, ist der Ereigniskalender mit seinen vielen interessanten Events vielleicht das Richtige für Sie. Dazu gibt's obendrein noch reichlich Classic-Klubadressen.

ClassicCars-Magazin

http://classiccars.de

Hinter dieser Internet-Adresse verbirgt sich eine echte Liebhaber-Site. Relativ schnörkellos aufbereitet, surft der Oldtimerfan durch übersichtlich strukturierte Seiten, die mit einem üppigen Angebot locken: Die blickenden Leuchtdioden signalisieren die wichtigsten Punkte, die passionierte Anhänger älterer Fahrzeuge (und solche, die es werden wollen) unbedingt ansteuern sollten. Sei es nun das Forum mit Berichten, Galerien und Pressemitteilungen oder ein Hinweis auf die bundesweite Oldtimervermietung – ClassicCars packt alles bequem unter den virtuellen Hut. Infos zum Markt, Adressen nationaler und internationaler Clubs und Vereine, private, kostenlose Kleinanzeigen und Memorabilia zu Steuer, Versicherung und Zollformalitäten bilden ein Gerüst, anhand dessen sich der geneigte Freund antiker Fahrzeuge orientieren kann. Dank gebührt dem Initiator Volker Meerkamp, der eine ambitionierte Site routiniert erstellt und seiner Passion souverän Ausdruck verliehen hat.

ClassicCars-Terminkalender

http://www.classiccars.de/Termine/ZZTermin.htm

Manche Veranstaltungskalender sind ein Schlag ins Wasser, weil sie beim User den Eindruck hinterlassen, Deutschland sei eine Oldtimerwüste. Der Classic Cars Terminkalender ist ein absolutes Muss für alle Liebhaber von alten motorisierten Vehikeln jeglicher Art. Alle Events für das kommende Jahr sind mit kurzem Kommentar versehen und bieten Kontaktadressen sowie Telefonnummern. Sollte doch noch jemand einen Termin kennen, der noch nicht aufgeführt wurde, kann dieser sofort nachgereicht werden.

Classic Data, die Info-Seite zum Thema Oldtimer

http://www.classic-data.de

Diese Webseiten bieten Ihnen umfassende Informationen zum Thema Oldtimer. Schnell, übersichtlich und benutzerfreundlich gestaltet. Hier können Sie Aktuelles, Termine, Werte, Adressen und vieles mehr blitzschnell abrufen. Interessant und nützlich ist der kostenlose Marktplatz, auf dem Sie Automobile, Motorräder, Ersatzteile oder Literatur finden können.

Classic Wheels

http://www.classic-wheels.de

Ein feine Adresse bezüglich Restauration und Verkauf von klassischen britischen Automobilen ist „Classic Wheels". In der Werkstatt in Berlin-Zehlendorf nehmen sich alle, vom Ingenieur bis zum Mechaniker, Ihres Fahrzeugs an, um es wieder in altem Glanz erstrahlen zu lassen. Der umfangreiche Service reicht von intensiver Beratung und original-identischer Restauration bis zum Einbau eines Katalysators. Zudem bietet die Homepage Ihnen die Gelegenheit, eigenständig nach Angeboten Ausschau zu halten – eine Suchmaschine mit Baujahr-, Hersteller- und Preisvorstellungsselektion unterstützt Sie dabei. Und falls Sie sich einfach nur an den automobilen Schönheiten ergötzen wollen, ist die Galerie mit ihren sehr schönen Bildern genau das Richtige.

Ralph Kesting Automobiles

http://www.deunet.com/rka

Wahre Oldtimerfans tun alles, um an echte Kostbarkeiten zu kommen. Ralph Kesting bietet als Importeur klassische Automobile aus den USA an. Dort hat mancher Mercedes, Jaguar oder Porsche gut gepflegt und wenig gefahren dem Zahn der Zeit getrotzt. Online finden Interessenten eine Liste verschiedener Fahrzeuge mit kurzer Zustandsbeschreibung und Foto, die allerdings nicht den in den Oldtimerszene üblichen Standards entspricht. Dazu kommen allgemeine Informationen zur Auftragsabwicklung. Was Oldtimerfans abschrecken könnte ist das ziemlich handgeschnitzte Webdesign, dass nicht annähernd so wertvoll wie die angebotenen Klassiker auf Rädern wirkt.

Oldie Domain: Das virtuelle Oldtimer-Auktionshaus

http://www.esc-gmbh.de/oldie

Nüchtern betrachtet öffnet das virtuelle Auktionshaus der Oldie-Domain jedem Oldtimer-

Freund sämtliche Türen. Bietet es dem Interessenten doch allemal einen ordentlich sortierten Auktionskalender, zahlreiche Kleinanzeigen und die Möglichkeit, solche selbst kostenlos eintragen zu lassen, sowie einen umfangreichen Oldtimer-Webring, der den User durch eine Vielzahl von gleichgesinnten Homepages führen sollte. Das Wörtchen „sollte" signalisiert bereits, dass doch noch einige Arbeit auf die Macher dieser Site zukommt. Denn die Galerie ist (noch) spärlich besetzt, jedoch werden die wenigen Angebote mit Farbfotografien und Details vorgestellt. Aber die Umrechnung in EURO erweist sich als praktische Hilfe. Ein bisschen mehr Promotion und ein wenig mehr Sorgfalt bezüglich nicht mehr existenter Webringe – das virtuelle Oldtimer-Auktionshaus wird seinen Stammplatz im Internet finden. Da sind wir sicher.

Oldtimer-Links

http://home.t-online.de/home/caar-d/linksund.htm

Die größte Sammlung von Adressen und Links im Internet rund um das Thema Oldtimer wurde von den Machern dieser Seite zusammengestellt. Das Programm deckt Bereiche wie die Clubs mitsamt ihren Adressen ab, sortiert nach verschiedenen Fahrzeugtypen. Fündig wird man auch bei Fahrzeugprüfern, Ersatzteillieferanten und Spezialisten oder internationalen Herstellern. Der Blick geht weit über den Tellerrand hinaus: Durch die Links gelangt man sogar bis nach Neuseeland! Trotz aller Internationalismen ist die Webpage sehr übersichtlich gestaltet und benötigt nur geringe Ladezeiten. Freunde alter Autos sei dringend angeraten, sich hier ein Lesezeichen einzurichten.

Küster's ClassiX Motocross

http://home.t-online.de/home/Kuesters-ClassiX/mx.htm

Jetzt wird es sehr speziell, denn hier dreht sich alles um die Oldtimer im Motocrossrennen. Gegründet wurden die ClassiX Motocross von einem Motocrossfahrer im Jahre 1993, um Cross-Sportlern auch mit älteren Maschinen eine konkurrenzfähige Startmöglichkeit zu verschaffen. So finden manch alte Hasen mit ihren oft liebevoll gepflegten Oldtimern wieder in ihren Sport zurück, aber auch Neueinsteiger haben die Chance, mit preiswerten Klassikern ihre Fähigkeiten zu erproben. Es geht also nicht in erster Linie darum, mit möglichst wertvollen antiken Vehikeln an den Start zu gehen. Wer sich dafür interessiert, aktiv dabei zu sein, ist hier genau richtig, denn Termine und Anmeldeformulare werden gleich mitgeliefert.

VW Karmann Ghia Ersatzteilservice

http://www.karmannghia.de

Der Karmann Ghia, ein legendäres Gefährt aus dem Hause Volkswagen, ist inzwischen ein echter Oldtimer. Leider haben viele Oldtimer eines gemeinsam: Nach Auslauf der Fertigung sind irgendwann auch keine Ersatzteile mehr zu bekommen. Rüdiger Huber, der vor der Aufgabe stand, einen alten 1957 Karmann Ghia zu restaurieren und wieder fahrtüchtig zu machen, hat aus der Not eine Tugend gemacht. Er vertreibt allerlei Ersatzteile für den schnuckeligen Wagen, wie er in seiner nostalgisch gestylten Website verkündet. Diese ist mit allen Segnungen des digitalen Zeitalters bedacht, so kann online der Katalog durchstöbert und die benötigten Ersatzteile per Kreditkarte direkt geordert werden. Auch die Wagen selbst können über diese Seite einen neuen Besitzer finden. Aber unter uns: Wer möchte „seinen" schon abgeben?

Karmann Ghia Welt

http://www.karmannghiawelt.de

Der Karmann Ghia gehört – neben dem Porsche 365 oder Mercedes 190 SL – zu den begehrtesten deutschen Oldtimern. Die Interessengemeinschaft der Karmann-Ghia-Fahrer versorgt die Fans des schönsten Volkswagens aus Osnabrück mit hervorragend aufbereiteten Materialien, die von Bildern über technische Berichte bis zu einer vorzüglichen Kaufberatung reicht, die einen Rundumcheck auf Herz und Nieren leistet. Auf dem angeschlossenen Markt kann das neu erlangte Wissen zudem gleich angewendet werden.

Oldie Data

http://www.oldie-data.de

Man sagt, die besten Dinge im Leben seien umsonst, aber dieser Aussage ist nur bedingt zuzustimmen. Die Fa. OLDIE DATA führt eine Oldtimerpräsentation von Verkaufs- und Suchaufträgen für Fahrzeuge und Ersatzteile durch. Für eine geringe Gebühr von 20 DM pro Fahrzeug bzw. Ersatzteil werden die Aufträge inkl. der Tel.-Nr. im Internet für vier Monate veröffentlicht. Zusätzlich vermittelt das Unternehmen die Käufer- oder Verkäufer-Adressen per Brief bzw. Fax an die Auftraggeber. Dies ist besonders für Kunden ohne Internetzugang interessant. Das scheint sich zu lohnen, denn die Liste der Angebote ist nicht eben kurz. Ergänzt werden die Leistungen durch Club-Adressen, Preisspiegel und ein Firmenregister mit den Schwerpunkten: Spezialisten für ein Herstellerland, KFZ-Hersteller, ZR-Hersteller, LKW und Sonderfahrzeug-Hersteller, ausgewählte technische Spezialgebiete und allgemeine Themen wie Sachverständige, Veranstaltungen und Versicherungen. Das Angebot soll durch einen technischen Informationsdienst abgerundet werden. Dieser befindet sich in der Vorbereitung.

Oldieweb-Veteranenmarkt

http://oldieweb.com

Haben nicht auch Sie noch irgendwelche „Kleinigkeiten" in der Garage, im Keller oder in der Rumpelkammer, dessen Verkauf die Kosten für eine Zeitungsannonce nicht decken würde? Wenn ja, dann sind Sie hier genau richtig, denn der Veteranenmarkt bietet Ihnen die Möglichkeit, völlig kostenlos, von Scheibenspritzdüsen bis zu Aral-Autobildern all das zu verkaufen, was Sie schon immer loswerden wollten. Sie können an dieser Stätte aber auch zentral wie überregional und ohne großen Aufwand und mit höchster Qualität selbst auf

Homepage Oldie Data

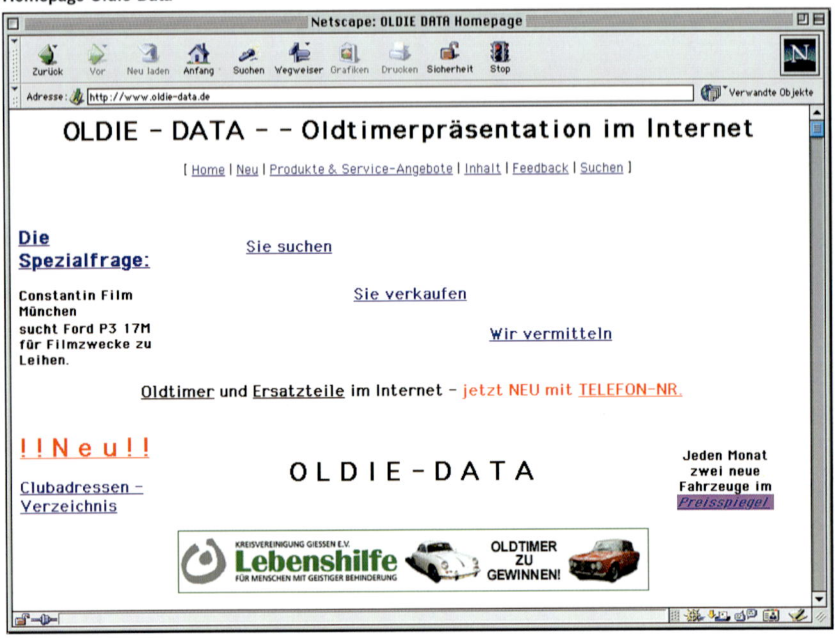

Einkaufstour gehen: Oldtimer (vom Alfa-Romeo, Bj. 1967, bis zum Volvo Amazon, Bj. 1966, ist alles dabei), Teilemarkt, Flohmarkt, Antiquariat, Traktoren, Ersatzteillisten und sogar Bedienungsanleitungen bereichern das vielfältige Angebot vom Veteranenmarkt. Viele äußerst kostengünstige Produkte warten nur darauf, von Ihnen entdeckt zu werden!

Oldtimer.de

http://www.oldtimer.de

Diese Site bietet alles rund um die Beschäftigung mit klassischen Automobilen von Terminlisten für Ausstellungen, Auktionen oder Teilemärkten über eine umfangreiche Anzeigenbörse bis hin zu einem Forum, welches dem Austausch von Gleichgesinnten dient. Umfangreiche Adresslisten von Werkstätten und Clubs fehlen selbstverständlich auch nicht.

ADAC Oldtimerfahrt

http://www.oldtimerfahrt.de

Auf drei Tagesetappen rauschen 150 wirklich begehrens- und sehenswerte Oldtimer rund um die Kulturstadt Weimar. Im vergangenen Jahr hat eine Viertelmillion Zuschauer dieses Spektakel genossen. Auf der Homepage kann man sich über den Streckenplan informieren, um bei der nächsten Tour den besten Platz zu ergattern, möglichst in der Nähe der Bühnen, auf denen 15 Bands die Wettfahrt begleiten. Das Archiv, die Streckenbilder und die Teilnehmerliste machen Appetit. Wer teilnehmen möchte, kann sich auch über die Auswahlkriterien und das Reglement informieren.

Oldtimer Galerie Gundelfingen

http://www.oldtimer-galerie.de

Die Oldtimer-Galerie in Freiburg-Gundelfingen bietet ein breites Spektrum an Oldtimern und Klassikern von Alfa Romeo über Citroën bis hin zu BMW. Wer einen Oldtimer kaufen oder anbieten möchte, kann an Auktionen teilnehmen, die dreimal im Jahr durchgeführt werden. Die Oldie-Galerie ist gespickt mit Fotos und leicht zu navigieren. Man kann sich einfach nur an den Fotos berauschen oder gezielt nach Modellen suchen, um sie bei der anschließenden Auktion zu ersteigern. Die Aufgabe einer Privatanzeige ist ebenso möglich, wie der Abruf von Infos zu den Themen „Oldtimerversicherung“ oder „Oldtimer-TÜV“.

OldtimerGo.net: Oldtimer-Forum

http://www.oldtimergo.net

Deutschlands aktuelles Oldtimer-Forum im Internet vermittelt jedem Oldtimer-Liebhaber die richtigen Adressen von Händlern, Veranstaltern und Versicherungen. Auch besteht die Möglichkeit, kostenlose Kleinanzeigen aufzugeben oder einzusehen. Die besten Modelle kann man entweder im Oldtimer-Archiv oder auf den nächsten Rennen begutachten, deren Termine im Magazinteil für ganz Europa rechtzeitig bekannt gegeben werden.

Oldtimer Info

http://www.oldtimer-info.de

Die Geschichte des Automobils zieht sich mittlerweile durch das vierte Jahrhundert. 1769 baute Nicolas Joseph Cugnot, ein französischer Militäringenieur, einen Dreirad-Dampfwagen mit einer Zweizylindermaschine. Diese und andere Details, wie z.B. die Herkunft der Nummernschilder, liest man im Archiv von Oldtimer-Info nach. Daneben werden Komplettangebote zu den verschiedensten Oldtimern gemacht, denen Kaufberatungen oder Fahrtestberichte aus historischen und aktuellen Zeitschriften beigefügt wurden. Dazu werden Museen und Vereine, Rat-und-Tat Seiten, Händler etc. bereitgestellt. Das Glanzlicht dürfte der Marktspiegel sein, der am ausführlichsten die Preisentwicklungen der verschiedensten Modelle verfolgt.

DT online: Oldtimer + Replica

http://www.oldtimer-replica.de

Oldies but Goldies: DT online macht einem schmerzlich bewusst, wie wenig originell größtenteils heutzutage Autos hergestellt werden. Angesichts der in Ehren ergrauten (aber alles andere als grauenhaften) Oldtimer, die gemächlich ins Bild schaukeln, überkommt selbst bekennende Anti-Autofetischisten leichte Wehmut: so ein Porsche 956 sieht halt klasse aus. Und erst die offene Limousine oder das arg betagte Ford-T-Modell (übrigens kürzlich zum „Car of the Century" gekürt worden!)... Im Inneren der Site warten Händler- und Liebhaberadressen, die man flugs ansteuern sollte, bevor der graue (Straßen-)Alltag mit seinen schier endlosen Blechlawinen einen einholt. Bevor wir es vergessen: Die Animation dieser Webpage ist natürlich ebenso stilvoll und gelungen, wie es die vorgeführten Modelle sind. So wird man selbst zum Klassiker.

Klein's Autowelt

http://ourworld.compuserve.com/homepages/Mklein/dehome.htm

Michael Klein ist Oldtimerfan und selbst stolzer Besitzer eines Karmann Ghia Typ 14. Seine Homepage gleicht einer virtuellen Werkstatt für klassische Autos und Motorräder, in der Fragen über Technik, neue Entwicklungen usw. beantwortet werden. Wer Reparatur- und Einstelldaten benötigt, füllt einfach ein Formular aus, die erforderlichen Daten werden unverzüglich zurückgemailt. Ganz besonders gilt seine Leidenschaft jedoch dem Karmann Ghia und dem VW Käfer, ein Umstand, der mit der „Karmann-Seite" eindrucksvoll dokumentiert wird: Neben Bildern, Tipps und Tricks sowie Links finden Sie hier auch Geschichte und technische Details des Lieblingsgefährts von Klein. Dazu gibt's Oldtimertermine, Oldtimermuseen (in Deutschland) und einen „Hightech"-Abschnitt mit Infos zu Elektrofahrzeugen auf der „Oldtimer-Seite". Sehr lobenswert sind auch das Technik-Lexikon und das Programm für Motorberechnung.

Historische Nutzfahrzeuge

http://prinz.hannover.sgh-net.de/~hcuhrig/pages/oldtimer.html

Die etwas andere Oldtimer-Site kommt von Christian Uhrig: Es geht um Nutzfahrzeuge nostalgischer Art. Hier erfahren Fahrzeuge, die sogar noch im Einsatz sind, wie z.B. das Modell „Scania 110 Super" und solche, die es nicht mehr sind, wie z.B. der „Mercedes Benz L 6500" aus dem Jahr 1936, verdiente Internet-Meriten. Die kleinen Geschichten zu den Fotos der Fahrzeuge zeugen von passionierter Beschäftigung mit einer Thematik, die in dieser Form ihresgleichen sucht.

Mille Miglia

http://rover.wiesbaden.netsurf.de/~kastroll/millebilder/IMAGES1.HTM

Diese Site ist dem Klassiker unter den Oldtimerrennen, der Mille Miglia (italienisch für „1.000 Meilen"), gewidmet. Das Rennen, das seit 1927 jährlich in Italien stattfindet, ist für aktive Teilnehmer wie für Zuschauer gleichermaßen ein ganz besonderes Spektakel. Diese Homepage eines Fans bietet eine chronologische und kommentierte Siegerliste, ein kartiertes Streckenverzeichnis aus der offiziellen Mille Miglia-Seite und zahlreiche Fotos. Ein Anmeldeformular für diejenigen, die die Strecke von Brescia bis Rom selber befahren wollen, gibt's natürlich auch. Falls Sie nicht nach Italien fahren können oder wollen, aber trotzdem beste Rennatmosphäre schnuppern wollen, klicken Sie einfach auf die Real Video-Aufnahmen.

Käfershop M. Lehmann

http://www.snafu.de/~dodi

Der gute alte Käfer ist seit Jahrzehnten ein Mythos der Landstraße. Lehmanns Käfershop bietet ein Rundumprogramm für den Liebling aus den VW-Werkstätten. Das Angebot reicht von einfachen Reparaturen und Ersatzteilbeschaffung bis hin zu aufwendigen Restaurierungen oder Tuning, das den kleinen Liebling sogar für Autorennen präpariert. Außerdem können hier Katalysatoren eingebaut werden. Zu den neuesten Dienstleistungen dieses Hauses gehört der 24-Stunden-Notruf. Zu übertreffen wäre dies nur noch, wenn im Falle eines Falles gleich ein Psychologe mit herbeigeeilt käme. Anders ausgedrückt: vorbildlicher Service!

Baduras VWKarmann Ghia Seite

http://www.vw-karmann-ghia.de/badura

Eine der charmantesten Oldtimer-Homepages ist dem VW Karmann Ghia gewidmet. Da gibt es z.B. alte Werbungen zu sehen, die den Vorzug des Zweisitzers anpreisen und es „John und Eveline" endlich ermöglichen, eine Spazierfahrt ohne „Eves Mutter" zu machen. Und es gibt alte Betriebsanleitungen des „Sekretärinnen-Sportwagens", Museen, Filme zum Download und, und, und. Natürlich gehören auch Club-Adressen, Buchtipps, Links und eine Bildergalerie dazu. Alles in allem ist die Site so umfangreich, dass zeitweise manche Specials nicht abzurufen sind. Und das liegt ganz und gar nicht daran, dass sich jemand am Design „verkünstelt" hätte!

Capri-Post

http://werbeagentur-mandl.de/capri

Der Capri, ein absoluter Klassiker aus dem Hause Ford, steht hier im Mittelpunkt des Interesses. Bei Capri-Post dreht sich auf ca. 50 Seiten alles um dieses Gefährt: Termine, Testberichte, private Märkte für Verkäufe, Teile und Gesuche/Sonstiges werden jeden Capri-Liebhaber begeistern. Dazu gibt's schöne Bilder von den Autos und zahlreiche Links zu anderen Homepages. Und wenn Sie möchten, können Sie bei „DIGI" Ihr T-Shirt mit dem Bild des Lieblingsautos (oder mit etwas anderem) bedrucken lassen. Mittlerweile mit einer Leserschaft aus neun Ländern Europas plus Amerika und Kanada gesegnet, ist Capri-Post eine unverzichtbare Lektüre für jeden Capri-Fan – oder jene, die es noch werden wollen.

Ecurie Anges Bleus: Anzani Rennwagen

http://www.zak-net.de/seegerpress

Üblicherweise drohen die Website zu Oldtimern zu bersten, aber hier hat man sich auf das Wesentliche konzentriert. Darunter fallen die Cyclecars und Rennwagen von Anzani sowie von Levallois-Perret und SPAG, die zu Beginn dieses Jahrhunderts in Kleinstauflagen von teilweise nur zwei Stück produziert wurden. Sie werden mit ihren Piloten, den wichtigsten Rennen und den Konstrukteuren vorgestellt. Links gibt es einige wenige ausgewählte, ebenso wie die Termine zu Oldtimertreffen wie der Vintage Monthlery-Veranstaltung, an denen alle vorgestellten Wagen teilnehmen.

Presse & Medien

Bücher & Verlage

Amazon

http://www.amazon.de

Wer Bücher über Autos sucht, kommt an Amazon nicht vorbei. Der größte Internet-Anbieter in puncto Bücher und anderer klassischer Medien hat unter der Rubrik „Sport" eine ganze Reihe von Sportbüchern, die thematisch vornehmlich um den Rennsport kreisen, im virtuellen Regal stehen. Ob Gerhard Bergers Memoiren oder Sachbücher von Bruce Jones („Formel 1 Enzyklopädie") und Peter Grunert („Das Formel 1-Lexikon"): Amazon bringt die rasante Welt des Motorsports (und anderer Automobilia) auf den Punkt – und genauso schnell zu Ihnen ins Haus.

Autohaus Online-Shop

http://www.autohaus.bertelsmann.de/shop/index.html

Shoppen gehen und dabei Geld verdienen – das geht. Bei Bertelsmann. Die Gütersloher haben im Zusammenschluss mit dem bayerischen Autohaus-Verlag schon ein erstklassiges Online-Magazin auf die Beine gestellt, in dessen „Innenteil" die Rubrik „Shop" auf Bildungsdurstige wartet. Vor allen Dingen für Verkäufer hervorragend geeignet sind die Buchtipps, die die Bertelsmänner für ihre geneigte Leserschaft parat halten. Darin enthalten sind geldwerte Vorteile, weil absolute Finanzprofis Tipps zur Umsatzsteigerung geben. In der Vorreiterrolle: Hannes Brachat, der edelfedernde Kolumnist der Onlinepostille und anerkannter Experte auf dem Sektor „Auto & Mobiles". So kann man beim Shoppen Geld sparen.

Motorbuch-Verlag

http://www.motorbuch.de

Die ganze Welt des Motorisierten kristallisiert sich im Motorbuch-Verlag aus Stuttgart in gedruckter Form. Wer Schnäppchen sucht, wird hier ebenso fündig wie der Interessent, der sein Spezialwissen in puncto Reifen oder Motorisierung vertiefen möchte. Nachteil: Man muss schon eine etwaige Vorstellung davon haben, was man haben (respektive: suchen) möchte, denn ansonsten steht man wie der berühmte Ochs vor dem Bücherberge und weiß nicht ein noch aus... Allerdings bleibt dann immer noch die Möglichkeit der Kontaktaufnahme, so kann man sich z.B. den kompletten Katalog zusenden lassen.

Verwüster-Verlag

http://www.verwuester-verlag.at/homepage.htm

Die wüsten Österreicher vom Verwüster-Verlag verwursten (Pardon: verwüsten) alles rund ums Mobile – bis hin zum Traktor! Die Alpenländischen haben ein erstklassiges Progarmm auf die Beine gestellt, das Vier- und Zweiradfans begeistern wird. Ob Tuninganleitung oder Erfolgsgeschichten einzelner Firmen oder Modelle: Der Informationswust von Verwüster ist hoch. Bleibt dabei aber – u.a. dank einer hervorragenden Benutzerführung – auf der Homepage des automobilen Verlages stets übersichtlich. Zehntausend Bücher zum Thema motorisierte Mobilität sollten auch die letzten Zweifler überzeugen; wenn nicht, schickt Verwüster sie in die Wüste!

Viking-Verlag

http://www.viking-data.de

Die Wikinger kommen. Diesmal virtuell: Der Viking-Verlag hat jede Menge Lesenswertes aus der Welt der Motoren und der Mobilität in petto. Auf der Viking-Data-Homepage gibt's jede Menge Lektüretipps zu Kfz-Import und Autobüchern sowie – man höre und staune – sogar eine kleine Gebrauchtwagenbörse! wenn Sie also Ihren Gebrauchten gegen ein gutes Buch eintauschen wollen...

Fanzines

Bleifuss – Das Formel-1-Comicmagazin

http://bleifuss.funonline.de

Für den sehr jungen Surfer ist die Homepage des Kinder-Formel 1-Magazins „Bleifuss" gedacht. Hier können Sie mit anderen Fans chatten, im Online-Shop lebensgroße Comic-Schumis aus Pappe zum Aufstellen ordern oder (in sehr jugendlicher Sprache geschriebene) Berichte über die aktuellen Ereignisse im Rennsport nachlesen. Nachdem die Kurzen ausreichend Blut geleckt haben, kann ein Abonnement der Zeitschrift per E-Mail bestellt werden. Einziges Problem sind die vielen Comiczeichnungen, die das Laden dieser Webseite zu einer Geduldsprobe werden lassen.

Cars & Parts Magazine

http://www.carsandparts.com

Sie interessieren sich für klassische Autos? Für ganz spezielle Modelle? Sind Sie Fan der Corvette, „dem" Sportwagen Amerikas? Wenn Sie diese Fragen mit ja beantwortet haben, dann haben wir etwas für Sie – eine Empfehlung nämlich. Wir empfehlen Ihnen, sich diese Homepage einmal näher anzuschauen. Das Cars & Parts Magazine bietet für Autofreunde im Allgemeinen und Oldtimer-Liebhaber im Speziellen detaillierte Auskünfte über die Automobilbranche: Firmengeschichten, Fahrberichte, Infos über Ausstellungen und Salons sowie einen Blick auf Preisstaffelung und -entwicklung. Einziger Haken: Man muss gut Englisch können, denn die Artikel entstammen ausnahmslos dem angloamerikanischen Sprachraum.

Classic Driver

http://www.classicdriver.com

Kostenlose Kleinanzeigen sind nur ein Bruchteil aus dem vielfältigen Angebot von Classic Driver: The European Car Web-Zine. Zum Beispiel können Sie per „Car Search" auch selbst auf Autosuche gehen: Einfach Marke und Modell aussuchen (auf Wunsch gibt's auch eine detailliertere Sucheingabe), und es kann losgehen. Von Aston Martin und Audi über Porsche und Pontiac bis Wiesmannn und Wolseley ist hier alles vertreten, was Rang und Namen hat. Oder Sie begeben sich mit „Exclusive Dealers" auf Händlersuche, bei der Sie Hersteller, Land, Stadt usw. differenzieren können. „Collectors Secrets" bietet Verschiedenes: Die Rubriksuche hilft Ihnen u.a., die richtige Versicherung oder Ersatzteile zu finden, während Sie in der Schlagwortsuche auch Ausgefallenes wie z.B. „Gepanzerte Fahrzeuge" entdecken können. Sehr empfehlenswert sind auch die Abteilungen „Luxus & Lifestyle" mit interessanten Links zu Reisen, Sport, Shopping, Unterhaltung, Design und Gourmet und „Club Links" mit Querverweisen zu Vereinen, Veranstaltungen, Museen, Motorsport und vielem mehr.

907 Automagazin

http://imperium.de/907

Ein Auto-Magazin der etwas anderen Art wird Ihnen mit 907 präsentiert. Hier geht's weder um eine besondere Marke oder teure Oldtimer, noch um die neuesten Errungenschaften der Autoindustrie. Antriebsfeder sind vielmehr die kleinen Geschichten und Anekdoten, die sich rund um des deutschen liebstes Kind ranken. Von Autofahrern für Autofahrer erstellt, sam-

melt der emsige Site-Initiator und Webmaster Bernd Frank die Storys und bündelt die Erfahrungsberichte zu einem amüsanten und kurzweiligen Ganzen. Beiträge wie „VW Scirosto- ein Ausflug in die automobile Geschmacklosigkeit", „Fiat Panda: Fahr Immer Am Tage, denn nachts haben die Werkstätten geschlossen", „Dein Beifahrer – das unbekannte Wesen" oder „Die abenteuerlichen Erlebnisse eines Trabifahrers" haben nichts gemein mit den 08/15-Berichten jeweiliger Automagazine. Bei 907 nimmt man sich in erster Linie nicht ganz so ernst – und das ist gut so!

Motor Kritik

http://www.motor-kritik.de

Fakten – Hintergründe – Meinungen: „Motor Kritik" gehört zu den etwas anderen und anspruchsvolleren Online-Magazinen im Internet. Wer etwas über die neuesten Meldungen über Mercedes, BMW und Co. erfahren möchte, ist hier an der richtigen Adresse. Per Stichwort-Suchmaschine kann auch selbst nach Berichten gesucht werden und zusätzliche Rubriken wie „Auto-Technik" oder „Auto-Management" sind informativ und auch für den Laien verständlich. Ein großes Plus sind die Surf-Tipps mit über 600 Links zu automobilorientierten Sites.

Zeitschriften & Online-Magazine

SwissMotor

http://www.4x4plus.ch

Bei den einen wirkt 8x4, andere geben sich mit kleineren Gleichungen zufrieden. Keine Milchmädchenrechnung macht derjenige, der 4x4 sagt und SwissMotor meint: das schweizerische Motorjournal hieß vormals „4x4 plus" und hat aus dieser Formel eine hier zu Lande Unbekannte gemacht. Was sich hiermit ändern soll: Geländegängige Fahrzeuge stehen im Mittelpunkt (klar, das Magazin kommt aus der Schweiz!) deer Reportagen, und auch Freunde militärischer Fahrzeuge dürften ob der Leistungstests diverser gepanzerter Verhikel vor Freude feuchte Hände bekommen. Das Rad haben die Eidgenossen damit zwar nicht neu erfunden, aber zumindest auf dem virtuellen Zeitschriftenmarkt werden sie mit ihrem Auftritt für ein bisschen Wirbel sorgen.

Auto.de

http://www.auto.de

Hut ab für diese Online-Zeitschrift! Das Auto-Magazin vereint bei großer Übersichtlichkeit eine Fülle von Informationen zu allen Themen rund um den fahrbaren Untersatz und kann im besten Sinne als die Einsteiger-Website schlechthin bezeichnet werden. Dabei haben es die Macher geschickt verstanden, das Angebot anderer Internetseiten zusammenzuführen und mit einzubinden. Schwerpunkte liegen auf Neuwagen, zu denen es Fahrberichte für aller Herstellerfirmen gibt. Links führen darüber hinaus zu den Sites der verschiedenen Marken. Dazu gibt es die Möglichkeit, sich auf dem Gebrauchtwagenmarkt umzuschauen. Weiterhin werden verschiedene Versicherungen mit Preisvergleich vorgestellt. Ein Unfallratgeber hilft in der Not selbst mit einem Vordruck für den Unfallbericht und ein Rechtsanwalt gibt online juristische Ratschläge. Nicht zu vergessen die Rubrik Motorsport, in der letzte Fragen beantwortet werden.

AutoBild Online

http://www.autobild.de

Ob im Computer- oder im Autobereich, die Presseprojekte des Springer-Verlags machen der

Konkurrenz stets das Leben schwer. So auch „Auto Bild", welches bei wöchentlicher Erscheinungsweise und einem Niedrigpreis die etablierte Konkurrenz wie „Auto Motor Sport" das Fürchten lehrte. Wie die Printausgabe setzt auch das aufgeräumte Online-Angebot ganz auf Service, also Tipps zu Pflege, Recht oder Versicherung. Doch natürlich finden Sie auch neue Autotests ihren Raum, und auch die Faszination kommt nicht zu kurz, sei es bei einer Probefahrt mit den neuen Modellen oder im Bereich der Formel 1.

Autohaus-Magazin

http://www.autohaus.bertelsmann.de

Das „Autohaus-Magazin" aus dem Hause Bertelsmann ist seit längerem das Fachmagazin für Autohausbetreiber. Die Online-Version des Magazins muss keinen Vergleich scheuen. Neben täglich aktualisierten Artikeln und den Kommentaren des Chefredakteurs zu Brancheninterna findet sich eine breite Palette an Angeboten, wie z.B. ein Stellenmarkt oder die „Autohaus-Akademie", die sich der brancheninternen Fort- und Weiterbildung verschrieben hat. Selbst „Randgebiete" wie aktuelle Gesetzestexte zur Abgasuntersuchung und ein Forum zum Meinungsaustausch sind vorhanden. Ein Online-Shop sowie ein Marktplatz für Architekten und Bauherren vervollständigen das Angebot, dessen Formularteil nur per Acrobat-Reader eingesehen werden kann.

Autojournal

http://www.autojournal.de

Im Stile eines Online-Verbrauchermagazins präsentiert sich das Autojournal. Neben den üblichen Fahrtests und technischen Berichten über diese und jene Modelle, bei denen man vermutlich nie in die Verlegenheit kommen wird, sie selbst zu fahren, hält die Zeitschrift eine Reihe nützlicher Berichte darüber bereit, worauf beispielsweise beim Kauf eines Kindersitzes zu achten ist und ob sich bei Versicherungen Reisepolicen im Paket wirklich lohnen. Damit ist es gelungen, den Gebrauchswert des Magazins gegenüber anderen deutlich zu erhöhen. Dazu kommt eine Bußgeldkatalog als Service-Special, Links und ein Archiv, in dem man in den letzten Ausgaben stöbern kann.

Automedia Online

http://www.automedia-online.com

Auf den Internetseiten von Automedia-Online dreht sich alles um Themen und Fotos rund ums Automobil. Sehr interessant ist die Rubrik „Spionfotos". Hier gibt es Erlkönigfotos von Prototypen, Design-Studien und Testfahrzeugen, die eigentlich noch niemand sehen soll. Von Alfa bis VW ist alles vertreten, jeweils mit dem zu erwartenden Datum der Modellvorstellung und kleinen Bemerkungen zur Fahrzeugentwicklung. Die einzelnen Bilder können Fachjournalisten online bestellen. Neben diesen Spionfotos produziert Automedia Features rund ums Auto, Testberichte von Sportwagen und Traumfahrzeugen, Geschichten über historische Fahrzeuge sowie Abhandlungen über technische Details und Neuentwicklungen von Motoren.

Auto-Motorrad.de

http://www.auto-motorrad.de

Rat rund ums Rad verspricht das Angebot „Auto-Motorrad.de", ein recht junges Angebot im Netz. Leider sieht man der Adresse die Unausgereiftheit auch an allen Ecken und Enden an, die zu grellen Schriften und die chaotische Benutzerführung sind sicher verbesserungswürdig. Dennoch findet man hier eine Reihe von praxisbezogenen, nützlichen und wichtigen Links, etwa aktuelle Stau-Warnmeldungen oder Gebrauchtwagentipps. (Homepage S. 128)

Auto Motor Sport

http://www.auto-motor-sport.de

Die Online-Ausgabe der Zeitschrift Auto Motor Sport beglückt ihre Leser in gewohnter Weise. Auf dem Programm stehen nicht nur eine Reihe interessanter Fahrberichte der neuesten Modelle, sondern auch alles, was sonst zum Fahrspaß dazugehört. Reisetipps versüßen die angenehmste Zeit des Jahres, Vergleiche verschiedener Autoversicherer helfen bei der Wahl des richtigen Versicherungsschutzes. Dazu gibt es das Neueste aus dem Autosport. Das alles ist übersichtlich gegliedert und trotz des aufwendigen Layouts schnell zu laden.

Auto-News

http://www.auto-news.de

Wie werden die Autos der Zukunft aussehen und was wird dank ihrer möglich sein? Die Zeitschrift Auto-News verrät es den Lesern bis ins Detail. Toll sind z.B. die vielen Designstudien der verschiedenen Hersteller: In Wort und Bild erfährt man, wie etwa der „Bugatti 18/3 Chiron" aussehen wird und welche Aspekte den Konstrukteuren bei der Planung wichtig waren. Dies ist aber nur ein Detail der Site; egal, wie groß die Zahl der Räder am jeweiligen Fahrzeug auch ist: Für alle gibt es hier Neuigkeiten zum Fahren, Kaufen und Ausstatten. Technik- und Testberichte verraten die Geheimnisse aller Fahrzeuge. Hervorragend sind die Updates zu vielen Datenbanken, die Messetermine und die Adressen vieler Automobilmuseen.

Autozeitung

http://www.autozeitung.de

Eines der umfassendsten Magazine rund ums Automobil ist die Autozeitung, die Freunde des Motorsports ebenso bedient wie Technikfreaks und ganz normale Autofahrer, die einfach wissen möchten, was der Markt gerade hergibt. Die Online-Ausgabe der Autozeitung zeigt im Inhaltsverzeichnis sämtliche Artikel des aktuellen Heftes und veröffentlicht einige

Homepage Auto-Motorrad.de

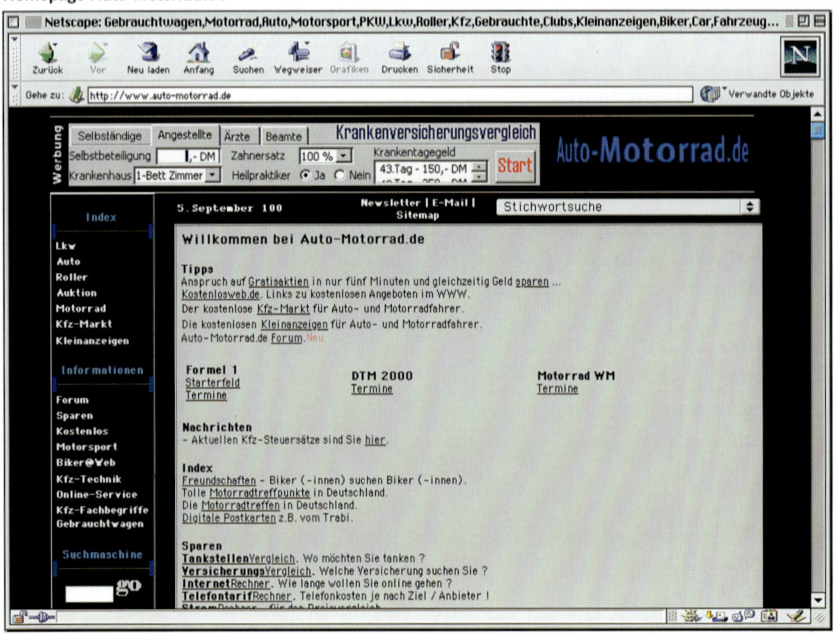

gekennzeichnete Berichte auch im Netz. Die WWW-Versionen aller Artikel der vergangenen zwei Jahre können im Archiv recherchiert werden. Hervorragend ist die Linksammlung, die nicht nur die Verbindung zu den bekannten Marken schafft, sondern auch zu Versicherungen, Online-Mitfahrzentralen oder Fahrschulen.

Link-Liste aller deutschen Tageszeitungen

http://www.bdzv.de/online

Zum Glück haben die meisten deutschen Tageszeitungen inzwischen ihre eigenen Homepages, in denen auch der Kleinanzeigenteil wiedergegeben ist. Die Suche nach einem Gebrauchtwagen lässt sich so bestens regional einschränken und verkürzen, ohne dass man sich am Kiosk mit überflüssigen Papierbergen eindecken muss. Hier haben sich die verschiedenen Blätter zusammengefunden – und von da aus geht die Suche los!

Car and Driver Online-Magazin

http://www.caranddriver.com

Freunde amerikanischer Autos sollten einen Blick in die Online-Version der Zeitschrift „Car and Driver" riskieren. Die Straßenberichte sind sicherlich nicht das Interessanteste für Leser von unserem Kontinent, aber dafür gibt es eine Rubrik, die sämtliche amerikanischen Autohersteller vorstellt. Weiterhin werden Berichte von den Automessen geliefert, und unter „Then and Now" finden sich Rückblicke auf die Automobil-Geschichte. Sprachliche Hürden können dank des Technik-Glossars überwunden werden.

Car News

http://www.carnews.de

Car News hat sich grundsätzlich auf Nachrichten rund ums Autowesen konzentriert. Ohne großes Herumsuchen darf der User bei den carnews.de schnell nach Aktuellem über sein Lieblingsauto stöbern. Auch wenn sich die Homepage mehr auf exklusivere Fahrzeugklassen konzentriert, findet man unter der Rubrik „News" Neuigkeiten über Opel & Co., aber auch Brandheißes über die beliebten Dummys und Deutschlands Waschstraßen.. Die Informationsbörse scheint unabhängig zu operieren, denn – des einen Freud, des anderen Leid – es finden sich keine Links zu Firmen oder Händlern. Zum Zeitpunkt der Recherche waren einige Menupunkte noch in Arbeit, so hatte man beispielsweise keinen Zugriff auf Daten von Mercedes oder Saab. Allein dieser Umstand sollte Sie schon dazu verführen, es einmal selbst zu probieren. Denn der einsehbare Rest war von gehobener Qualität.

Car & Truck News

http://www.car-truck.com

Die täglich aktualisierten Meldungen der „Car & Truck News" sorgen dafür, dass Sie immer bestens informiert und somit ständig auf dem neuesten Stand sind – wenn Sie Englisch verstehen. Die Besonderheit dieser Site ist jedoch, dass hier nicht nur die aktuellsten Fakten präsentiert werden, sondern auch Gerüchten nachgegangen wird. Ferner stellt die URL etliche Modelle vor, die dem Automarkt erst in Zukunft ihre Ehre erweisen werden. Der „Review-Sektor" schließlich wartet mit Fahrzeugtests und -berichten auf, in denen die Gefährte gehörig auf Herz und Nieren geprüft werden.

DINO-Online: Magazine zum Thema Auto & Motor

http://www.dino-online.de/seiten/go06zau.htm

Man kann sich nur schwer vorstellen, dass es irgendwo noch eine tolle Website zum Thema Auto und Motor gibt, die in diesem Kompendium noch nicht verzeichnet ist. Nehmen wir es trotzdem einmal an: Bei Dino wird man sie finden. Die Linkliste von Dino bietet Ange-

bote zu den Bereichen Auto, Bahn und Motorrad, wobei die Online-Magazine an erster Stelle stehen. Sei es also ein Magazin für Elektrofahrzeuge o.ä., hier wird man selbst bei exklusivsten Wünschen fündig.

Drive-in.at – Die Autowelt im Internet

http://www.drive-in.at

www.drive-in.at versteht sich mit Fug und Recht als größte Plattform zum Thema Auto und Motorsport im deutschsprachigen Internet. Die drei Hauptthemen Autowelt, Formel 1 und Motorsport sind auch durch dementsprechende URL's direkt anwählbar. Die Autowelt besticht durch ein umfangreiches Testarchiv mit vielen Detailbildern, die via Datenbank abrufbar sind. Besonderen Wert legt die Crew auf journalistische Qualität, jedes Auto wird auf Herz & Nieren durch getestet. Das Angebot reicht von vernünftigen Klein- und Familienwagen über Leckerbissen von Ferrari & Co, die die Herzen von Autoenthusiasten höher schlagen lassen. Interaktive Elemente sind in Form eines kostenlosen Bazars und eines Diskussionsforums eingefügt. Last but not least: die schönsten Motorrad Touren kompetent und ausführlich beschrieben, mit Roadbook. Erwähnenswert ist neben der gelungenen grafischen Gestaltung die klare Infostruktur und überzeugende Benutzerführung.

ESPN Racing

http://espn.go.com

Fakten, Aktuelles, Klatsch und Tratsch – die Homepage des amerikanischen Sportsenders ESPN verfügt über alles, was ein gutes News-Magazin heutzutage bieten muss. Auf der rein englischsprachigen Site orientiert man sich, dem Ursprung gemäß, an den amerikanischen Sportevents und Profiligen. Eine gute Gelegenheit für all diejenigen also, die beispielsweise ausführliche Hintergrundberichte zur US-Cart-Meisterschaft haben wollen oder anderweitig an amerikanischem Spitzen(motor)sport interessiert sind.

Homepage Drive in

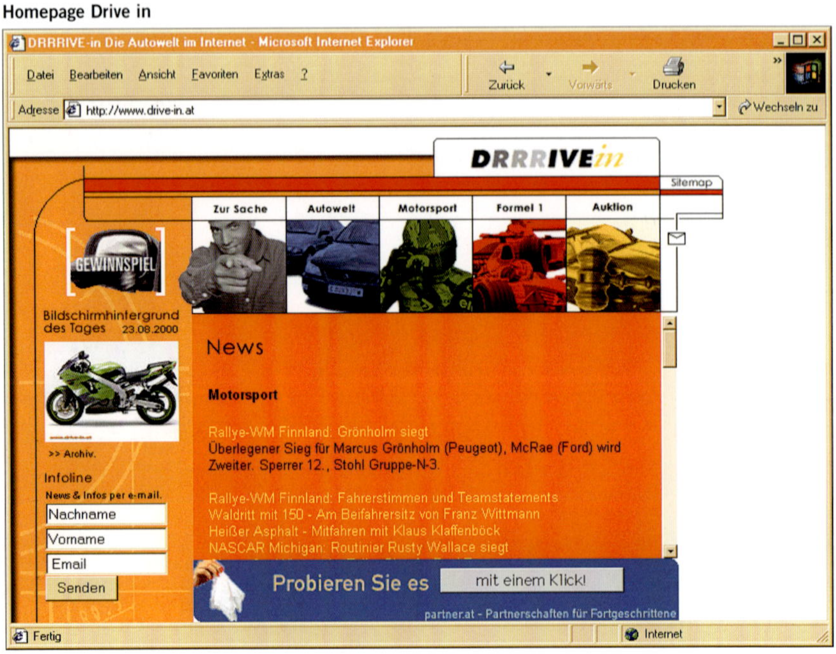

Faszination Oldtimer auf N-TV

http://www.faszination-oldtimer.de/programm/index.html

Jedes Medium hat seine Vorzüge und Nachteile. Eine Zeitschrift glänzt durch die Ausführlichkeit ihrer Berichte, das Internet ist immer topaktuell und im Fernsehen überzeugt noch immer das bewegte Bild. Die Zeitschrift „Faszination Oldtimer" ist seit langem wegen ihrer hervorragend recherchierten Reportagen beliebt und lockt einmal im Monat Oldie-Fans qua Fernsehsendungen vor die Mattscheibe, zum privaten Kanal N-TV. Im Internet, unter dieser Adresse, erfährt man die genauen Sendetermine und erhält eine Vorschau über die anstehenden Themen. Auch die bereits gesendeten Folgen werden zusammengefasst und mit den begleitenden Berichten der Online-Ausgabe verlinkt.

Gute Fahrt: Auto-Special von Audi und VW

http://www.gute-fahrt.de

Die Besitzer von Autos der Marke VW und Audi genießen einen ganz besonderen Service: Nur für sie erscheint das Auto-Special „Gute Fahrt", das das Fahrvergnügen zum Hochgenuss werden lassen kann. Wer z.B. einen bereits erschienenen Bauplan haben möchte, damit in das Audi TT Coupé eine Freisprechanlage nachrüstet werden kann, oder wer ein altes Heft verbummelt hat, der erhält alle gewünschten Informationen per Faxabruf. Auch in der Rubrik „Rat und Tat" erhält man von fachkundigen Spezialisten präzise Auskünfte für die Umsetzung individueller Wünsche. Dazu kommen Testberichte, Neuigkeiten, ein Gebrauchtwagenmarkt und ein hervorragendes Leserforum.

Historischer Filmservice

http://www.historischer-filmservice.de

Diese Homepage gehört zu den heißesten Tipps für das gesamte Internet! Der Historische Filmservice hat es sich zur Aufgabe gemacht, die auf Film festgehaltene Geschichte der Arbeit und der Industrie zu sammeln und auf Video zu überspielen. Da in diesem Bereich das Medium Film schon bald als Werbemöglichkeit erkannt wurde, sind viele filmische Frühwerke zum Thema Auto und Motor entstanden. Die Homepage enthält einen Übersichtskatalog, alle Videos können direkt bestellt werden. Auf Wunsch kann auch ein ausführlicher Printkatalog geordert werden. Die rund 200 Filme sind in verschiedene Fahrzeuggruppen unterteilt, wobei die Nutzfahrzeuge einen gehörigen Anteil darstellen. Daneben sind Spielfilme zu haben, Dokumentationen, Chroniken von Autorennen oder solche Schätzchen wie eine Zusammenstellung von Filmen zur Verkehrserziehung aus den 50er-Jahren.

Mobile.de-Magazin

http://www.mobile.de/magazin

Ein Internet-Gigant des motorisierten Sektors stellt sich vor: Der Zusammenschluss aller Gebrauchtwagenhändler macht es möglich, auch in den entlegensten Winkeln der Republik nach dem persönlichen Traumwagen zu suchen. Neben den angebotenen über 100.000 Autos, Motorrädern, Wohnwagen und LKW finden sich mit Sicherheit auch Amphibienfahrzeuge oder andere Exoten. Für diejenigen, denen der Kauf eines Autos über das Internet etwas waghalsig erscheint, erleichtern Kontakte zu Sachverständigen die Hemmnisse das „Risiko" mindern sollen bzw. die Scheu des Kunden vor der virtuellen Transaktion abbauen sollen. Wer möchte, kann sich selbst zum Marktschreier aufschwingen und seinen eigenen fahrbaren Untersatz mit Bild zum Verkauf anbieten. Das Online-Magazin von mobile.de versorgt jeden rund um die Uhr mit den Neuigkeiten aus der Automobilbranche und bietet einen Vorgeschmack auf das, was in einigen Jahren auf dem Gebrauchtwagenmarkt zu haben sein wird.

Motorcycle Online

http://www.motorcycle.com

Rasant geht es zu auf den Seiten von Motorcycle Online, dem nach eigenen Angaben „weltweit größten und meist gelesenem digitalem Motorradmagazin". Schon die Startseite des englischsprachigen Magazins quillt über an Informationen aus der Welt der Zweiräder. Richtig (Fahr-)Spaß kommt beim Betrachten des Video- oder Fotoarchivs auf. Selbstverständlich gibt es dazu auch noch was auf die Ohren: Im Audioarchiv werden auch die Lauscher bedient. Eine große Datenbank informiert über die aktuellsten Nachrichten und Trends aus dieser sehr lebendigen Szene, und wer auf der Suche nach einem Motorrad der letzten fünf Jahre ist, sollte die Suchfunktion ausprobieren. Ausführliche Test- und Erlebnisberichte runden das Angebot ab und machen Motorcycle Online zu einer Adresse, auf die man immer wieder abfährt!

Motor Presse Online

http://www.motor-presse-online.de

Das Online-Magazin von Motor Presse ist ein unverzichtbarer Ratgeber für alle, die im Besitz eines Führerscheins sind. Bei der Rechtsberatung werden Stammtischwetten aufgelöst, wie unklare Verkehrssituationen geregelt sind und viele Punkte es für welches Vergehen gibt. Die Sparte für Free- und Shareware bietet Fahrtenbücher, Lernsoftware und andere hilfreiche Programme. Schier grenzenlos sind die Kaufberatungen, bei denen man sich bei allen Herstellern zu mehreren Modellen informieren kann. Der Reiseratgeber führt zu den schönsten Autoreiserouten im In- und Ausland. Das eigentliche Magazin glänzt mit hervorragend recherchierten und sachlichen Berichten.

Motor Klassik online

http://www.motor-presse-online.de/Zeitschriften/Klassik/index.htm

Das Oldtimermagazin von „auto motor sport" bietet neben einem Einblick in gekürzte Artikel der aktuellen Ausgabe ein Archiv für die letzten Jahrgänge und die Unterlagen für ein Abonnement. Viel interessanter dürfte allerdings das Service-Angebot sein, das den Besuchern Museen vorstellt, Adressen für Clubs und Vereine bereithält und im Shop weiterführende Literatur anbietet. Leider sind die Termine nicht immer auf dem aktuellen Stand, aber das macht die Sammlung internationaler Links rund um die alten Automobile locker wieder wett. Diese sind – wie auch die Vereine – übersichtlich nach Herstellermarken sortiert und sollten keine Fragen mehr offen lassen.

OFF ROAD

http://www.off-road.de

Sämtliche Reifen für Geländewagen im Vergleich: Solche nützlichen Serviceleistungen erhält man nur als Special des Off-Road Geländewagenmagazins. Das Archiv glänzt auch durch die alphabetische Auflistung aller Fahrzeuge, über die in der Off-Road Berichte erschienen sind. Per Mausklick erhält man eine genaue Auflistung der erschienen Test- und Fahrberichte, die man sich gegen eine geringe Gebühr online bestellen kann. In der Börse kann man Gebrauchtwagen von privat erstehen – wenn man dank der Kaufberatung sein Traummodell gefunden hat.

Oldtimer-Markt

http://www.oldtimer-markt.de

Der Oldtimer-Markt bezeichnet sich als „die größte Zeitschrift für klassische Autos und Motorräder". Wer sich per Mausklick Zugang zum Doppeldecker verschafft, kann direkt im

Leserforum Platz nehmen und mit seinem Nachbarn über sämtliche Fragen zu alten Schmuckstücken fachsimpeln. Hervorragend sind auch die langen, übersichtlich gegliederten Clubadressen und der Veranstaltungskalender. Die Endstation jeder Fahrt bilden das aktuelle Heft inklusive Gesamtinhalt. Insgesamt eine tolle Präsentation, die alle Oldtimer-Liebhaber erfreuen wird, da sie mit ihrer Passion auf den gängigen Autohersteller-Sites üblicherweise kaum fündig werden.

Reifenportal

http://www.reifenportal.de

Ein Online-Magazin der anderen Art: Alle wichtigen News zur automobilen Branche können hier – stets topaktuell und topgepflegt – binnen Sekunden abgerufen werde. Was sich wie ein Zentralregister der Reifenindustrie anhört, ist ein Nachrichtenmagazin der Extraklasse! Hier finden alle Motor(sport)anhänger ihr Nirwana, schließlich wird keine Rubrik vernachlässigt: Ob Formel-1-News, zum Stand der Dinge in Sachen Autowirtschaft oder die Vorstellung der neuesten Motorroller, Scooter genannt: Das Reifenportal informiert schnell und zuverlässig.

Der Reitwagen

http://www.reitwagen.com

In Entwicklungs- und Katastrophenregionen, in denen der Reitwagen nicht erhältlich ist, hilft das Online-Magazin gegen Entzugserscheinungen. Jederzeit sind die aktuellen Veranstaltungen und Tourenberichte abrufbar. Private Wortanzeigen kosten für Reitwagen-Leser nichts, außer Briefporto und die Mühe einer lesbaren Handschrift. Der Shop dieser österreichischen Homepage sorgt dafür, dass man sein Heim nie mehr ohne „Kapperl" und „Leiberl" verlassen muss – für Banausen gibt es sogar einen Schirm im Angebot.

RTLAuto.de

http://www.rtlauto.de

Der Zündschlüssel steckt schon, man braucht nur noch umdrehen und ab geht die Fahrt. Mit dem Schaltknüppel manövriert man sich durch das Angebot der RTL-Autoseiten, die durch die „Ländereien" von Testberichten, kritischen Reportagen und Tipps und Tricks führt. Wie nicht anders zu erwarten, führt der Weg auch durch den Rennsportwald und überquert den reißenden Fluss der Verkehrspolitik.

Sport 1

http://www.sport1.de/Sportarten/Motorsport/Main.html

Sepp Herberger hatte Unrecht: Nicht elf, sondern drei Freunde sollt ihr sein. Das haben sich auch die Online-Redaktionen von „ran", „DSF" und „Sport-BILD" gedacht und eine Sportdatenbank ins Netz gestellt., die ihresgleichen sucht. Hier erfährt der Sportbegeisterte alles zu allen sportrelevanten Themen. Dass die Schwerpunkte dabei auf den populären Sportarten (z.B. Fußball, Formel 1, Boxen, Eishockey) liegen, ist nachvollziehbar. Die sportliche Site hält aber auch Nischen abseits der massenkompatiblen (Trend-)Sportarten parat und informiert auch darüber umfassend und topaktuell. Sehenswerte TV-Tipps und Umfragen ergänzen das Angebot von Sport 1, das in Kürze unter den sportiven Usern die Nummer eins sein dürfte.

Stern-Automagazin

http://www.stern.de/auto

Der Auto-Service des Stern-Magazins ist kaum zu übertreffen. Besonders die Dienstleistungen haben es in sich, denn sie reichen von rechtlich korrekten Muster-Kaufvertrag des

TÜV Süddeutschland zum Herunterladen in verschiedenen Formaten bis zu Online-Fragebögen und Ratgebern gegen Prüfungsangst bei der Führerscheinprüfung. Dazu sind Autokauf-Ratgeber, Bußgeldkataloge und ein Routenplaner am Start. Von den Fahrberichten und Features aus der motorisierten Welt und dem Rennsport ganz zu schweigen...

VAN

http://www.van-magazin.de

Ein überraschend tolles Design hat die Website des Van-Magazins, das hier mit seiner Online-Ausgabe angetreten ist. Das kostet zwar etwas mehr Ladezeit, was man aber gerne in Kauf nimmt. Dafür kann man sich anschließend durch ein üppiges Archiv klicken, in das man über eine Suchmaschine gelangt. Im Shop sind vor allem eine Menge Bücher zu haben, die mit ihren Informationen dort anschließen, wo eine Druckzeitschrift an ihre Grenzen gelangt.

Der 7. Sinn

http://www.wdr.de/tv/siebter_sinn

In Amerika hat es in der Vergangenheit eine Reihe spektakulärer Unfälle gegeben, bei denen der Airbag seine Aufgabe denkbar schlecht erfüllt hat. Woran das lag, und ob einen das mit den deutschen Sicherheitskissen auch passieren kann, erfährt man beim der Verkehrsservice des WDR-Archivs. Die Stichwortsuche ermöglicht, sämtliche Berichte der vergangenen Jahre rund um das Automobil abzurufen. „Der 7. Sinn", die Kultsendung des WDR, klärt in gewohnter Weise über die Risiken des Straßenverkehrs auf. Gerade zu Beginn der Herbst- und Winterzeit lohnt sich der Blick in diese Schatzkiste guter Ratschläge, um sich unnötige Rutschpartien und damit verbundene Auffahrunfälle zu ersparen.

NZZ Folio: Auto

http://www-x.nzz.ch/folio/archiv/1998/05/cover.html

Was in Deutschland die Frankfurter Allgemeine Zeitung oder die Süddeutsche Zeitung, das ist für die Schweiz die Neue Zürcher Zeitung: Journalismus auf höchstem Niveau. Wer sich auf dieser Ebene dem Thema Auto und Verkehr nähern möchte, der findet hier das Supplement „Folio", das sich im Mai 1998 diesem Thema widmete. Da wird dann auch Descartes bemüht, wenn unter der Überschrift „Ich fahre, also bin ich" darüber räsoniert wird, weshalb uns unser fahrbarer Untersatz so viel Selbstvertrauen gibt. Aber keine Angst, selbst hier schließen die Artikel mit Mantafahrer-Witzen ab. Die Artikel liegen online vor und sind sogar untereinander verlinkt, alle Ausgaben können aber auch bestellt werden.

Recht & Geld

Fahrschulen

Franzl's Fahrschule

http://www.call-data-net.com/fahrschule/index.htm

Dürfen Fahrradfahrer nun eigentlich in verkehrter Richtung durch die Einbahnstraße fahren, oder dürfen sie nicht? Es ist nicht immer einfach, bei den Änderungen der Straßenverkehrsordnung immer auf dem aktuellen Stand zu bleiben. Eine Möglichkeit, um auf dem Laufenden zu bleiben, ist der Besuch auf der Webseite dieser Fahrschule, die diese Informationen als Serviceleistung weitergibt. Daneben sind die aktuellen Preise für Fahrstunden und Anmeldegebühren wiedergegeben. Ein besonderes Plus ist die langjährige Erfahrung von Franzl's Fahrschule bei der Ausbildung von Gehörlosen.

Verlag Heinrich Vogel

http://www.fahren-lernen.de

Die ewigen Erzählungen von Onkel Ludwig, dass er seinen Führerschein damals mit zwei Fahrstunden gemacht habe, sind durch den Hinweis auf die eingeführten Pflichtstunden kaum zu entkräften. Wenn es um das Erwerben sicherer Fahrkenntnisse geht, helfen seine gut gemeinten Worte nicht weiter. Was bei der Auswahl der Fahrschule zu beachten ist, welche Inhalte bis zur Prüfung behandelt werden sollten und was bei der Prüfung selbst zu beachten ist, erfährt man auf der überraschend schick gestalteten Site fahrenlernen.de. Eine Checkliste liegt zum Herunterladen vor und auch für den Kauf des ersten eigenen Wagens werden viele hilfreiche Hinweise gegeben. Ach ja, ein Verzeichnis der Fahrschulen, in dem über die Postleitzahl gesucht werden kann, gibt es natürlich auch.

Fahrschule.de

http://www.fahrschule.de

Ob Vorbereitung auf die Prüfung, die Suche nach einer geeigneten Fahrschule in der Nähe oder Infos zum Verkehrsrecht und dem Bußgeldkatalog: Auf dieser Portal-Site sind Sie goldrichtig. Das Gleiche (und noch viel mehr) lässt sich auch unter www.fahrschulen.de abrufen. Egal, ob Plural- oder Singularadresse: Mit dieser/n Homepage/s steht dem Erfolg in puncto Führerscheinbestehen nichts mehr im Wege. Den Prüfer ausgenommen ...

fahrschulen.com: Über 16.000 Fahrschulen im Internet

http://www.fahrschulen.com

O.k., ok.: mehr geht nicht. Über 16.000 Fahrschulen auf einen Klick – wo gibt's denn so etwas? Natürlich nur im Internet, unter www.fahrschulen.com. Wer nicht weiter weiß und die Entscheidungsfindung bezüglich der richtigen Fahrschule schon vom Design der Außenfassade der Fahrschulgebäude abhängig machen wollte, der sollte zuvor hier einen Blick riskieren. Denn selten hat man als Fahrschüler die Gelegenheit, Fahrschulen (und ihre Lehrer!) derart gründlich in Augenschein zu nehmen, um Preise und Leistungen zu vergleichen. Über diese Domain findet man auch sehr schnell zu Spezial-Fahrschulen, die beispielsweise behindertengerechte Ausbildungen anbieten oder LKW-Führerscheine im Programm führen.

Fahrschul-Info

http://www.fahrschul-info.de

Die Fahrschul-Info ist ein Service des Bundesverbandes der Fahrlehrerverbände e.V. und jedem ans Herz zu legen, der gerade den Führerschein macht. Mit einer „Fahrschulsuch-

maschine" lässt sich hier aus einem Datenbestand von 16.000 Fahrschulen die passende am eigenen Wohnort herausfinden, und viele Links und Infos bereiten auf die Prüfung vor. Außerdem gibt es hier einen „Fahrschulsimulator" mit Online-Testfragen zur theoretischen Prüfung, der allerdings bei unserem Testbesuch nicht funktionierte.

Fahrschulportal.de

http://www.fahrschulportal.de

Ein Führerschein ist zwar heutzutage teuer, aber man hat (wenn man Alkohol- und Geschwindigkeitsexzesse sein lässt) eine Investition fürs Leben getätigt. Was es im Vorfeld alles zu beachten gilt, erklärt einem aber so gut wie niemand. Bei den älteren Generationen galten noch ganz andere Konditionen, und in Sachen Verkehrsrecht etc. hat sich allein in den vergangenen fünf Jahren etliches geändert. Was tun? Die Lösung ist ganz einfach: unter dieser Adresse einloggen. Hier stehen die relevanten Fragen, die man sich im Vorfeld stellen muss, drin. Neben dem Regelwerk hilft eine Fahrschulsuchmaschine, die geeignete Ausbildungsstelle in Ihrer Nähe zu finden. Nur den Führerschein müssen Sie im Anschluss an Ihre Suche noch selber machen.

Fahrtips – Die Fundgrube zum Führerschein

http://www.fahrtips.de

Für jeden, der seinen Führerschein machen möchte, ist diese Website mit über 300 Seiten geradezu ein „Muss". Aber auch für diejenigen, die auf dem neuesten Stand der Verkehrsregeln sein möchten, hat die Site einiges in petto. Denn neben Tipps über Fahrschule, Probezeit und Bußgeld wird hier über die wichtigsten Verkehrsregeländerungen der vergangenen 15 Jahre informiert. Wenn Sie automatisch neue „Fahrtips-Themen" und Verkehrsregeln erfahren wollen, brauchen Sie nur Ihre E-Mail-Adresse in die Newsletter-Liste einzutragen, und Sie werden einmal im Monat auf dem Laufenden gehalten.

Fischer Fahrschule

http://www.fischer.geranet.de

Wenn man sich diese frische und witzige Website so beguckt, möchte man glatt in Gera, Dresden oder Umgebung wohnen, um den Führerschein zu machen. Ausführliche Infos zu den verschiedenen Führerschein-Klassen sowie Termine für die Theorie und sämtliche Adressen der Zweigstellen stehen dem Interessierten zur Verfügung. Um die erste Anzahlung für den Führerschein leisten zu können, empfiehlt sich das Gewinnspiel. Ein sehr schöner Zug von Fischers Fahrschule ist es, dass den Leuten, die ihre Fahrprüfung bestanden haben, eine eigene „Congratulation"-Seite gewidmet ist – sozusagen „Fischer's Hall of Fame"!

Aral: Die virtuelle Fahrschule

http://www.fuehrerschein.de

Wieder einmal gut gepunktet, doch leider nur in Flensburg ? Wer seine Theoriekenntnisse auffrischen möchte, findet bei der Aral-Fahrschule genau das Richtige. Nach kurzer Anmeldung hat man bereits die Qual der Wahl: Macht man den Führerschein Klasse B (ehemals Klasse III) oder doch erst mal den für Krankenfahrstühle? Hat der geneigte Nutzer sich entschieden, dann geht es erst richtig los. Glücklicherweise erlaubt es der bebilderte Multiple Choice-Fragebogen das „Spicken". Die Ergebnisse werden individuell gespeichert, der Nutzer kann sich seine Ergebnisse aber jederzeit noch einmal aufrufen. Bei speziellen Themen kann man die Suchoption nutzen, um sich die Fragen zum Wunschgebiet anzeigen zu lassen. Wem nach so viel geistiger Anstrengung nach Abwechselung zumute ist (beispielsweise shoppen), für den hält der benachbarte Aral-Store jede Menge Artikel zum Einkauf parat. Solche Möglichkeiten würden selbst die Herren aus Flensburg nicht kalt lassen...

fuehrerschein.net

http://www.fuehrerschein.net

Das Thema Fahrschule ist bekanntlich ein heikles. Schließlich geht es um Sicherheit und – nicht zu vergessen – eine Menge Geld. Nichtsdestotrotz wird, so wurde bereits 1997 seitens des Fachverbandes der Fahrschulen proklamiert, das Internet „zum Zentrum für Fahrschulen". Peter Schmidt hat rechtzeitig die Zeichen der Zeit erkannt und unter der globalen Adresse http://www.fuehrerschein.net sein Fahrschulangebot ins Netz gestellt. Hier findet man alles, allgemeine wie spezielle Informationen. Zum Beispiel, was man bei der Auswahl des Fahrlehrers beachten sollte. Interessant wird die Site aber auch durch eine Menge Details zu Spezialfragen wie ausländische Fahrerlaubnis, dem Europa-Führerschein oder dem so genannten Idiotentest. Weiterhin gibt es eine Reihe hilfreicher Links zu Seiten mit der Straßenverkehrsordnung oder Radarfallen (sic!). Die Liste mit den nach Städten geordneten Fahrschulen ist schließlich die umfangreichste Zusammenstellung dieser Art, und die Selbstporträts bieten weit mehr Information als die Gelben Seiten.

Greencars

http://www.greencars.de

Einsteigen, anschnallen, losfahren. Bei Greencars soll der Führerschein Spaß machen. Deshalb findet in der Fahrschule nicht nur der Unterricht statt, sondern hier werden auch Feten gefeiert oder gemeinsame Fahrten organisiert. Ohne Alkohol am Steuer, versteht sich.

EWG-Fahrschule

http://home.t-online.de/home/EWG-Fahrschule/ewg.htm

Fahrschulen gibt es an jeder Ecke, das ist schon richtig. Die hier vorgestellte ist jedoch besonders erwähnenswert, weil sie eines der größten Angebote hat. Dazu gehören nicht nur Ausbildungen für Bus- und LKW-Führerschein, sondern auch Kurse für behindertengerechte PKW. Dazu kommen die Mofa-Ausbildung, die Nachschulungskurse für Führerschein auf Probe und Punkteabbau in Flensburg. Interessant wird die Homepage auch durch die Links, die zu der neuen EU-Führerscheinregelung und dem neuen Bußgeldkatalog führen. Die angefügten Suchmaschinen ermöglichen es, zu weiteren Seiten zu gelangen. Nur die Fahrprüfung kann man leider noch nicht virtuell ablegen.

Fahrschule Werner Porkristl

http://www.nea-net.de/fahrschule-porkristl

Auch wenn sich der Eindruck aufdrängt, dass der Führerschein mit dem 18. Lebensjahr eine Selbstverständlichkeit ist, so gibt es doch eine ganze Reihe von Spätzündern unter den Anwärtern für die Fahrerlaubnis. Je später man darüber nachdenkt, eine Fahrschule zu besuchen, desto eher spielen viele mit dem Gedanken, dafür eine Ferienfahrschule zu besuchen – das gilt besonders für Großstadtbewohner. Die Schule von Werner Porkristl macht hierfür attraktive Angebote im Herzen Frankens. Wer möchte, kann auch die Theorieausbildung in seminarartigen Intensivkursen absolvieren.

Finanzierung

AutoInternetLine

http://www.ail.de

Die AIL macht es möglich. Hier können Sie sich ganz bequem ihr Auto online bestellen oder sich über die Möglichkeiten privaten und gewerblichen Leasings erkundigen und sofort mit der AIL in Kontakt treten.

AKB-Bank

http://www.akb-bank.de

Da hat man sich seinen Traumwagen ausgesucht, hat die Spritztour auf der Lieblings-250er bereits absolviert, um anschließend festzustellen, dass das Wichtigste vergesssen wurde: Wie realisiert man die langgehegten Jugendträume? Abhilfe schafft AKB. Seit nunmehr 70 Jahren ist die AKB-Bank mit ihren Finanzdienstleistungen am Markt und steht seitdem für einen besonderen Service im Bereich der Auto- und Motorradfinanzierung. Damit aus den juvenilen Träumen im Alter nicht bloß Schäume werden...

ALD AutoLeasing

http://www.ald.de

Die ADL AutoLeasing GmbH ist Deutschlands größte herstellerunabhängige Auto-Leasing Gesellschaft. Die ADL ist ein Spezialist in marktneutralem Fahrzeugleasing und Fuhrpark-management.

Audi-Bank

http://www.audibank.de

Die Audi-Bank präsentiert sich sportiv jung-dynamisch und doch ganz zurückhaltend; zugegebenermaßen eine gelungene Mischung. Da Autos üblicherweise weniger von dem eigenen Geld bezahlt werden, sondern von dem der Bank, haben sich die Automobilgrößen dieses Kreditgeschäft nicht aus der Hand nehmen lassen. Bei Audi kann man sich auf der Homepage bereits einen Traumwagen im Showroom ausgucken und mit den persönlichen Extras ausstatten. Gleich danach werden online Finanzierungs- und Leasingangebote unterbreitet, fragen kostet ja nichts. Die Site wurde in Geschäfts- und Privatkunden untergliedert, so dass die unterschiedlichen Ausstattungen den jeweiligen Geldbeuteln angepasst werden. Oder umgekehrt.

Axon

http://www.axon.de

Wer nicht fährt, der fliegt – und umgekehrt: Axon verleast vom Auto bis zum Flugzeug alle denkbaren Mobilien an Firmenkunden bzw. Selbstständige und bietet überdies auch komplettes Fuhrparkmanagement an. Die Homepage ist trotz ihrer Textlastigkeit sehr übersichtlich und enthält alle Features zur Online-Vertragsabwicklung samt Angebotsanforderung, Vertragstext, wissenswerten Gesetzestexten und Presseurteilen.

BMW-Bank

http://www.bmwbank.de

Ist das Leben nicht viel zu kurz, um auf Freude am Fahren zu verzichten? Sicher eher eine Suggestivfrage, aber im Kern hat sie ihre Berechtigung. Schließlich hätten die wenigsten ein Auto, wenn sie sich dies erst kaufen müssten, also das Geld wirklich „flüssig" haben. BMW schafft diesbezüglich Abhilfe: Die Site zeigt das gewohnt elegant-sportliche Design von BMW und stellt ausgewählte Modelle mit Finanzierungsbeispielen von der BMW-Bank vor. Danach können eigene Traummodelle „zusammengebaut" und zur Probe berechnet werden. Gleiches ist auch für Gebrauchte und Motorräder zu haben.

Carprofessional

http://www.carprofessional.de

Ein Fuhrpark-Management aus einer Hand bietet das Car Professional Management der Deutschen Bank Gruppe. Dabei spielt es keine Rolle, ob es sich um eigen- oder fremdfinanzierte Fahrzeuge handelt. Individuelle Angebote können online erfragt werden.

Deutsche Automobil Treuhand GmbH

http://www.dat.de

Weniger Kosten durch den sinnvollen Einsatz von EDV: Darum kümmert sich insbesondere die Deutsche Automobil Treuhand GmbH aus Stuttgart. Die sparsamen Schwaben helfen anderen Unternehmen – besonders solchen aus der Automobilbranche – ebenso sparsam zu agieren und kosteneffizient zu arbeiten. Und ganz nebenbei finden interessierte User auf den DAT-Seiten auch einen Marktspiegel, der über die aktuellen Kurse für Gebrauchtwagen informiert.

DMAL Direkt Mototrrad & Auto Leasing GmbH

http://www.dmal.net

DMAL Direkt Motorrad & Auto Leasing GmbH ist eine Leasinggesellschaft, die sich auf den Vertrieb von Motorrädern und Autos konzentriert hat. Zu beiden Fahrzeugtypen gibt es ausreichend Modelle, von denen man sich auf der Homepage ein Bild machen kann.

DOMA Leasing & Industrievertretungen GmbH

http://www.doma.de

Der Leasingmarkt für Autos boomt, das beweist die aktuelle PKW-Angebotsliste von Doma Leasing & Industrievertretungen. Bei Fragen rund ums Leasing, auch aus steuerlicher Sicht, sollte man diese Site konsultieren, die über diverse Lösungen aufklärt. Das Ganze völlig undogmatisch, doch eine Frage bleibt: was heißt eigentlich DOMA? DerObolusMietAnteil? DanielOttoMichaelAndrea? DieOnlineMietAngebote? Fragen über Fragen...

Fiat-Bank

http://www.fiatbank.de

Das kühle Grau-grün der durchgestylten Fiat-Bank-Homepage mag nicht so recht zu den fröhlichen kleinen Autos aus Italien passen, die so gerne in knallrot oder knatschgelb gekauft werden. Zum Fiat-Konzern aber gehören auch die sportlichen Marken Lancia und Alfa Romeo sowie die Nutzfahrzeuge von Iveco; vor allem aber, und das ist vielen Autofahrern vielleicht unbekannt, die absoluten Edelmarken Ferrari und Maserati. Die Zeiten, in denen die Kundschaft mit einem Geldköfferchen zum Händler ging, um den „Maranello" in bar zu bezahlen, sind spätestens vorbei, seit es „Formula" gibt, das neue kombinierte Zahlungsangebot der Fiat-Bank, welches die Vorteile des Leasings mit der Finanzierung verbindet. Online-Rechner und reichliche Verweise auf andere Web-Präsenzen des Konzerns machen aus der Homepage eine runde Sache.

Ford-Bank

http://www.fordbank.de

Alles ist mittlerweile zum Erlebnis geworden, dank Erlebnisgastronomie, Erlebnisfahrschulen und vielen anderen Alltagsdingen, die zum Event geworden sind (oder entsprechend hochstilisiert werden). Die Homepage der Ford-Bank bietet jetzt die Möglichkeit, auch ihre Welt zu erleben und zu entdecken. Wer sich mit dieser neumodischen Wortwahl abfinden kann, hat dafür die Möglichkeit, eine wirklich informative Site zu sehen, auf der es noch mehr als die üblichen Online-Kalkulationen gibt. Ein schönes Detail steckt z.B. in der Geschichte der Ford-Bank, die ins Jahr 1926 zurückgeht und gemeinsam mit der „Tin Lizzy" den Anbruch eines neuen Produktions- und Marketingzeitalters anzeigte.

Hansa Automobil-Leasing

http://www.hansa-leasing.de

Im letzten Vierteljahrhundert hat Hansa bereits über eine Million Verträge mit privaten und gewerblichen Kunden abgewickelt. Diese Kompetenz setzt sich im Internetauftritt fort: Neben einem Auftragsformular zum Autoleasing steht auch eines zum Gebrauchtwagenkauf zur Verfügung sowie aktuelle Sonderangebote aus dem großen Fahrzeugpool des Hauses. In den Leistungen des Fuhrparkmanagements sind zahlreiche Extras enthalten wie z.B. Tankkarten, Wartungen und Übernahme zahlreicher Verwaltungsaufgaben.

LHS Automobil-Leasing

http://www.lhs-leasing.de

Man muss ein Fahrzeug nicht unbedingt kaufen, um es zu fahren. Beim Leasing bezahlt der Kunde nur für die Nutzung des Wagens und schont so sein Eigenkapital. Mit über 46.000 Vertragsfahrzeugen ist die LHS die größte banken- und herstellerunabhängige Gesellschaft für Automobil-Leasing in Deutschland. Welche Dienstleistungen die LHS anbietet und was das dem Kunden bringt, wird im Web ausführlich erläutert. Ein reizendes Detail für Chefs ist dabei der Online-Kalkulator des Dienstwagen-Modells. Die Frage, ob sich eher eine Gehaltserhöhung oder ein Firmenwagen zur Mitarbeitermotivation lohnt, lässt sich direkt am Bildschirm klären. Wohltuend der klare und sachliche Aufbau der Website.

Mercedes-Benz LeaseFinanz

http://www.mblf.de

Damit der Kauf eines neuen Wagens aus der Stuttgarter Edelschmiede niemandem auf brutale Weise Löcher in das Portemonnaie reißt, gibt es auf der Homepage der Mercedes-Benz LeaseFinanz den behutsamen „Softfinder", der das richtige Finanzierungsangebot für jeden Kunden ermittelt. Die Homepage dieser Unternehmensbank ist auch deswegen am besten gelungen, da sie sich am ausführlichsten selbst vorstellt und Unsicherheiten in Sachen Datenschutz am ernsthaftesten behandelt.

neuwagenpreise.de

http://www.neuwagenpreise.de

Hier haben Sie die Möglichkeit, nach Marken geordnet das günstigste registrierte Angebot Ihres gewünschten Neuwagens zu recherchieren. Im Gegenzug können Sie per Webformular günstige Preise selbst melden und so den Service aufrechterhalten. Wenn es also ein VW New Beetle für weniger als 30.000 DM sein soll oder ein Maserati mit allen erdenklichen Schikanen oder sogar eine Aprilia (auch das gibt's!), dann führt der Weg demnächst nicht zu Freunden, Verwandten und Bekannten, sondern direkt hierher!

Nissan-Bank

http://www.nissan-bank.de

Was gibt es heute noch für 99 DM? Genau, fast überhaupt nichts. Außer einem Nissan, der für 99 Mäuse im Monat durch die Nissan-Bank finanziert wird. Die genaueren Konditionen sind auf der Site nachzulesen. Das allein überrascht niemanden, wohl aber die ansprechende Gestaltung, die geschickt die Waage hält zwischen der notwendigen Ernsthaftigkeit einer Banken-Homepage und dem humorvollem Versuch, den Besuchern Appetit auf den Kauf eines neuen Wagens zu machen.

Opel-Bank

http://www.opelbank.com

Eher sparsam geht man auf der Homepage der Opel-Bank mit Informationen um. Dabei brauchen sich die hauseigenen Finanziers der Rüsselsheimer nicht zu verstecken, denn fast die Hälfte aller Opel-Fahrzeugkäufe wurde in den letzten Jahren mit der Opelbank abgewickelt. Hinter dem Begriff Masterlease steht der stetig wachsende Zweig des Flottenma-

nagements, womit die Opel-Bank die Verwaltung des Wagenparks ganzer Unternehmen abwickelt. Ein Online-Rechner zur Tarifbestimmung liegt zurzeit im Shockwave-Format vor, was bei einigen Browsern zunächst die Installation des Plug-Ins erfordert.

Renault-Bank

http://www.renault.de/bank/frcenter.htm

„Freiraum, Schutz und Sicherheit" verspricht die Renault-Bank ihren Kunden. Sollte hier jemand einen Schwindel vermuten, dann kann man sich auf der übersichtlichen Site vom Gegenteil überzeugen. Leasing- und Finanzierungsmodelle sind für alle Modelle zu haben, wobei es immer Sonderangebote für ausgewählte Fahrzeuge gibt. Ein regelmäßiger Blick auf die Homepage lohnt sich also. Wenn die Finanzierung geregelt ist, macht eines der günstigen Versicherungsangebote auf der Site die Sache perfekt – auch beim Kauf eines Gebrauchten!

EurotaxSchwacke

http://www.schwacke.de

Egal, ob Fahrzeug- oder Zweiradbewertung: Die Experten sind sich einig darüber, dass die Experten in puncto Preistaxierung bei EurotaxSchwacke sitzen. Und die wiederum sitzen erfreulicherweise auch im Internet, und zwar unter dieser Adresse. Wer also wissen möchte, was sein Fortbewegungsmittel wert ist, sollte unbedingt hierher surfen und sich kundig machen. Doch bitte hinterher nicht enttäuscht sein, dass nicht mehr dabei rausgesprungen ist: Die Bewertungskriterien der „Schwackisten" sind z.T. gnadenlos – aber gerecht!

VO Leasing

http://www.voleasing.de

Firmen, die durch Leasing Steuern sparen möchten, sind bei Voleasing.de richtig. Hier finden Sie Gebraucht- und Neuwagen und ein Programm zur Berechnung der Leasingraten. Da gibt es z.B. den schnuckeligen Lupo für 298.- DM oder – ganz aktuell – der neue Audi A 2 für weniger als 400.- DM monatlich. Wer möchte, kann versuchen, individuelle Raten auszuhandeln, ein Kalkulator hilft dabei. Außerdem können Sie sich kurz über die wirtschaftliche Bedeutung informieren.

Volkswagen-Bank

http://www.volkswagenbank.de

Wer kann heute sagen, was morgen sein wird? Und wer mag andererseits für den Kauf eines Wagens alles andere zurückstellen, damit ihn die Zinsen nicht auffressen und er das Auto schnell sein eigen nennen kann? Einen Mittelweg aus diesem Dilemma bieten die vielfältigen Finanzierungsmodelle der Autobanken. Ein gelungenes Beispiel für die Internet-Präsentation solcher Angebote stellt auch die Homepage der Volkswagen-Bank dar. Geschäfts- und Privatkunden erhalten eine fast schon persönlich zu nennende Betreuung, bei der eingangs die grundlegenden Unterschiede der Finanzierungskonzepte erläutert werden.

Kfz-Versicherung

aspect online: Versicherungsvergleich

http://www.aspect-online.de

Blicken Sie noch durch den Tarifdschungel der unzähligen Versicherungen? Sind Sie sich ganz sicher, dass Sie die momentan bezogenen Leistung für Ihr Auto bei einer anderen Versicherung nicht günstiger beziehen könnten? Wenn nicht, besuchen Sie doch die Homepage von aspect online. Sie brauchen nur die Daten Ihrer jetzigen Kfz-Versicherung einzu-

geben, diese werden anschließend mit denen von über 80 Versicherungen (entspricht einem Marktanteil von 85 %) hinsichtlich Kfz-Haftpflichtversicherung, Kaskoversicherung, Schutzbrief, usw. verglichen. Prämienunterschiede von mehreren hundert Mark werden auch Sie ins Grübeln bringen. Oder benötigen Sie eine neue Doppelkarte? Auch das ist kein Problem, denn hier können Sie sich Ihre persönliche Doppelkarte zur Vorlage bei der Zulassungsstelle drucken.

Autoversicherung Oldenburg AG

http://www.a-und-o.de

Preiswerte Kombinationstarife und attraktive Beitragsnachlässe: das bietet Ihnen die „A & O Autoversicherung Oldenburg AG". Der Service am Kunden ist bei den Oldenburgern das A & O, was sich u.a. dadurch äußert, dass in jeder Kfz-Haftpflichtversicherung ein so genannter A&O-Wertbrief enthalten ist, der Sie in Notfällen befähigt, sofortige Hilfe zu erhalten – und das 24 Stunden am Tag, europaweit. Zudem erhalten Mietwagenfahrer mit den A&O-Servicekarten kostenlosen, europaweiten Haftpflichtversicherungsschutz. Sie sehen: hier wird Ihnen kein X für ein U vorgemacht, mit A & O fahren Sie sicher.

AutoDirekt Versicherung

http://www.autodirekt.de

Die AutoDirekt-Versicherung hat sich den vollen Internetservice zum Ziel gemacht. Neben den Tarifrechnern hat man die Gelegenheit, eine grüne Versicherungskarte zu bestellen, eine Doppelkarte zu ordern oder einen Änderungsantrag zu stellen. Die Online-Schadensmeldung und der Tarifrechner sind obendrein auch zu haben. Dabei stellt sich das Unternehmen mit am ausführlichsten selbst vor. Auch die Konzernneuigkeiten und eine Jobbörse sind mit auf der Homepage vertreten. Analog zu den massiven Werbeeinsätzen in den klassischen Medien wuchern die „Direkten" also auch im Web mit ihren Pfunden.

Belmot – die Oldtimerversicherung

http://www.belmot.de

Oldtimer sind etwas ganz Besonderes – und für ihre Besitzer verständlicherweise besonders wertvoll. Belmot verschafft Ihnen die nötige Sicherheit für Ihren Klassiker. Ob schwarzes, rotes, Saison- oder historisches Kennzeichen, alle Varianten können über Belmot versichert werden. Ein ganzjähriger Haftpflicht-Versicherungsschutz zu einem äußerst günstigen Jahresbeitrag, eine mit Mindestbeiträgen versehene Kaskoversicherung und optionale Zusatzversicherungen, wie zum Beispiel die Insassen-Unfallversicherung oder die Verkehrs-Rechtsschutzversicherung, sorgen dafür, dass Sie die Fahrt mit Ihrem Gefährt unbeschwert und sicher genießen können.

Capital: Analyse der Autoversicherer

http://www.capital.de

Der Tarifwirrwarr in der Autoversicherung mit seinen Vertragsklauseln und Kündigungsfristen wird immer undurchschaubarer. Das Wirtschaftsmagazin Capital macht Schluss damit. In der Rubrik „Private Sachversicherungen" haben Sie die kostenlose Gelegenheit, sich anhand eines interaktiven Prämienvergleiches für die Kasko- und Haftpflichtpolicen eine persönliche Analyse zur Autoversicherung erstellen zu lassen. Die „Computeraktion" liefert Ihnen eine noch detailliertere Berechnung zur Kfz-Berechnung – sogar für Campingfahrzeuge und Zweiräder. Des Weiteren lernen Sie hier, wie Sie die Versicherung richtig wechseln und „Was Autoversicherer so taugen", wo Verkehrsanwälte Stellung zum Service der Versicherer beziehen. Außerdem erhalten Sie hier reichlich „Tipps für den Schadenfall": U.a. erfahren Sie, dass die Versicherung möglicherweise auch bei „grober Fahrlässigkeit" zahlen muss.

Cargarantie

http://www.cargarantie.de

Keine Versicherung im eigentlichen Sinne, aber fast so sicher – das ist die Idee hinter Cargarantie, Deutschlands erstem und größten Garantiegeber für Gebrauchtfahrzeuge. Rund eine halbe Million Autos werden hierzulande mit der Cargarantie verkauft, denn wer mehrere Tausend Mark in einen Wagen investiert, sollte einen gewissen Schutz vor bösen Überraschungen haben. Da durchschnittlich an jedem (!) Gebrauchtwagen innerhalb eines halben Jahres nach Anschaffung bereits Reparaturen anfallen, wofür teure Motorschäden zu einem nicht unbeträchtlichen Teil beitragen, bedarf es kaum weiterer Argumente, beim Kauf auf eine Cargarantie gesteigerten Wert zu legen. Sie gilt in ganz Europa ohne Kilometerbegrenzung und enthält sogar eine Mobilitätskostenerstattung für den Schadensfall. Die Homepage der Cargarantie enthält natürlich auch eine Gebrauchtwagenbörse und Links zu weiteren praktischen Autoseiten im Internet.

Autofahrer im Dialog mit der Generali

http://www.dialog.bayern.com

Die Dialog Versicherungs AG ist Teil des großen Generali-Konzerns und als besonders preisgünstige Gesellschaft im Markt der Autoversicherer platziert. Neben der Kfz- bietet sie ausschließlich Unfallversicherungen an. Besonderen Wert legt die Dialog dabei auf Tarifklarheit und den Verzicht auf ausufernde Rabattmodelle; laufende Beitragserhöhungen sind die Ausnahme. Entsprechend übersichtlich ist die Homepage angelegt; alle notwendigen Infos lassen sich sofort auffinden; besonders hohen Nutzwert hat das „ABC“, welches tabellarisch alles Notwendige zur Fahrzeugzulassung, -um- und -abmeldung zusammenfasst – diese Seite sollte sich jeder Autobesitzer ausdrucken und in seinen Unterlagen verwahren.

Europa Versicherungen

http://www.europa.de

Die Europa-Versicherung sichert das Leben, die Rente, Heim und Hof ab. Für Autofahrer ist sie aber auch wegen ihrer Auto-Versicherungen eine wichtige Adresse. Sie führt zur Kfz-Haftpflichtversicherung sowie zur Kasko- und Insassenunfallversicherung. Bei jährlich steigenden Unfallzahlen sicherlich ein Bereich, in dem nicht an der falschen Stelle gespart werden sollte. Die Site bietet außerdem einen Online-Rechner für sämtliche Tarife. Wer mag, kann auf diesem Wege auch seinen Aufnahmeantrag stellen. Im Ernstfall können Schadensmeldungen ebenfalls online eingereicht werden.

Kfz-Sachverständigenbüro W. Hagmans

http://www.hagmans.de

Ein Paradebeispiel für eine gelungene Internetpräsentation eines Sachverständigenbüros stellt die Homepage von Wilhelm Hagmans dar. Ein Gutachten kann bei den verschiedensten Gelegenheiten erforderlich werden. Im kfz-technischen Bereich wird es vorwiegend nach einem Unfallschadensereignis zur Beweissicherung von Ansprüchen gegenüber dem Schadensverursacher oder dessen Versicherung notwendig, und in so einer empfindlichen Situation ist es gut zu wissen, welchem Gutachter man vertrauen kann. Sehr sachlich werden hier die angebotenen Dienstleistungen vorgestellt, die auch Wertschätzungen, Aggregatschäden und Sondergutachten umfassen – selbst bei Oldtimern oder Landmaschinen.

Kfz-Sachverständigenbüro Perschel

http://home.t-online.de/home/perschel

Geld heilt doch nicht die Wunden, die ein vollkommen beschädigtes Auto im Herzen hinterlässt – spätestens nach einem Unfall merken viele, wie sehr sie an einem Haufen Blech hängen. Dennoch ist es sinnvoll, einen guten Sachverständigen zu haben, der seinen Teil zur Schadensregulierung zügig beiträgt. Maßstäbe setzt das Sachverständigenbüro Perschel allein schon durch die Programmierung von Software zur professionellen Gutachtenerstellung. Für interessierte Fachkollegen stehen hierfür Informationen sowie ein Mustergutachten zum Download bereit. Gutachten können so über das Internet per E-Mail-Attachment an die Versicherungen gesandt werden, ganz unabhängig von deren Betriebssystem und ohne weitere Anpassungen und Konvertierungen.

HUK-Coburg Versicherungen

http://www.huk.de

Unbezahlbar ist das gute Gefühl, immer in Schutz genommen zu werden – egal, was man angestellt hat. Das schätzen nicht nur Kinder an ihren Eltern, sondern auch Erwachsene an ihrer Versicherung – sobald sie sich über die grundsätzliche Unzulänglichkeit des Menschen klar geworden sind. Die HUK-Coburg macht im Internet interessante Angebote, die den Vergleich nicht scheuen brauchen. Deshalb kann man das Ergebnis eines Tests unter Autoversicherern einsehen, bei der die HUK den ersten Platz belegte.

Sun Direct Versicherungen

http://www.kfzpraemie.de

Das Versicherungsunternehmen „Sun Direct" hat sich in der jüngsten Vergangenheit erfolgreich darum bemüht, mit ihren differenzierten Tarifen Aufmerksamkeit auf sich zu ziehen. Die Homepage bietet die Möglichkeit, ein Fahrerprofil zu entwickeln und den günstigsten Versicherungstarif zu ermitteln. Daneben werden andere Versicherungsmöglichkeiten, wie z.B. der Familien-Unfallschutz vorgestellt. Die Seite glänzt dabei u.a. durch ihre klare Gliederung, dank der man sich schnell zurechtfindet.

Mein-Auto.de

http://www.mein-auto.de

Egal ob Sie ein gebrauchtes Auto kaufen oder verkaufen möchten, sich für einen Neuwagen interessieren oder einfach nur wissen wollen, was Ihr eigener Pkw noch wert ist: Die Firma Eurotax Schwacke und die Öffentlichen Versicherer im Internet geben Ihnen die Antworten zu Ihren Fragen. Völlig kostenlos können Kunden vom Service dieser beiden Partner, der aus Gebrauchtwagenschätzung und Neuwagenpreisermittlung besteht, Gebrauch machen. Einfach Fahrzeugart (PKW, Transporter oder Geländewagen) eingeben und los geht's.

Ingenieurbüro Skiba

http://www.mobile.de/sachverstaendige/skiba

Die Sachverständigen des Ingenieurbüros Skiba in Potsdam bieten geballte Kompetenz der dreifachen Art: Zwei Diplomingenieure für Kfz-Technik und ein Karosseriebauer sorgen sich darum, dass im Falle eines Falles fachgerechte Expertisen erstellt werden. Die Leistungen im Einzelnen: Unfallschaden- und Wertgutachten für Fahrzeuge, technische Beweissicherung, Unfallrekonstruktion, Beweissicherung nach Verkehrsunfällen als Partner der GFU sowie Lackschadengutachten.

Oldie Car Cover

http://www.oldie-car-cover.de

OCC versichert Liebhaberfahrzeuge unabhängig vom Alter. Liebhaberfahrzeuge werden als Zweitwagen umsichtiger und seltener bewegt. Diese Tatsachen rechtfertigen spezielle Haftpflicht- und Kaskoprämien. Darüber hinaus können in der Kasko Reparaturkosten versichert werden, die in der Regel dann entstehen, wenn versicherungstechnisch ein technischer

Totalschaden vorliegt und die Reparaturkosten höher liegen als der Wert des Fahrzeuges. Ebenso können erhebliche Restaurierungskosten versichert werden, da auch diese meistens erheblich höher sind als der Marktwert des Fahrzeuges.

Real Garant Firmengruppe

http://www.realgarant.de

Die nahe Stuttgart ansässige Real Garant Gruppe vereinigt fünf Firmen aus den Sparten Versicherung, Marketingdienstleistungen, Informationssysteme und Handel, die alle im Automobilumfeld tätig sind. Wenngleich die Hompage nicht im allerneuesten Gewand erscheint, so sind die Firmenaktivitäten doch umso vielfältiger. Von der Vertriebssoftware für Autoverkäufer über Displays für den Kfz-Handel bis zu verschiedensten Versicherungen und Services reichen die Produkte der Firmengruppe. Die Autoversicherung nimmt als Aktiengesellschaft die Vorreiterrolle für die Gruppe in der expandierenden Dienstleistungsbranche ein; erste Akquisitionen im Ausland wurden nach dem Börsengang erfolgreich getätigt. So wird sich das Geheimnis, wie man getreu dem Firmenmotto mehr Autos mit „mehr Ertrag“ verkauft, vom Schwabenland aus weiter über den Erdball verbreiten.

Dresdner Restwertbörse

http://www.sachverst.de/restwertboerse/index.htm

Unfälle passieren – leider. Laut Statistik erwischt es uns alle irgendwann einmal. Die Kfz-Gutachter der Dresdner Restwertbörse helfen Ihnen bei der Schadensabwicklung u.a. mit kostenloser Beratung, Schadensgutachten, Kostenvoranschlägen, Wertermittlungen. Des Weiteren können Sie hier Ihr Unfallfahrzeug zum Verkauf anbieten oder selbst eins kaufen. Die PKW-Unfallfahrzeug-Datenbank bietet Ihnen zudem die Möglichkeit, nach beschädigten Autos Ausschau zu halten. Und falls Sie dort nichts finden, bietet die Dresdner Restwertbörse Ihnen eine kostenlose (regionale) Marktanalyse an. Dazu gibt's Infos zu Abschleppdiensten, Gebrauchtwagen und Händlern.

Homepage Oldie Car Cover

SSH

http://www.ssh-sachverstaendige.de

Die Organisationsgesellschaft der „Schaden-Schnell-Hilfe (SSH) Stationen zur Feststellung von Kraftfahrzeugschäden mbH" ist ein Zusammenschluss von rund 250 freien und unabhängigen Kraftfahrzeugsachverständigenbüros mit über 1500 Mitarbeitern. Die SSH erstellt nicht nur u.a. Fahrzeugbewertungen, Kraftfahrt-, Haftpflicht- und Schadensgutachten, Oldtimer-Bewertungen, Begutachtungen von LKW- und Autobusschäden sowie Schloss- und Schlüsselgutachten. Durchgeführt werden auch Branduntersuchungen und Unfall-Ursachenermittlungen. Alles in schneller und qualitativ hochwertiger Manier – seit mittlerweile über 25 Jahren.

Versicherungsladen

http://www.versicherungsladen.de/geschoss/1og/kfz/abt_kfz.htm

Wissen Sie, was ein „Lady Mobil" ist? Nein, kein neuer Stadtflitzer mit eingebauter Vorwärtseinparkvorrichtung. Auch kein Epiliergerät fürs Beauty-Case. „Lady Mobil" ist ein spezieller Versicherungs-Tarif für alleinstehende Frauen. Ja, sowas gibt's. Im Versicherungsladen, gleich um die Ecke. Denn der Versicherungsladen hält sich nicht an die Ladenschlusszeiten, sondern ist im Internet rund um die Uhr erreichbar. Und nicht bloß für Frauen: Sämtliche Versicherungs-relevanten Fragen (bevorzugt in puncto Auto & Mobiles) können hier gestellt werden. Natürlich stellen die Makler auch Preisvergleiche für Autoversicherungen an, des Weiteren können Oldie-Fans ihre antiken mobilen Schätzchen hier zu günstigen Konditionen versichern lassen.

WHW: Analyse der Autoversicherer

http://www.whw.de

Ihnen dabei helfen, Geld zu sparen: Das ist das Credo des WHW, eines unabhängigen Analyseunternehmens, das sich auf Verbraucherfragen spezialisiert hat. Der Tätigkeitsschwerpunkt dieser GmbH liegt im Vergleich von Versicherungsprämien, z.B. von Autoversicherungen. 94 Versicherungsgesellschaften sind dabei eine gute Basis für einen Vergleich. Wichtige Tipps zu Typenklassen, Rabatten, Haftpflichtversicherung, Teil- und Vollkasko usw. zeigen Ihnen, wie Sie möglicherweise Kosten sparen können. So erfahren Sie beispielsweise, dass Rabattverstöße mit bis zu doppelter Jahresprämie geahndet werden und die Insassen-Unfallversicherung nutzlos ist, da die Kfz-Haftpflichtversicherung alle Ansprüche, die an Fahrer und Fahrzeughalter gestellt werden, abdeckt. Auch Sondertarife wie Zweitwagen-, Partner-, Ehegatten-, Kinder- und Anfängerregelungen werden behandelt. Und wenn Sie im Falle eines Unfalles nicht sicher sind, ob Sie selbst bezahlen oder aber die Versicherung in Anspruch nehmen sollten, fragen Sie einfach die WHW. Reichlich Finanzsoftware und ein kostenloser monatlicher Newsletter runden das positive Bild dieses Unternehmens ab.

Sicherheit

Sehtest

http://www.augen.co.at/sehtest.htm

Eine unverzeihliche Nachlässigkeit ist es, wenn Autofahrer ihre Sehschärfe nicht regelmäßig überprüfen lassen. Teilweise verschlechtern sich diese Werte innerhalb weniger Monate dramatisch. Der Besuch dieser Website ersetzt zwar keinen angeleiteten Sehtest bei einem Optiker oder Augenarzt, aber er ermöglicht eine erste Einschätzung, wie es um das eigene Sehvermögen steht. Dabei wurden die unterschiedlichen Bildschirmgrößen und die Auf-

lösungen bei den Anweisungen beachtet. Für alle wurden verschiedene Abstände ermittelt, mit denen die Kraft des Augenlichts abgeschätzt werden kann. So gesehen sollten Sie vor dieser Homepage Ihre Augen nicht verschließen.

Crashtests beim AvD

http://www.avd.de

Das gestiegene Fahrzeugaufkommen auf Deutschlands Straßen hat leider den traurigen Nebeneffekt, dass die Zahl der Verkehrsunfälle ständig steigt. Um so wichtiger sind dann Quellen wie diese Homepage des Automobilclubs von Deutschland, auf der die Ergebnisse von Crashtests veröffentlicht werden. Was zum Beispiel der Beetle oder der Volvo S 70 in puncto Sicherheit hergeben, kann hier detailliert nachgelesen werden. Dabei haben auch Seitenaufpralltests stattgefunden, die nicht selbstverständlich zu solchen Bewährungsproben dazugehören. Die Bewertungskriterien des EuroNCAP-Härtetest werden dabei transparent gemacht, und „nebenbei“ wird auch die Sicherheit von Kindersitzen erörtert.

Clifford

http://www.avital.com

Ein weltweit anerkannter Experte für fernbedienbare Auto-Sicherheitssysteme ist die Clifford Electronics Inc. 1976 gegründet und mit Büros in den USA, in Kanada, Mexiko, Deutschland und England ist sie u.a. auch Inhaber des ISO-9001-Zertifikates (Anm.: ISO ist ein internationales Kontrollformat, das für seine strengen Regularien bekannt ist). Ein Beleg für die Innovationsfreudigkeit ist z.B. das „FACT“-System, das mittels Mikroprozessortechnologie dem „Falschen Alarm“ den Garaus macht. Da die Seite in reinstem Englisch abgehalten ist, sollten Sie ein Wörterbuch zur Hand haben.

DEKRA

http://www.dekra.de

Die Mütze macht den Dienstleister (populär): Michael Schumacher ist der Schirmherr einer gemeinsamen Aktion von Deutscher Verkehrswacht und der Dekra, bei der junge Autofahrer in den Dekra-Niederlassungen einen Safety-Check durchführen lassen können. Was sonst noch zu den Aufgaben und Tätigkeiten der Dekra gehört, kann man auf der Homepage nachlesen. Sie nennt sämtliche Bereiche des Dienstleistungsunternehmens, das sich für Sicherheit und Qualität der Menschen im Umgang mit Technik, Umwelt und Mobilität engagiert. Dazu kommen stets neue Pressemitteilungen und Stellenangebote.

Firstsurf Promillerechner

http://www.firstsurf.com/t_promille.htm

„Don't drink and drive“ ist eine einfache Lebensregel, die zum sprachlichen Allgemeingut geworden ist. Gerade im Zuge der Herabsetzung der Promillegrenze ist also höchste Achtsamkeit geboten, wenn man etwas trinken und trotzdem den Führerschein behalten möchte. Für Nutzenmaximierer, die nach dem Prinzip „Wie viel darf ich, damit ich noch straffrei fahren kann“ vorgehen, hat Firstsurf auf seinen Seiten einen Promillerechner zur Verfügung gestellt, der den Blutalkoholpegel richtwertmäßig bestimmt. Mittels Eingabeformular kann der Surfer aus einer Reihe von alkoholischen Auswahlmöglichkeiten seinen Konsum genauestens angeben und mittels Eingabe des Gewichts und des Geschlechts den daraus resultierenden Pegel bestimmen. Firstsurf weist jedoch darauf hin , dass der individuelle Alkoholpegel im Einzelfall noch von einer ganzen Reihe anderer Faktoren abhängt. Wer wirklich sicher gehen möchte, sollte weiterhin zum Mineralwasser greifen.

Garmin

http://www.garmin.de

Die Echolote mit Fischfinder sind mit Sicherheit nur etwas für die wenigen Besitzer eines Amphibienfahrzeuges unter den Usern, aber dieses Beispiel illustriert die ungeheure Breite der Angebotspalette von Garmin. Alles, was irgendwie GPS-gestützt funktioniert, wird mit Wort und Bild vorgestellt und erläutert. Unter der Rubrik „Redaktionelles“ finden sich Stichwortverzeichnisse, Begriffserläuterungen und Ratschläge zum Umgang mit einem Garmin-Empfänger. Ergänzt wird die Homepage durch die Händlerlisten, das Reparaturangebot und die Garantieleistungen.

Mohren Distribution

http://www.mohren.de

Nicht so sehr für den gemeinen Fahrer, wohl aber für Autohändler ist diese Homepage von Bedeutung, denn letztere werden hier an einen nicht zu unterschätzenden Vertrieb für Diebstahlschutz herangeführt. Daneben werden aber auch eine Reihe anderer Accessoires angeboten, wie z. B: Notstromversorgung, Lautsprecher oder Handsenderbatterien. Das alles mag seinen Sinn und Nutzen haben, aber wer außer James Bond braucht einen Fluchtwagen mit einer Alarmanlage, mit deren Hilfe man den Motor seines Wagens aus 400 Meter Entfernung starten kann? Abschließend ist nur noch vor den langen Ladezeiten bei den meisten Links zu warnen.

Oldtimer.de

http://www.oldtimer.de

Die Württembergische Versicherung bietet eine Reihe von Angeboten speziell für die Sicherheit von Oldtimern und Exoten. Bei deren Internetpräsentation werden bereits eine Reihe wichtiger Fragen beantwortet, die für diese Wagengruppen typisch sind. Was passiert mit der Versicherung bei Stillegung oder Abmeldung? Wie sieht es mit Versicherungen für Eigentümer von Oldtimern mit rotem Kennzeichen auf Dauer aus? Eingangs ist zu klären, welche Autos überhaupt zu den Exoten zählen. Danach werden die verschiedenen Gruppen erläutert und Preisbeispiele gegeben. Zusätzlicher Service ist eine Sammlung von verschiedenen Links rund um das antike Automobil.

DEA Mediathek

http://www.rwe-dea.de/dea/content/4_con.htm

Alle drei Minuten ereignet sich in Deutschland ein Verkehrsunfall. Das ist Besorgnis erregend. Doch Hilfe naht: seit nunmehr sieben Jahren bietet die DEA Mediathek, bestehend aus der DEA Mineralöl AG und der Deutschen Verkehrswacht e.V., kostenloses, audiovisuelles Material in Form von VHS-Video-Kassetten zum Thema „Verkehrssicherheit“ an. Der Online-Service wartet mit einem Ratgeber auf, der nicht nur den gewöhnlichen Autofahrer anspricht, sondern auch – mittels Schulwegtraining – praktischen Tipps für Fahrrad- und junge Autofahrer bereithält. Hier wird Sicherheit wirklich groß geschrieben.

Der 7. Sinn

http://www.wdr.de/tv/siebter_sinn

In Amerika hat es in der Vergangenheit eine Reihe spektakulärer Unfälle gegeben, bei denen der Airbag seine Aufgabe denkbar schlecht erfüllt hat. Woran das lag, und ob einen das mit den deutschen Sicherheitskissen auch passieren kann, erfährt man beim der Verkehrsservice des WDR-Archivs. Die Stichwortsuche ermöglicht, sämtliche Berichte der vergangenen Jahre rund um das Automobil abzurufen. „Der 7. Sinn“, die Kultsendung des WDR, klärt in gewohnter Weise über die Risiken des Straßenverkehrs auf. Gerade zu Beginn der

Herbst- und Winterzeit lohnt sich der Blick in diese Schatzkiste guter Ratschläge, um sich unnötige Rutschpartien und damit verbundene Auffahrunfälle zu ersparen.

Verkehrsrecht

Knittels Bußgeldrechner

http://www.bussgeldrechner.de

Da hat man den Salat: selbigen wollte man „mal eben schnell“ vom Pizzabäcker um die Ecke holen und ist dabei ins Sensorenfeld der Radaranlage der lokalen Polizeidienststelle geraten. Die freundlichen Herren haben einem noch zugewunken, aber man selbst war zu schnell (und zu hungrig!), dass zum Anhalten nun wahrlich keine Zeit blieb. Man konnte sich nur noch den ungefähren (Grenz-)Wert der Tachonadel merken. Also flugs zuhause an den PC gesetzt, den Salat gelöffelt und nebenbei nachgerechnet: Was kostet mich der vitaminreiche Spaß? Der Bußgeldrechner der Fahrschule Knittel ermöglicht es einem, schon im Vorfeld geeignete Maßnahmen in Anbetracht des zu erwartenden Bußgeldes zu ergreifen (Anwalt anrufen, Gürtel enger schnallen usw.). Hier erfährt man mittels Eingabe der Geschwindigkeit seinen neuen Punktestand nebst Konotabbuchung. Hoffentlich ist der Salat gut verdaut...

Werner Grygiers Tipps zum Verkehrsrecht

http://home.snafu.de/w.grygier

Unfälle gehören zu den unangenehmeren Vorfällen im Straßenverkehr. Was zu beachten ist, wenn es doch einmal kracht, erfahren Sie hier vom Fachmann. Er hilft mit wertvollen Tipps zum Verkehrsrecht im In- und Ausland und Hinweisen zur Schadensbegrenzung. Selbstredend findet sich auch ein Profil der Kanzlei von Werner Grygier und etliches besonders Lesenwertes, wie z.B. der Kurzabriss im Abschnitt „Unfallkriminalität“.

Pieszkallas Bußgeld-Seiten

http://home.t-online.de/home/bussgeld/menu.html

Schon wieder in eine Radarfalle gerast? Bei der Alkoholkontrolle auf die Frage „Haben Sie noch Restalkohol?“ lallenderweise – aber erzürnt – „Ich verbitte mir diese Bettelei!“ erwidert? Wer wissen möchte, wie viel Punkte er damit gerade in Flensburg „geholt“ hat, dem hilft ein Blick auf die „Bußgeld-Seiten“ von Frederik „Freddy“ Pieszkalla sicherlich weiter. Alle Fragen rund um die Regelungen des Straßenverkehrs werden hier beantwortet, von den Bestimmungen zum Euroführerschein bis hin zum richtigen Verhalten einem amerikanischen Sheriff gegenüber, der einen gerade rechts ran gewunken hat. Selbst Themen wie die kleine Kennzeichenkunde oder die Schulferien in der BRD werden nicht vernachlässigt. Diese Site ist ein Muss für alle (Wissens-)Durstigen.

esb Rechtsanwälte

http://www.kanzlei.de/unfall.htm

Der Alptraum eines jeden automobilen Menschen ist der Verkehrsunfall. Mit den esb Rechtsanwälten erhalten Autofahrer wichtige Informationen zum richtigen Verhalten am Unfallort, zu Ansprüchen von Geschädigten und Schäden, die im Ausland verursacht werden. Der „gesteigerte“ Alptraum ist ein Verkehrsunfall im Ausland. Keine Bange: Diesem Horrorszenario widmen sich die esb-Anwälte ausführlich.

Kfz.de: Verkehrsrechts-Links

http://www.kfz.de/rubrik.asp?RubrikID=132

Dem angeblich liebsten Kind der Deutschen ist diese Website gewidmet. Das Angebot bein-

haltet als ersten Schwerpunkt eine Gebrauchtwagenbörse. Zusätzlich existieren ein paar Verweise zu Händlern, Zubehörherstellern oder Clubs von Fans einzelner Fahrzeugtypen. Dies alles scheint allerdings noch sehr ausbaufähig. Schon heute lesenswert dagegen das Kapitel „Recht und Auto", mit aktuellen Urteilen und zahlreichen Erklärungen, die auch juristische Laien am Lenkrad verstehen. Seiten zum Thema „Geld und Auto" sind in Vorbereitung. Vielleicht wird dann auch das langweilig graue Layout der Website etwas aufgefrischt.

WEKO

http://www.mpu.de

Ihnen steht eine medizinisch-psychologische Untersuchung bevor? Die Verkehrspsychologische Fachpraxis WEKO macht Ihnen ein lukratives Angebot: Entweder Sie bestehen mit Hilfe des Trainingsprogramms, oder Sie bekommen Ihr Geld zurück.

Neelix – Online-Bußgeldkatalog

http://www.neelix.de

Sie möchten gern wissen, wie oft Sie es sich diesen Monat noch leisten können, an der Bushaltestelle zu parken? Das und noch viel mehr können Sie im Online-Bußgeldkatalog auf der Webseite von Rainer Lübkemeier nachlesen. Stets aktuell und im charmant unprofessionellen Fanzine-Design gehalten, stehen hier die Summen, derer man an den Verkehrspranger gestellt wird.

Götz Grunert präsentiert strafzettel.de

http://www.strafzettel.de

Der Datenhighway kennt kein Tempolimit. Das unterscheidet ihn von bundesdeutschen Straßen und Autobahnen. Dort wird's teuer, wenn man geblitzt wird, im schlimmsten Fall droht der Führerscheinentzug. Was bei Ordnungswidrigkeiten und Verkehrsdelikten an Strafmaß auf die Sünder zukommen kann, das steht hier. Der Initiative eines findigen Rechtsanwalts aus Berlin, Götz Grunert, ist es zu danken, dass nun niemand mit Internetzugang mehr im Unklaren darüber gelassen wird, was einem blüht, sollte der Wagen falsch geparkt oder die Geschwindigkeitsbegrenzung überschritten worden sein. Da allein 95 % der Ordnungswidrigkeiten Verkehrsangelegenheiten sind, ist es naheliegend, den Sachverhalt zum Gegenstand eines Forums zu machen. Weiterhin finden sich Auskünfte und Gesetzesauszüge u.a. zu „Recht der Fahrerlaubnis", „Straßenverkehrs-Zivilrecht" oder „Alkohol im Straßenverkehr". Diese Homepage verdient keine Strafe, sondern nur Lob.

DeutscherAnwaltVerein – Arbeitsgemeinschaft Verkehrsrecht

http://www.verkehrsrecht.de

Sie brauchen einen Anwalt, hier können Sie sich nicht nur über Verkehrsrechtfragen informieren, sondern über den Deutschen Anwaltsverein auch einen Anwalt suchen. Termine für regionale Veranstaltungen werden ebenso bekannt gegeben. Rund ums Auto dominieren die drei großen „Ts": Touren, Technik undThemen. Da dürfte jeder Ratsuchende fündig werden.

Verkehrsrecht Online

http://www.verkehrsrecht-online.de

Verkehrsrecht-online.de ist ein Internet-Informationsdienst zu Rechtsfragen rund um das Auto. Von Berichten über den Gebrauchtwagenkauf bis hin zu Versicherungen sind jede Menge Infos abzurufen. Auch häufig gestellte Fragen werden beantwortet. Dabei kreist auf der Seite vieles rund ums Auto. Nämlich die drei großen „Ts": Touren, Technik, Themen. Somit dürfte jeder Ratsuchende fündig werden.

Reise & Verkehr

Autoreisen

Autoreise Creative Online Magazin

http://www.ar-c.de

Das Magazin Autoreise Creative versucht, zwei scheinbar höchst disparate Bereiche des Automobilen zusammenzubringen. Zum einen geht es vor allem um sportliche Autos, darunter um viele Zweisitzer, die beispielsweise als Neuerscheinungen getestet und bewertet werden – und zwar durchaus nicht nur auf ihre Reisetauglichkeit! Zum anderen wird das Thema Reise und Urlaub bedient, wobei Traumstraßen und Ferienwohnungen, Museen und Leserberichte für ganz Europa geboten werden. Vielleicht eher ein Magazin für die „DINK"-Fraktion (Double Income, No Kids), aber die wächst bekanntlich ständig.

Österreich-Touren

http://www.austria-info.at/cabrio

Schlau ist, wer sich seine Route genau überlegt, wenn er mit offenem Verdeck fahren will. Sehen und gesehen werden ist eines der zentralen Vergnügen auf so einer Reise, und deshalb zählen lange Tunnelfahrten eher zu den Details, die man auslassen kann. Soll die Fahrt durch die österreichischen Alpen führen, kann man sich vertrauensvoll an diesen Internet-Ratgeber wenden. Insgesamt 34 Touren wurden in sämtliche Himmelsrichtungen entworfen. Die Beschreibungen liefern eine Reihe an Informationen u.a. über Sehenswürdigkeiten, die am Wegesrand liegen. Eine 200 Kilometer lange Strecke wird so auf Wunsch mit einem tagesfüllenden Programm angereichert. Damit man auch was sieht, wenn man gesehen wird.

Drive and Travel

http://www.driveandtravel.de/oldtimer/home.htm

Drive and Travel, das Auto- und Reisejournal im Internet, präsentiert Ihnen neben Fahrzeugtests, aktuellen News, Reisetipps und einem kostenlosen Newsletter eine weitere Besonderheit: unter der Rubrik „Autostories" können Sie solche Schmuckstücke wie z.B. den Mercedes 170 V (Bj. 1950) , den Mercedes 300 SL (Bj. 1960) und andere seltene Fahrzeuge bewundern. Außerdem können Sie hier private Anzeigen kostenlos aufgeben, sich Anzeigen anderer anschauen oder, via Mailing-Liste, mit anderen Gleichgesinnten chatten.

Falk: Karten und Stadtpläne

http://www.falk-online.de

An der Patentfaltung der Falkpläne trennt sich die Spreu vom Weizen, besser: die Menschen ohne Sinn fürs Praktische von denen mit selbigem. Vor der Hochzeit z.B. sollte man seinem angehenden Partner einen Falkplan geben, und wenn sich herausstellt, dass dieser nicht damit umgehen kann, schnell die Verlobung lösen – so ein Mensch lässt auch das Kind fallen und kann nicht kochen! Scherz beiseite: Wer praktisch denkt, sucht auch diese Homepage auf, denn der hier angebotene Routenplaner erkundet den richtigen Weg von der eigenen Haustür bis zum Standesamt – oder jedem beliebigen anderen Ziel. Die Citypläne geben für Ängstliche zusätzliche Sicherheit: Von Al Jazair bis Zhonugguo reicht das Angebot der Karten aus der New World Edition; was hält einen da noch zu Hause?

Shell GeoStar

http://www.shellgeostar.com

Die Welt ist ein Dorf geworden. Und entsprechend nah liegt mittlerweile alles beieinander. Dank verbesserter Infrastruktur in vielen Ländern ist auch das Reisen mit dem Auto nun nicht mehr so beschwerlich wie noch in jüngster Vergangenheit. Ein Umstand, dem viele Anbieter in puncto Reisepläne Rechnung tragen. So nun auch die Shell AG: Der Mineralölmulti hat einen Online-Reiseplaner ins Netz gestellt, dank dessen man nun seine Autoreise, beispielsweise quer durch Europa, en Detail genau planen kann. GeoStar heißt das Projekt für Planungssicherheit und beinhaltet u.a. einen Reiseführer, der Unentschlossenen die schönsten Ziele nennt sowie eine Routenplaner-Schnellsuchfunktion, die einem binnen kürzester Zeit die günstigeste Verbindung von A nach B aufzeigt. Da kann man selber nur noch einpacken – und verreisen!

Mietwagen

Autovermietung.de – Ihre Autovermietung im Internet

http://www.autovermietung.de

Hinter http://www.autovermietung.de verbirgt sich ein Anbieter, der in enger Kooperation mit dem Großunternehmen „Sixt" Autos verleiht. Geordnet nach Ländern – neben Deutschland auch Frankreich, Großbritannien, Schweiz, Österreich und die Niederlande – und Fahrzeugtypen ergibt sich eine übersichtliche Staffelung der Preise, sei es für Tages-, Wochenend- und Wochenmieten. Neben der letzten Kategorie, den Langzeitmieten, warten noch so genannte „Internet Specials" u.a. mit exklusiven Feiertagsmieten, auf den Leihwilligen.

Car-Sharing

http://www.car-sharing.de

Seit noch nicht einmal acht Jahren existiert die Idee des professionellen Auto-Teilens in Deutschland. Von der ersten Car-Sharing-Station in Berlin ausgehend, verbreitete sich die Idee über ganz Deutschland. Der Erfolg der Idee liegt selbstredend auf der Hand, denn wer im Jahr weniger als 17.000 km zurücklegt, fährt mit einem mehrfach genutzten Auto billiger. Gespart werden die Fix- und Wartungskosten. Bezahlt wird nur, wenn das Auto gebraucht wird. Und um die Pflege braucht man sich auch nicht zu kümmern. Im Verbund mit dem European-Car-Sharing-Verband können die Teilnehmer des Car-Sharings die öffentlichen regionalen Verkehrsmittel billiger nutzen. Ein gutes Beispiel für Vernetzung – diesmal in der realen Welt.

European Carsharing

http://www.carsharing.org

1991 gründeten fünf Carsharing-Unternehmen einen Dachverband, genannt „European Car Sharing". Heute macht der ECS bereits rund 36.000 Teilnehmer in mehr als 300 Städten mobil, und die Branche verzeichnet Wachstumsraten von 50 bis 60 %. Die Homepage des Verbandes informiert grundlegend über die Idee des Carsharing, erläutert das Prinzip und nennt die Orte in Europa mit Mitgliedsorganisationen. Außerdem kann man sich mit den Kosten für den Geldbeutel und dem Nutzen für die Umwelt vertraut machen. Für Kritiker dürfte die Rubrik mit den Literaturhinweisen besonders interessant sein, denn dazu gehören auch wissenschaftliche Studien, die den Wert des Konzeptes neutral untersuchen.

Cars

http://cars.infosys.de/index.phtml/rpo

Wenn einer eine Reise tut, dann kann er was erleben – und das wird hoffentlich nur das Beste sein. Damit das Fortkommen auch im Ausland gesichert ist, werden auf dieser Homepage die Angebote der am weiträumigsten operierenden Autovermietungen der Welt vorgestellt. Die gemeinsame Datenbank bietet aktuelle Angebote, eine große Auswahl verschiedener Modelle, Adressen, Versicherungsinfos und natürlich Preise. So kann man im Urlaub die Fahrzeuge ausprobieren, die man daheim immer schon einmal fahren wollte – oder sich auf Altbewährtes verlassen.

StattAuto Carsharing

http://www.drive-online.net

Die StattAuto Car Sharing AG hat in den wenigen Jahren ihrer Existenz bereits für Aufsehen gesorgt, denn der Vorstandsvorsitzende hat bereits eine Auszeichnung als Unternehmer des Jahres eingeheimst. Inzwischen handelt es sich um eine GmbH mit stark basisdemokratischen Zügen, bei der die Mitglieder ein höchstmögliches Mitspracherecht erhalten haben. Da so etwas Transparenz erfordert, lässt sich die Organisation auch im Internet bereitwillig in die Karten gucken. Neben den Informationen über das Wie und Wo des Carsharings kann man sich über die Unternehmensstruktur informieren. Der Konkurrenz zur Nachahmung empfohlen!

Europcar

http://www.europcar.de

Wohin es auch immer gehen soll, Europcar geht mit – das zumindest versucht die Firma auf ihrer sehr ansprechend gestalteten Homepage zu vermitteln. Vom Riesenlaster über Sportflitzer und behindertengerechte Autos bis zum Wohnmobil wird alles verliehen, was motorisiert ist (und mit Rädern darunter versehen). Für Großveranstaltungen wie die CeBit oder die Weltausstellung gibt es sogar Sonderangebote. Auf der Site können Wagen reserviert werden, nachdem man sich über die Preise und den gewaltigen Fuhrpark informiert hat. Selbst ein beruflicher Einstieg bei Europcar über die Site ist denkbar.

Hertz

http://www.hertz.de

Der Hertz Gold Service erleichtert Ihnen die Suche nach einem geeigneten Mietwagen – an über 640 Standorten weltweit. Das Ganze ohne Formalitäten oder Wartezeiten, Sie müssen lediglich Ihren Führerschein vorlegen. Mehr noch: An 42 der größten Flughäfen der Welt brauchen Sie sich noch nicht einmal zum „Hertz Gold Service Counter" zu bewegen, denn Ihr Name und der Standort Ihres Wagens werden elektronisch angezeigt. Was Sie tun müssen, um diesen Service zu erhalten? Füllen Sie lediglich einmal einen Hauptmietvertrag aus, den Sie nicht nur an jeder der Hertz-Stationen bekommen können, sondern auch online. Die Modelle stehen dem Service in nichts nach, denn sämtliche Wagen haben Sicherheits- und Komfortausstattung. Nähere Informationen erhalten Sie natürlich ebenfalls via Internet. Auf der Hertz-Homepage finden Sie weitere Informationen zu Mietkonditionen, Geschenkartikeln und natürlich dem Unternehmen selbst. Beachtenswert ist die Rubrik „Sonderangebote", hier winkt so manch günstiger Tarif. Unter „Stellenangebote" schauen diejenigen nach, die sich ggf. Um einen Job im Hause Hertz bewerben möchten.

Holiday Cars

http://www.holiday-cars.de

An über 2.800 Orten in der Welt bietet die Sunny-Mietwagenvermittlung die Chance, bequem, sicher und individuell über den Globus zu reisen. Sunny vermittelt nicht die eigenen Fahrzeuge, sondern die anderer Vermieter, so dass man an niemanden exklusiv gebunden ist und aus den Angeboten die günstigste Offerte für Sie heraussuchen kann. Dabei ist die Homepage u.a.deswegen so sympathisch, weil sie ohne jedes Kleingedruckte auskommt und beispielsweise ohne Umwege zu einer übersichtlichen Preisanfrage führt, in der dennoch viele Sonderwünsche berücksichtigt werden können.

Leihauto

http://www.leihauto.de

Das Internet mag ja aus der Welt ein Global Village machen, aber was würde es einem ohne Homepages wie diesen nützen? Wer das virtuelle Reisen satt hat und sich selbst auf Safari begeben möchte, kann hier für alle Länder dieser Welt die billigsten Auto-, Motorrad- oder Wohnmobilangebote recherchieren. Egal, ob Cayman-Inseln oder Zimbabwe: wer suchet, der findet. Und zwar hier. Die Site ist dabei ganz übersichtlich geblieben und serviert die gewünschten Angaben binnen Sekunden auf den eigenen Bildschirm.

Mietwagen Online

http://www.mietwagen-online.com

Mietwagen Online führt zu den üblichen Verdächtigen: „Holiday Autos" und „Sixt". Viel besser geht es auch nicht. Eine Riesenauswahl an Fabrikaten und Modellen, europa- und weltweit. Günstige Tarife und Konditionen, jederzeit abrufbar. Nur fahren müssen Sie noch selber.

Mitfahrzentrale

http://www.mitfahrzentrale.de/german/index.html

Welche automobile Reiseform schont gleichzeitig die Umwelt sowie den Geldbeutel und bietet dazu die Möglichkeit, enge Kontakte zu seinen Mitmenschen zu knüpfen? Richtig: die Mitfahrzentrale! Was in den 80ern zwecks Schonung der Umwelt begann, hat sich zu einer florierenden Branche entwickelt. Da ist es nicht verwunderlich, dass der Gedanke inzwischen ins Internet weitergetragen wurde. Die Seiten der Mitfahrzentrale.de, die rein gar nichts mit der etablierten aus der realen Welt zu tun hat, bieten ein breites Spektrum rund ums Mitfahren an. Mittels übersichtlicher Suchfunktionen findet hier jeder potenziell Reisende die für ihn interessanten Angebote oder Gesuche. Reisetipps und Mitfahrerlebnisse können in einem Forum veröffentlicht werden, und wer möchte, kann sich sogar im Gästebuch verewigen.

Citynetz Mitfahrzentralen

http://www.mitfahrzentrale-carnet.com

Service, Service, Service: Mit diesen drei Worten könnte man das Angebot der Citynetz-Mitfahrzentralen treffend bezeichnen. Die Mitfahrzentralen bieten in vielen Städten neben ihrem ursprünglichen Angebot auch die Vermittlung von Mitwohnverhältnissen und Reisen, ADAC-Mitgliedsanträgen, DJH-Ausweisen und noch einigem mehr. Auf der offiziellen Homepage der Mitfahrzentralen hat man die Möglichkeit, online eine Mitfahranfrage einzugeben, nachdem man sich mit Blick auf die seit 1997(!) stabil gebliebenen Preise versichert hat, dass der gute Service auch noch enorm günstig ist. Die Neuerung schlechthin ist jedoch der „Boten-Vermittlungs-Service": Falls man etwas eilig schicken möchte, kann man dies einem der Fahrer mitgeben, die in die gewünschte Stadt fahren!

Die deutschen Mitfahrzentralen im Überblick

http://www.mitfahrzentralen.de/mitfahrzentralen/standort.html

Eine clevere Geschäftsidee wirkt wie eine Oase in der Servicewüste Deutschland: die

Mitfahrzentrale. Schlicht und einfach präsentiert sich die Homepage des Unternehmens; das kräftige Orange als Corporate Identity begleitet einen durch die Seiten. Die Startseite ist mit einer bunten Landkarte und einer Legende betreffend der diversen Mitfahrzentralen versehen. Es folgt eine Übersicht aller bekannten Zentralen in Deutschland sowie eine kleine Site, in der sich die deutschen Zentralen vorstellen können. Das Witzige: schon die Startseite ist verlinkt, die Fixpunkte Berlin und Kiel führen direkt zu den Zentralen vor Ort. Zum Zeitpunkt der Recherche waren es allerdings die beiden einzigen Büros, die sich online präsentierten. Also: ausbaufähig! Das ist auch notwendig, damit man auch in Zukunft auf dem Datenhighway der Mitfahrzentrale gute Fahrt wünschen kann.

Brisbane Motor Camper Centre

http://www.motorcamper.com.au

Wer vor Freude Kopf stehen will, der bucht eine Reise nach Australien. Noch immer ist Down Under das Traumziel vieler Deutscher, aber vielfach bietet allein das Wohnmobil die gewünschte Freiheit, um sich von einem Ort zum anderen zu bewegen. Wie gut, dass das Brisbane Motor Camper Centre seine Dienste als Verleiher von Wohnmobilen im Internet sogar auf Deutsch anbietet. Egal, ob klein, groß oder luxuriös: dieser ebenso preiswerte wie kundenfreundliche Anbieter hält für jeden Geldbeutel ein Angebot bereit. Dazu gehören sogar die berühmten Winnebago-Wohnmobile. Vormerkungen, Anfragen und Reservierungen sind jederzeit online möglich.

Veteranen-PKW

http://www.musicmag.de/oldtimer.htm

Stellen Sie sich vor, Sie sitzen in einem Oldtimer und ein persönlicher Chauffeur serviert Ihnen im Fond des Wagens Champagner. Die Firma Veteranen-PKW vermittelt Ihnen genau jenen Hauch von Exklusivität. Ob Hochzeit, Picknickfahrt oder ein Tagesausflug: Veteranen-PKW ist der beste Beweis dafür, dass Träume nicht Schäume bleiben müssen. Nur der Champagner sollte schäumen...

Oldtimer-Vermietung Bernd Rabe

http://www.oldtimer-vermietung.de

Einmal den Jaguar MK 7 fahren und dann sterben? Na ja, fahren reicht schon... Dieser Vermieter für Oldtimer macht es möglich – man lässt die Mieter sogar selbst fahren! Maßgeschneiderte Angebote für verschiedenste Gelegenheiten erlauben dem Bräutigam beispielsweise, nach der Hochzeitsnacht noch ein bisschen liegen zu bleiben und nicht aufspringen zu müssen, um den Traumwagen pünktlich bis zehn Uhr abgegeben zu haben. Wer nicht im Einzugsgebiet wohnt, hat die Möglichkeit, über die Postleitzahl einen anderen Vermieter in der Nähe aufzuspüren.

Rolli-Mobil.de

http://www.rolli-mobil.de

Rollstuhlfahrer haben auch nicht mehr Spaß an Gruppenreisen als die übrigen Menschen, sondern erkunden die Welt gleichfalls gerne individuell. Scheinbar ist das Reisen in der Gruppe für sie allerdings die einzige Möglichkeit, um durch die Welt zu touren. Nicht ganz, denn mit behindertengerechten Wohnmobilen von Rolli-Mobil steht der Weltenbummelei auf Rädern nichts mehr im Weg. Die Site stellt die Fahrzeuge, Tarife und Konditionen vor, glänzt aber auch wegen der großen Linksammlung, in der die allerfeinsten Surftipps rund ums Reisen mit Rollstuhl zusammengestellt wurden. Das Schöne ist zudem, dass die Site ohne das sachliche und spröde Reha-Design auskommt, mit dem sonst für solcherlei Dienstleistungen geworben wird.

Sixt

http://www.sixt.de

Die Sixt-Autovermietung hat den Bogen raus. Wie kein anderes Unternehmen kooperiert das Haus mit anderen Firmen, was zu einer erfreulich großen Auswahl an Kombi-Angeboten führt. Dementsprechend kann auf dieser Homepage nicht nur ein Auto gemietet werden, sondern auch der Chauffeur, die Übernachtung oder ein passender Flug. Oder man bucht, wenn es etwas mehr sein darf, einen Hochzeitswagen, fertig ausgestattet mit Blumendekoration und Blechbüchsen. Oder man mietet eine komplette Sightseeing-Tour mit ortskundigem Führer zu den schönsten Plätzen dieser Welt, von Neuschwanstein bis New York. Oder man nutzt den Gala-Service, der den Konzertbesuch schon vor den ersten Klängen zum Ereignis werden lässt. Oder...

Supergünstig.de

http://www.superguenstig.de

Auf dieser Seite ist es „supergünstig" möglich, superschnell superschöne Automobile online zu reservieren und zu mieten. Wer beruflich oder privat ohne eigenem Fahrzeug viel in fremden Städten unterwegs ist, kann hier ohne Probleme „virtuell mieten und reell sparen." Und wenn einem das Design, der Claim oder sogar der Firmenname bekannt vorkommt – richtig: Dahinter steckt Sixt.

Teilauto – CarSharing

http://www.teilauto.de

CarSharing ist die vernünftige Alternative zum Autowahn. Wer nicht Tag ein, Tag aus auf einen eigenen Wagen angewiesen ist, der kann über CarSharing zwang- und problemlos im Bedarfsfall auf ein adäquates Fahrzeug zurückgreifen, ohne die lästigen und horrenden Kosten einer Verleihfirma auf sich nehmen zu müssen oder den jährlichen Herzriss bei Eingang des KFZ-Steuer-Bescheid und des Versicherungsbeitrags zu riskieren. Der CarSharing-Anbieter "teilAuto" findet sich in Halle, Hannover und im Raum Rhein/Neckar. Auf

Homepage teilAuto

dessen Seiten kann man sich nicht nur in einem ansprechend unauffälligem Design über die Konditionen informieren, natürlich kann man auch direkt ein Anfrageformular ausfüllen und dem besonders für Stadtmenschen interessanten Projekt beitreten.

Alamo Autovermietung

http://www.toursundtravel.de/alamo-autovermietung

„Drive happy" heißt das neue Motto der Alamo Autovermietung, welches der Kunde getrost wörtlich nehmen kann – schließlich sind die freundlichen Mitarbeiter von Alamo bemüht , alles zu tun, damit ihre Kunden in deren schönsten Wochen des Jahres mit einem Urlaubsauto von Alamo rundum happy sind! Unter der „Tours-und-Travel-Website" hat Alamo eine Dependance eröffnet, die schnell und übersichtlich über Mietbedingungen, Niederlassungen der Filialen und die Staaten, in denen Alamo bereits vertreten ist, informiert. Ferner hat man auf der Website die Möglichkeit, einen Wagen an einer der Alamo-Stellen direkt über ein Eingabeformular vorzubestellen, wird also dem eigenen Anspruch auf unkomplizierte Fahrzeuganmietung und -abgabe gerecht. Mit soviel Hilfe versehen heißt es für den Kunden nur noch: einsteigen und „drive happy"!

Känguruh

http://www.uni-stuttgart.de/Mfg

Keine Lust, alleine zu verreisen? Dann sind Sie bei der Mitfahrzentrale Känguruh richtig. Hier haben Sie die Möglichkeit, nach Mitreisenden zu suchen, egal ob Sie mit dem Auto, Fahrrad, Motorrad, Zug oder Flugzeug unterwegs sind. Und wenn Sie mitgenommen werden wollen, können Sie an dieser Stelle auch Mitfahr-Gesuche stellen. Wichtig dabei: immer die „KänguRuhe" bewahren – Sie werden schon mitgenommen!

Unix

http://www.unixrent.de

350 mittelständische Autoverleiher in ganz Europa vereinigen sich im World Wide Web zu einer einzigartigen Mietwagen-Datenbank. Dabei wird der Einkauf bei den Automobilherstellern, die Verwaltung des Fuhrparks und das Marketing zentral organisiert, was für vortreffliche Preiskonditionen sorgt – und diese werden zum Glück an die Kunden weiter gegeben. Ohne Umschweife gelangt man über die Navigationsleiste zur Fahrzeugflotte, den Stationsadressen, dem Gebrauchtwagenangebot und natürlich zur Reservierung.

Navigation & Routenplaner

A-Frais Mobile Media

http://www.a-frais.at

Wer dem Vorbild eines Armin Dahl nacheifern oder sich bei „Wetten, dass?" mit allerhand Kunststücken bewerben möchte, der kommt kaum um diesen österreichischen Anbieter für Automedien herum. Rückfahrkameras z.B. machen die Rückwärtsfahrt mit dem LKW auf dem Drahthochseil zum Kinderspiel, die Navigationshilfen führen einen sicher über Mondlandschaften, während man selbst einen Handstand auf dem Autodach vollführt. Nein, ganz ernsthaft: Diese Artikel gibt es hier wirklich und bei sämtlichen Wünschen zur Hightech-Autoelektronik wird man hier bestens versorgt.

Automotive Consulting

http://www.aucon.de

Auf dem Weg zur Arbeit brauchen die wenigsten ein Navigationssystem – vielleicht aber der

Sohn, der gerade seine erste Wohnung einrichtet und Möbelhäuser abklappert. AuCon hat ein System entwickelt, das nicht mehr an den Wagen gebunden ist, sondern innerhalb von Sekunden ab- und angebaut werden kann und somit von mehreren Nutzern verwendet werden kann – eine ideale Lösung auch für Firmenwagen. Über diesen Kassenschlager und die übrigen Navigationshilfen aus dem Sortiment wird auf der Site ausführlich berichtet.

Navigation.de

http://www.autonavigation.de

Endlich kommt etwas mehr Bewegung in den Routenplaner-Markt. Diese Online-Börse bringt nicht nur nagelneue Navigationssysteme unter das Volk, sondern glänzt vor allem durch den Gebrauchtmarkt. Dieser wurde unterteilt in komplette Systeme und verschiedene Teile wie Monitore und Rechner. Außerdem haben Besucher die Möglichkeit, Straßenkarten auf CD-Rom zu leihen. Nach dem Urlaub können sie zurückgegeben oder gekauft werden. Die Karten, die noch aus der letzten Saison im Regal verstauben, kann man hier ebenfalls inserieren.

BP-Routenplaner

http://www.bpplus.com/cardsites/ode/default.htm

Solange Autopiloten Fähren noch für Brücken halten und die Fahrer direkt ins Wasser leiten, sollte man sich auf andere technische Neuerungen verlassen, um an sein Ziel zu kommen. Der Serviceteil der BP-Homepage bietet einen praktischen Helfer für die Planung von Reiserouten quer durch Europa, von Albanien bis nach Zypern. Die Handhabung ist denkbar einfach und lässt die Freiheit, mehrere Zwischenstationen anzugeben. Wer möchte, kann sich seinen Weg in die italienische Hauptstadt über Dublin und Lissabon ausgeben lassen und darf beruhigt feststellen, dass wirklich alle Wege nach Rom führen. Um vor bösen Überraschungen gefeit zu sein, können die auf der Route liegenden Tankstellen erfragt werden. Wenn Hannibal schon über diese Navigation verfügt hätte – wer weiß...

CAS Software AG Autoroutenplaner

http://www.cas-software.de

„Nie wieder Umwege, nie wieder Verspätungen" verspricht Ihnen die CAS Software AG, und tatsächlich stoßen die Produkte dieses Unternehmens in völlig neue Dimensionen vor. Mit den Routenplanern der CAS Software AG, die u.a. so prominente Kunden wie DaimlerChrysler, den ADAC und T-Mobil hat, sind Sie europaweit schneller am Ziel – ohne Umwege und hausnummerngenau! Ob im Bereich Freizeit oder Business (z.B. „Map & Guide RouteService professionell": Ein Angebot an Unternehmen mit eigener Homepage, Anfahrtsroutenplanung im Internet anzubieten) – die Produkte aus dem Hause CAS Software AG sind stets marktführend. Erwähnenswert ist zudem die Tatsache, dass das Unternehmen außer digitalen Straßenkarten auch andere Programme anbietet, wie u.a. „Map & Market", ein Planungssystem für optimale Standorte und Gebietsstrukturen, beweist.

Diana Electronic Systeme

http://www.dianaelectronic.de/gps

„Grenzenlose Navigation in ganz Europa mit dem Becker Traffic Pro" verspricht diese Website, die ganz ohne überflüssige Gestaltungsdetails auskommt. Nach außen ein feines Autoradio, innen zugleich ein Navigationssystem der Extraklasse: Die letzten 50 Ziele werden gespeichert und auch bei Stau kann ein Routenabschnitt zusätzlich gespeichert werden. Selbst die Stimme kann gewählt werden! Die Site ist vor allem für diejenigen zu empfehlen, die sich in dem Gebiet zum ersten Mal umschauen, da sie in Einzelheiten zeigt, was Routenplaner heute alles können.

Hekosoft: Digimap

http://www.hekosoft.de/digimap

Der Palm-Pilot ist einer der beliebtesten Organizer um Termine, Adressen und vieles mehr verwalten zu können. Ergänzend sind jetzt Stadtpläne und Routenplaner zu haben, die auf dieser Homepage vorgeführt werden. „Vorführen" ist hier wörtlich zu nehmen, denn die Site bietet die Möglichkeit, Demoversionen herunterzuladen. Außerdem wird die Funktionsweise im Dokumentationsteil ausführlich mit Beispielen und für jedermann verständlich erklärt.

NavPanel

http://home.t-online.de/home/Eger.ComputerLab

Moderne Navigationssysteme haben natürlich einen Computer im Herzen und sind eigentlich nichts als verdammt ausgeklügelte Anwendungen. Warum nicht gleich Windows als Betriebssystem verwenden und einen Mobilcomputer daraus machen? NavPanel vertreibt solche Geräte, deren Displays – anders als beim Bürorechner – auf die wechselnden Lichtverhältnisse angepasst sind. Die Homepage erlaubt sogar beispielhaft, einige Kartenansichten zu begutachten. Die technische Beschreibung ist umfassend und informativ. Ach ja, dann gibt es auch noch Head-Displays für Piloten, mit denen man ein Remake von „Tron" oder anderen Sci-Fi-Filmen drehen könnte.

innovative systems

http://www.innovative-systems.de

Wer von dem, was er macht, ganz und gar überzeugt ist, der braucht auch keine Alternativen. Deswegen gibt es bei Innovative Systems auch nur zwei verschiedene Navigationssysteme zur Auswahl, die es dafür in sich haben. Die Homepages zu den Navigationssystemen verschrecken üblicherweise viele potenzielle Kunden, da sie mit ihrer Fachterminologie gänzlich überfrachtet erscheinen. Auf diese Tatsache wurde mit einem Glossar reagiert, das einem von dem Stichwort „CD" bis zum „Randomplay" alle Begriffe verständlich erläutert.

Merian Scout

http://www.merianscout.de

„Der Weg ist das Ziel", so könnte das Motto der Scout-Navigationshilfen von Merian lauten. Routenplaner haben ihren Zweck verfehlt, wenn man nicht mehr wahrnimmt, was am Wegesrand geschieht, weil der Weg nur noch als lästige Hürde gesehen wird, die es schnell zu überwinden gilt. Merian hat deswegen das Wissen seiner bekannten Reiseführer mit den Navigationshilfen kombiniert. Sehenswürdigkeiten, Hotels und Gaststätten gibt es nun zum günstigsten Weg dazu. Die Homepage wirkt u.a. durch ihre Gestaltung erfrischend, die (anders als bei vielen anderen zu diesem Thema) weniger techniklastig ist, sondern in erster Linie Lust aufs Reisen macht.

Moecom Nachrichtentechnik

http://www.moecom.de/Gps1.htm

Wo bin ich und wie heiße ich? Es gibt Situationen im Leben, in denen man ganz schnell eine Antwort auf diese existentiellen Fragen benötigt – manchmal Sonntag vormittags oder am Aschermittwoch. Wer ein Navigations- und Ortungssystem von Garmin in seinem Wagen hat, erhält in seinem Auto die Antwort. Für Segler, Wanderer und Autofahrer werden auf dieser Site fest eingebaute und mobile Routenplaner und Navigationsinstrumente angeboten. Dazu gibt es zunächst einen Leitfaden, der einem bei der Entscheidung hilft, das richtige Gerät zu finden, bevor man zur Geräteübersicht und den technischen Beschreibungen gelangt. Als Extras werden Funkgeräte, Kartenplotter und anderes Zubehör angeboten.

NaviTel GmbH

http://www.navitel.de

Unter den Homepages für Navigationssysteme gibt es nur wenige, die ohne einen latent paramilitärischen Anstrich auskommen. Diese gilt es besonders hervorzuheben, was hiermit geschehen soll. Navitel vertreibt alles rund um den Mobilfunk, Telekommunikation, Navigation und mobile Datentechnik. Fest eingebaute Navigationshilfen und Laptops wurden nach Herstellern gegliedert, die in einem hochmodernen und ansprechenden Design präsentiert werden.

OOPS

http://www.oops.de

Was ist eigentlich der Sinn und Zwecke eines Flottenüberwachungssystems? Für wen lohnen sie sich, außer riesigen Speditionsunternehmen und dem Technischen Hilfswerk? Einem Kleinunternehmer liegt die Antwort sicher nicht sofort auf den Lippen, weswegen er sie auf dieser Homepage erhält. Die Site von Organisation & Object Positioning Systems (OOPS; kein Ausdruck der Überraschung!) fällt angenehm auf, weil sie ihre Produkte auf eine einmalig klare und übersichtliche Art bewirbt, bei der auch das Interesse derjenigen geweckt wird, die sich bislang nicht für solche Themen erwärmen konnten.

Magnatec

http://www.powies.net/gps/index-d.htm

Den Weg durchs Leben erhält man vom Routenplaner auch nicht, aber dann wäre es ja auch uninteressant. Magnatec vertreibt neben Navigationssystemen auch elektronische Fahrtenbücher und andere Soft- und Hardware für Flottenmanagement und Steuerung. Prospekte kann man sich genauso herunterladen wie Updates zur Software. Zudem wird das Unternehmen selbst ausführlich vorgestellt, was bei Homepages wie diesen selten genug vorkommt.

Routenplaner auf Web.de

http://route.web.de

Suchen Sie den schnellsten Weg von Hannover nach München? Der Routenplaner hilft Ihnen zuverlässig und zeigt Ihnen immer, wo es lang geht. Die gewünschte Reisegeschwindigkeit lässt sich leicht anpassen, und die Berechnung der Strecke können Sie nach Ihren persönlichen Wünschen gestalten. Eine übersichtliche Karte wird Ihnen bei Wunsch innerhalb von Sekunden angezeigt.

Radarfallen

CCS GmbH: Radarwarnsysteme

http://www.ccsys.de

Die Welt ist ungerecht: Stars dürfen die Fotografen verklagen, wenn sie gegen ihren Willen abgelichtet werden, aber Otto Normalfahrer muss sich das gefallen lassen, wo er auch hinfährt. Während der Autofahrt bieten Radarwarner einen angemessenen Schutz. Die Car Communication Systems entwickelt, produziert und vertreibt Anwendungen im Bereich Verkehrstelematik und bietet unter dieser Adresse einen Radarwarner an. Die Site ist einfach und gut: Sie erläutert die Funktion und bietet online Service bei Störungen und Problemen. Neue Standorte von Radarfallen können mitgeteilt und Radar-Landkarten aus der Serie „Potzblitz“ bestellt werden.

Radarfalle.de

http://www.radarfalle.de

Sie kennen das Gefühl, im Blickwinkel einer Radarfalle zu sein? Sie kennen auch den Blitz? Und nach Murphys Gesetz natürlich gerade in jenem Augenblick, wo man es nun wirklich eilig hat – und nicht mit dem Zuschnappen einer solchen Falle gerechnet hat? Sollten Sie mehr als einmal mit „ja" geantwortet haben, dann sind Sie unter dieser Adresse genau richtig. Sie wurde konzipiert, um Autofahrern kostspielige Buß- und Verwarnungsgelder zu ersparen. Alle Radarfallen in der Bundesrepublik können aufgerufen werden, so werden legale und weniger legale Insider-Tipps zum Schutz vor dem Blitzen weitergegeben.

Radarfallen in Deutschland, Österreich, Belgien und Holland

http://www.radarfalle.de/radarfallen/index.html

Auf Deutschlands Straßen herrscht Krieg – und nicht nur dort. Diesen Eindruck bekommt man zumindest, wenn man diese Website aufruft. Die beteiligten Parteien sind die Autofahrer, die verständlicherweise nur zügig an ihr Ziel wollen, und die Polizei, die sie mit allerlei Gerät daran zu hindern versucht. Die Ersteren bemühen sich jedoch mit unerschütterlicher Akribie, den Wachtmeistern ins Handwerk zu pfuschen. Entsprechend ausführlich ist diese Seite, die Radarfallen sammelt und verschiedene Tricks bekannt gibt, um ihnen auszuweichen. Außerdem werden die verschiedenen Kontrollsysteme mit ihren technischen Details vorgestellt. Wer möchte, kann die regelmäßig erscheinenden News zu diesem Thema abonnieren.

Radarwarner

http://www.radarwarner.de

Alle Radarkarten im gesamten Internet nützen nichts, solange die Polizei es sich herausnimmt, ihr Blitzgerät ganz perfide heute hier und morgen da aufzustellen. Zum Glück ist es inzwischen dank modernster Technik möglich geworden, sich auch solchen Attacken selbstbewusst entgegenzustellen. Das nötige Equipment kauft man auf dieser Website, wie z.B. Gegenblitzgeräte und hochwertige Einbaugeräte. Anders als Haarspray-Tipps und Zauberfolien-Tricks für das Nummernschild sind diese Produkte zwar kostspielig, aber wirksam und mit einer CE-Genehmigung sogar legal. In der Schnäppchenecke ist es möglich, Geräte preiswert als Vorführmodell zu erstehen.

Starenkasten.de

http://www.starenkasten.de

Die deutsche Autofahrerseele fühlt sich leicht betrogen. Dies ist vor allem dann der Fall, wenn der Staat die Hand wegen überhöhter Geschwindigkeit aufhält. Es wird eine rechte Wissenschaft darum getrieben, wie man der perfiden Eigenart der Blitzgeräte entgehen kann. Auf legalem Terrain bewegt sich ein Verzeichnis, das unter der Adresse Starenkasten.de einzusehen ist. Hier wurden jene fest stationierte Blitzgeräte akribisch kartografiert, die sich in der oberen Hälfte und der Mitte Deutschlands befinden. Wahlweise über das Ortsverzeichnis oder die Straßenkarten können hier sämtliche Standpunkte der Geräte nachgesehen werden, wegen derer man seinen Geldbeutel zücken muss. Eine hilfreiche Rubrik ist zudem die mit dem Rechtsratgeber, in denen man Urteile zu Blitzgeräten einsehen (und ggf. nachvollziehen) kann.

Wetterauer Kraftfahrzeugtechnik

http://www.wetterauer.de

Bei Wetterauer wird alles gegeben, um das Fahren interessanter und angenehmer zu machen. Dazu gehören das beliebte Chip-Tuning, der Einbau von Radarwarnsystemen, Luftfilter oder das außergewöhnliche Power-Liquid, das den Motorverschleiß deutlich senkt.

Der Vorzug dieser Website liegt u.a. darin, dass es ein Forum zum Chip-Tuning gibt, in dem nicht nur die Erfahrungen der Company festgehalten werden, sondern jeder Besucher seine Fragen stellen und Antworten geben kann. Das hat selbst das One-Hit-Wonder Haddaway und den Tennisspieler Jewgeni Kafelnikov überzeugt, die als prominenteste Chatter den Raum mit Leben erfüllen.

Verkehrsinformationen

Stau-Vorhersage Europa

http://www.adac.de

ADAC-Mitglieder haben es leichter: Hier finden Sie alle notwendigen Infos, um geruhsam in die Ferien durchzustarten. Ob Verkehrsmeldungen oder -prognosen, Baustelleninformationen oder Alpenstraßenberichte und europaweite Staumeldungen – wer die ADAC-Homepgae aufruft, wird über alles bestens und schnellstens ins Bild gesetzt. Einen klitzekleinen Wermutstropfen hat der vorbildliche Service: Er richtet sich nur an (s.o.) ADAC-Mitglieder. Der informationshungrige Nicht-ADACler geht leider leer aus.

Deutsche Autokennzeichen von A bis Z

http://www.aliter.de/deutschland/index.html

Sie kennen das vielleicht: Sie stehen im Stau und grübeln aus lauter Langeweile darüber nach, wofür wohl das „LEO" auf dem Wagen vor Ihnen steht. Dr. Friedrich Thiele hat auf seiner privaten Homepage sämtliche Autokennzeichen Deutschlands gesammelt, wobei die Suche sowohl nach Kennzeichen als auch nach Städten möglich ist. Übrigens: „LEO" steht für Leonberg.

Homepage Wetterauer Kraftfahrzeugtechnik

BayernInfo

http://www.bayerninfo.de

BayernInfo möchte Sie schnell und mit den aktuellen Meldungen zur Lage über die Verkehrssituation auf bayerischen Straßen informieren. Wenn Sie es also eilig haben, dann werfen Sie doch besser einen Blick auf diese Site, um Staus aus dem Weg zu gehen. Pardon: zu fahren!

Bundesministerium für Verkehr: Verzeichnis deutscher Autobahnbaustellen

http://www.bmvbw.de/index.html

Wer kennt das nicht? Die Staus auf den Autobahnen werden lang und länger. Und das gerade dann, wenn man sie am wenigsten braucht, zu Urlaubsbeginn beispielsweise. Mit dieser Adresse kann jeder Stau problemlos umgangen werden, denn die dort befindlichen Listen enthalten Angaben über Länge und Dauer der meisten Baumaßnahmen auf den deutschen Fernstraßen. Außerdem finden Sie Hinweise über Vollsperrungen, die aus baulichen Gründen entstanden sind, natürlich mit genauer Angabe von Ort, voraussichtlicher Dauer und Fahrtrichtung. Aktualisiert werden die angezeigten Baustellendaten jeweils donnerstags, im Einzelfall kann es infolge von Witterungseinflüssen zu kurzfristigen Änderungen kommen. Wer sich über den deutschen Luft- und Schifffahrtsverkehr schlau machen möchte, ist hier ebenfalls an der richtigen Adresse. Auch Publikationen zu Themen wie „LKW-Fahrverbot in der Ferienzeit" und „TMC – der digitale Verkehrskanal" werden unter dieser Adresse vorgestellt. Neben umfangreichen Informationen über andere Themengebiete sind hier auch genaue Angaben zum Verkehrswesen, z.B. zum EU-Führerschein oder den Bußgeldkatalog zu finden.

ÖAMTC: Autobahnbaustellen in Österreich

http://www.oeamtc.at

Aktuelle Informationen zu Autobahn-Baustellen in Österreich liefert diese Site. Regional gegliedert finden Sie hier die betroffenen Autobahnen, die genaue Position der Baustelle, Länge (in km), Richtung und sogar Grund und voraussichtliche Dauer. Somit können Sie nicht behaupten, Sie seien nicht rechtzeitig gewarnt worden. Ach so: Sie finden diese wertvollen Infos unter „Verkehr & Sicherheit", Rubrik „Verkehrslage" – und dann in Richtung Autobahnbaustellen abbiegen!

Opel-mobil.com

http://www.opel-mobil.de

Opel macht mobil – und wie: Auf dieser Website findet man einen interessanten Internetservice von Opel. Hier kann man sich über die momentane Lage auf Deutschlands Straßen informieren, Fahrzeiten von Bahn und Nahverkehr abfragen oder den umfassenden Links nachgehen. damit die Reiselust nicht zum Reisefrust verkommt...

Antenne Brandenburg

http://www.orb.de/hoerfunk/antenne.html

Haben Sie das Radio auch angeschaltet und auf fünf gedreht? Nein? Dann wird es aber Zeit! Zumindest, wenn Sie in Brandenburg oder in der unmittelbarenen Nachbarschaft dieses Bundeslandes wohnen. Antenne Brandenburg macht längst nicht nur Musik. Für den zuverlässigen Verkehrsservice sorgt z.B. das eigene Flugzeug. Die Herren der Lüfte erklären Ihnen dann detailliert, in welchem Stau Sie gerade stecken. Scherz beiseite: Ein Super-Infodienst für alle, die es eilig haben. Dies und mehr können Sie hier nachlesen.

Quantum: Kfz-Kurzzeichen

http://www.quantum.de/cgi-bin/welcome/zahlen/kfz-de.html

Eine Datenbank, die alle deutschen Kfz-Kurzzeichen den Ortsnamen zuordnen kann und umgekehrt. Teil eines Infopools der Quantum- Gesellschaft für Software, die auch noch andere Datenbanken anbietet: Internationale Kfz-Kennzeichen, Bankleitzahlen, gebührenfreie 0130-Nummern usw. Sehr nützlich!

RP online: Auto & Verkehr

http://www.rp-online.de/news/auto

Der Auto- und Verkehrsservice der Rheinischen Post-onlne bietet nicht nur die aktuellsten News zum Thema Auto, wie Berichte zu Testfahrten mit den neuesten Modellen am Markt und einem Wertanalyse-Service für ihren Gebrauchtwagen, sondern gibt auch eine komfortable Übersicht über Staus, Radarfallen und das Wetter in ganz Deutschland und wird somit zur idealen Startseite für die angenehme und stressfreie Reise.

SWR Rasthaus

http://www.swr-online.de/rasthaus

Die Rasthaus-Homepage gehört zu der gleichnamigen Sendung im Südwestdeutschen Rundfunks: Hier werden ständig neue Infos für deutsche Autofahrer zusammengetragen, es gibt Berichte und Tests über Fahrzeugentwicklungen und als Extra aktuelle Staumeldungen online. Wer hier Rast macht, rostet bestimmt nicht ein...

Kfz-Kennzeichen

http://userpage.chemie.fu-berlin.de/diverse/doc/kfz.html

Ist es nicht auch für Sie manchmal nervig, ein Kfz-Kennzeichen nicht richtig zuordnen zu können? Wenn Sie wissen wollen, welcher Ort zu welchem Kfz-Kennzeichen gehört, schauen Sie doch einfach in dieses Kraftfahrzeugverzeichnis. Von A (wie Augsburg) und AA (Aalen) bis ZW (für Zweibrücken) und ZZ (Zeitz) ist alles vertreten, was innerhalb Deutschlands liegt.

WDR Verkehrsinformationen

http://www.wdr.de/radio/verkehr

Das Rhein-Ruhrgebiet bildet das Nadelöhr im deutschen Straßennetz. Da zu den Hauptverkehrszeiten im Radio teilweise nur noch Staus ab fünf bis zehn Kilometer Länge bekannt gegeben werden, empfiehlt sich für eine stressfreie Fahrt der Blick auf diese Webseite. Der WDR hat die Fahrer im Sendegebiet als Staufinder eingesetzt, weshalb eine aktuelle Nachrichtenübermittlung gewährleistet ist. Eine Liste der Baustellen ermöglicht ansonsten, erste Einschätzungen im Voraus zu machen. Die Grafiken sind anschaulich, Baustellen- und Staulängen werden farblich abgesetzt. Des Weiteren sind die Flughäfen in Nordrhein-Westfalen an diese Homepage angeschlossen. So kann das Risiko gering gehalten werden, dass man wegen einer Fahrbahndecken-Erneuerung seinen Flieger in den wohlverdienten Urlaub verpasst.

Wohnmobile

Bösti Reisemobile

http://www.boesti.de

Wer auch nur einen Tropfen Zigeunerblut in seinen Adern hat, der wird zu bestimmten Zeiten im Jahr von innerer Unruhe gepackt, die einen kaum still sitzen lässt. Dann wird es

Zeit, sich an den Rechner zu setzen und die neuesten Angebote für günstiges und gutes Reisen mit dem Wohnmobil einzuholen. Südlich von Dortmund, in Schwerte, werden solide Angebote von Bösti, einem Vermieter und Händler für Wohnmobile gemacht. Der Moncayo- und Happy-Wohnmobil-Vertragshändler zeigt auf seiner Site neben den Miet- und Kaufangeboten auch die Termine für die einschlägigen Reise- und Campingmessen, auf denen man sich über die neuesten Entwicklungen auf dem Laufenden halten kann.

Auto & Caravan Klötzing

http://www.Caravan-Vermietung.com

Vor dem Hintergrund edlen Marmors präsentiert sich die Wohnmobilvermittlung Klötzing. Da ist keine Information zuviel: kurz und bündig werden dem Surfer die Angebote in einer übersichtlichen Tabelle unterbreitet. Bis zu sieben Personen können die schönsten Reiseziele ihrer Wahl in einem Fahrzeug dieses Verleihers ansteuern, bei Bedarf kann auch das gesamte Camping-Equipment mitgemietet werden. Ganz gleich, ob Stühle und Tische, Motorradtransporthänger oder ein Schlauchboot mit Motor: Für jeden Wunsch hat Kötzing eine Lösung parat.

Deutsche Reisemobil (DRM)

http://www.drm.de

Die „Deutsche Reisemobil Vermietungs GmbH“ hat ihre Übergabestationen an zig Orten in der Bundesrepublik, von Bargeshagen bis Zeven. Sie alle wurden auf der Site dieses Vermieters gelistet – genauso wie die allgemeine Vermietbedingungen, die schließlich bei den Homepages der meisten Vermieter fehlen. Ebenfalls vertreten: wie man sich bei Unfällen zu verhalten hat oder wie man an ein Ersatzfahrzeug kommt; wer hier bucht, befindet sich immer auf der sicheren Seite und weiß schon vorab, was ihn bei einer Panne erwartet (außer dem Ärgernis per se, versteht sich!). Nicht unerwähnt bleiben sollen die Wohnmobilflotte, die Online-Reservierung und tolle Extras wie Reisewetter- und Länderinfos für ganz Europa.

HYMER Wohnmobile

http://www.hymer.com

Auch das Programm von HYMER, dem Spezialisten für Wohnmobile, können Sie im Internet erreichen – und Probe wohnen im kompakten Hymertramp-Swing oder in den rollenden Luxusheimen der Hymermobil S-Klasse. Interessant: die reichbebilderte Chronik der Firma, die gleichzeitig ein Stück des Wirtschaftswunders und der Reisewelle der 50er und 60er Jahre widerspiegelt.

HYMER City

http://www.hymercity.de

Auf die Idee hätten auch andere kommen können, doch HYMER war schneller: Deutschlands führender Wohnmobilhersteller hat extra für die EXPO in Sarstedt bei Hannover einen Trailerpark errichtet. Die mobilen Unterkünfte bilden eine stationäre Einheit, in der gestresste Messebesucher relaxen und in Ruhe arbeiten können – und überdies in der hoffnungslos überfüllten Niedersachsen-Metropole noch ein Bett finden! Das Ganze gekrönt von formidablen Extraleistungen, wie z.B. einer Crew Spitzenköche, die sich ums leibliche Wohl der HYMER-Citizens kümmern. In der Servicewüste Deutschland wirkt diese ungemein entspannende und clevere Idee hoffentlich nachhaltig. Zur Nachahmung empfohlen!

Intercamper

http://www.intercamper.de

Der Betreiberin von Intercamper aus Sinzig, Barbara Lohmer, liegt die Zufriedenheit ihrer

Kunden besonders am Herzen. Die versucht sie durch ein Serviceangebot zu erlangen, das seinesgleichen sucht. Schon auf der Homepage liegen Stellplatzverzeichnisse und Packlisten zum Download bereit. Ganz zu schweigen von den nützlichen Reisetipps, die für den Urlaub im Wohnmobil mitgegeben werden. Dass das Angebot an Wohnmobilen und Zubehör ein glänzendes ist, kann man sich nun leicht ausmalen.

Reisemobil-Caravan Herzog

http://members.aol.com/campherzog

Wo der Schuh des Wohnmobilfahrers drückt, ist dem Vermieter Herzog aus Göttingen genau bekannt, denn er bietet auf seiner Homepage einen exklusiven Beratungsservice im Forum an. Fragen werden an die Allgemeinheit gestellt, wer sich ebenfalls dazu äußern möchte, kann das gerne tun, goldene Tipps gibt es von Herzog auf jeden Fall dazu. Dementsprechend wird das Angebot immer an den Wünschen der Kunden ausgerichtet. Selbstverständlich gibt es auch eine Liste mit Mobilen aus der Vermietung und dem Verkauf auf der Site zu finden.

Reisemobile C. & U. Netz GbR

http://www.reisemobile-netz.de

Allzu oft können große Unternehmen nicht das Gefühl vermitteln, dass die Mitarbeiter ihrer Arbeit mit einer gewissen Leidenschaft nachgehen. Nicht so beim Reisemobilunternehmen Netz, wo zwei fanatische Wohnmobilreisende ihr Hobby zum Beruf gemacht haben und ihr Know-how aus unzähligen eigenen Fahrten für jedermann zur Verfügung stellen. Die Homepage des Unternehmerpaares ist charmant unaufwendig, vermittelt aber erfolgreich die große Leidenschaft, mit der sie ihr Geschäft betreiben. Was sich u.a. in einer schönen Adressliste manifestiert, in der steht, wo Wohnmobile vermietet und verkauft sowie Serviceleistungen aller Art getätigt werden. So bietet schon die Site neben den aktuellen Miet- und Kaufangeboten auch viele Tipps rund ums Reisen mit dem geliebten „Womo".

Dornegg Wohmobile

http://www.wdwohnmobile.ch

Der Wohnmobilhändler und -verleiher Dornegg aus Dornach (kein Witz!) versteht es, seine virtuelle Besucher mit Reisefieber anzustecken – virenfrei ist diese Site insofern zumindest nicht. Wer sich zeitweise zum Nomadenleben aufschwingen möchte, der findet auf dieser Homepage Reisemobile zum Kaufen und Mieten, wobei die Sonderangebote gleichfalls im Internet einzusehen sind. Auch an Zubehör mangelt es hier nicht. Praktisch ist die Rubrik zu den Unterlagen, wo sich Formulare finden, die für eine präzise Anfrage nach Urlaubsfahrzeugen mit verschiedensten Ausstattungen vorformuliert sind. Toll sind auch die Links, die in der Sammlung rund ums Reisen per Wohnmobil zusammengetragen wurden.

A_Da_mobil

http://www.webaxiom.com/a_da_mobil

Mit „Webaxiom" hat die A_Da_mobil Wohnmobilvermietung in Xanten einen goldenen Griff bei der Wahl des Webdesigners getan. Selten finden sich Homepages kleinerer Unternehmen, die so schön anzusehen sind. Die grafische Gestaltung ist nicht nur benutzerfreundlich, sondern auch hervorragend im Layout: Die Farben sind ansprechend, dem Auge wird nicht gleich ein Muster auf die Netzhaut gebrannt, weil die Site übermäßig dekoriert wäre. Wenn die Wohnmobilflotte ähnlich sorgfältig ausgewählt wurde, dann kann einem gelungenem Urlaub nichts mehr im Wege stehen! Die Site nennt Preise und Ausstattungen sowohl für den Verkauf als auch die Vermietung der „Urlaubskutschen".

Service & Zubehör

HiFi

Alpine

http://www.alpine-europe.com

Mit einer beeindruckenden Produktpalette wartet die Alpine Electronics GmbH auf: CD- und MD-Tuner, Kassettenspieler und Receiver, Subwoofer und Lautsprecher, Multimediakomponenten wie z.B. Systemsteuerung, Farbmonitore und Navigationssysteme mit Streckenführung, CD/MD-Wechsler, Prozessoren und Freisprechanlagen tragen wesentlich dazu bei, eine gewöhnliche Autofahrt in einen Joyride zu verwandeln. Dabei sind Funktionen und Merkmale wie Mehrbereichsempfang, Stationsspeicher, automatische Speicherung, Umschaltung auf Nah- und Fernempfang für Tuner und Digitalfilter mit 8-fach Oversampling Standards, die durch Modellspezifikationen noch ergänzt werden. Ferner bietet Ihnen die Site im Sektor „Tech Tips" (leider nur auf Englisch) die Gelegenheit, Ihren Blick für die Zukunft zu schärfen: Unter dem Motto „Entdecke die Zukunft von Mobile-Media" werden Ihnen anhand eines Demo-Cars die vielfältigen Multimediamöglichkeiten, als da wären DVD, Video-CD, Video, TV, Navigation und sogar Nintendo 64 aufgezeigt. Monitore, auf den Kopflehnen der Vordersitze montiert, sorgen dafür, dass auch Fahrgäste, die hinten sitzen, an den visuellen und akustischen Genüssen teilhaben können. So wird jede längere Tour zur entspannenden Luxusreise mit Happening-Charakter.

H & H CarHiFi

http://www.audioshop.de

Seit 1993 erstaunt die Firma H&H mit ihren sensationellen Preisen für Auto-HiFi-Anlagen die Fachwelt und ihr Publikum. Inzwischen gibt es das Angebot auch im Internet. Manche glauben, solche Investitionen könne man nicht im World Wide Web tätigen, aber diese Homepage ist über jeden Zweifel erhaben. So liegt beispielsweise Software zum Download bereit, mit der man die akustischen Anforderungen seines Wagens berechnen kann. Auch der Workshop und die Produkt-News bieten Tipps, dank derer man sich hervorragend beraten fühlen darf. Im Zweifelsfall bleibt jedoch die Möglichkeit bestehen, zum Telefonhörer zu greifen und das persönliche Gespräch zu suchen. Neben den verschiedenen HiFi-Komponenten stehen die aktuellsten Navigationshilfen im Mittelpunkt, die wahlweise mit und ohne Bildschirm zu haben sind.

Blaupunkt

http://www.blaupunkt.de

Für das Vergnügen, den brillanten Sound eines Blaupunkt-Autoradios zu hören, braucht man gar nicht in den Wagen zu steigen. Denn mit dem virtuellen Radio hat man die Möglichkeit, sich ein Luxusgerät aus der edlen Skyline-Reihe auf den Bildschirm zu holen, um damit Internet-Radio zu hören und per Mausklick sämtliche Funktionen auszuprobieren. Neben diesem interaktiven Highlight, bietet die durchwegs in Blau gehaltene Website noch manch interessanten Punkt: Das Radio-Phone ist Car HiFi-Anlage und Telefon in einem. Die Navigations-Geräte informieren stets über die aktuelle Verkehrssituation und führen so an jedem Stau vorbei. Der Travel-Pilot RNS, der sich ebenfalls interaktiv ausprobieren lässt, sorgt dafür, dass man sich nie wieder verfährt.

CSC – Car Stereo Components

http://www.CarStereoComponents.de

Hier lacht das Herz der Fans von ausgereiften Auto-Hi-Fi-Anlagen. Sei es das gewöhnliche Autoradio, der CD-Wechsler oder eine wattstarke Endstufe: hier werden Spitzengeräte von namhaften Herstellern zu günstigen Preisen online angeboten und können direkt bestellt werden. Aktuelle Tagespreise sind rund um die Uhr erfragbar; damit nicht die Katze im Sack gekauft wird, werden alle Artikel mit Fotos und technischer Beschreibung abgebildet. Die Lieferung ist in Gesamt-Europa möglich. Zusätzliches Bonbon: der Schnäppchenmarkt, der auch den letzten Zweifler überzeugen sollte.

Clarion

http://www.clarion-usa.com

Für den HiFi begeisterten Autofahrer darf natürlich auch im Auto der rechte Klang nicht fehlen. Clarion bietet dem Musikliebhaber interessante Lösungen für bestehende Konzepte oder bei Bedarf auch völlig neue Klangwelten in Ihrem Auto. Ein bisschen schwach ist es schon, dass ausgerechnet eine Site von HiFi-Experten so ganz ohne Flash-Dynamik auskommen muss, aber immerhin stimmt der Infogehalt. Des Englischen sollte man allerdings mächtig sein, nur dann erschließt sich den Technikfreaks die ganze Welt der Clarion-Komponenten.

Daewoo Electronics (Car HiFi)

http://www.daewoo-electronics.de/99/html/index_c.htm

Wie die gesamte Site, so ist die auch der Car Audio-Teil der Daewoo-Homepage gut durchstrukturiert: Einem Katalog gleich kann man hier blättern und suchen, bis das HiFi-Herz das Passende entdeckt hat und schneller schlägt. Jeder Artikel ist mit Bild und Kurzinformation vertreten; besonderes Schmankerl: Über die mobiltelefonartig gestaltete Indexleiste ist mit wenigen Klicks selbst der entlegenste Winkel der Daewoo-Präsentation erreichbar. Wer sich allerdings in epischer Breite über bestimmte Produkte informieren möchte oder gar auf eine unverbindliche Preisempfehlung hofft, wird enttäuscht. Es besteht zwar die Möglichkeit, über den Punkt „Infos & FAQ“ einen Katalog zu bestellen – aber irgendwie drängt sich das Gefühl auf, dass man dessen Inhalte bereits kennt. Besser ist es also, sich direkt an den Hersteller zu wenden. Das kann man allerdings online erledigen.

Grundig

http://www.grundig.de

Was haben Ex-Beatle Paul McCartney und Grundig gemeinsam? Pauls „Liverpool Institute of Performing Arts“, eine Hochschule für die Stars von übermorgen, wird von Grundig gesponsort und deshalb auch auf der Corporate Website des einstmals deutschen Elektronik-Konzerns vorgestellt. Ansonsten bietet Grundig genau das, was man erwartet: Produktkataloge, Testberichte und Pressemeldungen. Hierbei achtet der Autofahrer insbesondere auf die interssanten Neuheiten im Car-HiFi-Bereich. Hinter den Infos für Journalisten verbirgt sich auch ein besonders interessanter Menüpunkt: die Firmengeschichte, in der die Lebensleistung von Dr. Max Grundig ihren gebührenden Platz findet.

Autoradio Zehlendorf

http://home.t-online.de/home/autoradio-navigation/index.htm

Man muss schon etwas genauer wissen, was man auf der Homepage von Autoradio Zehlendorf sucht, denn ansonsten ist es etwas mühselig, sich durch das Programm zu wühlen. Autoradios und Navigationssysteme werden hier nach Herstellern geordnet vorgestellt – und die muss man im Zweifelsfall alle durchsehen, um ein Gerät mit den gewünschten

Eigenschaften vorgeführt zu bekommen. Dafür wird man aber mit Preisen belohnt, die man leicht für einen Druckfehler halten könnte; das Ganze mit einem Seitenlayout garniert, das die wesentlichen Informationen auf angenehme Weise präsentiert.

Kenwood

http://www.kenwood-electronics.de

Kenwood-Electronics ist ein führender Anbieter von Home HiFi, Car Audio und Communication. Entsprechend dieser Ausrichtung und Schwerpunktsetzung lassen sich auf diese Internetseiten augen- und ohrerfreuende Neuheiten begutachten. Darüber hinaus können hier schon jetzt virtuelle Blicke in die technologische Zukunft der MiniDisc geworfen werden, ganz nach dem Motto „Discover the future".

Magnat

http://www.magnat.de

Diese Website lässt buchstäblich aufhorchen: Magnat optimiert und perfektioniert mit hörbarem Erfolg seit mehr als 30 Jahren die Wiedergabe von Musik. Die Produkte des Elektronikherstellers sind Mythos: Legendär etwa ist der Ionenlautsprecher Plasma oder die Auge und Ohr ansprechende „All-Ribbon-Serie". Doch auch die neuen Klangmaschinen können sich sehen lassen, was ein Besuch auf dieser Internetseite bestätigt. Definitiv: die Website für Hundeliebhaber der musikalischen Art. Was natürlich auch die Freunde audiophiler Neuheiten im Car-HiFi-Sektor einschließt.

Ole Rüpprich Medienelektronik

http://www.medienelektronik.de

Die Tatsachen sprechen für sich: Die Betreiber dieses Car-HiFi-Handels haben „mal eben" in vier Nächten drei Autos hergerichtet und bei der Car-HiFi-Messe ins Rennen geschickt. Gleich beim ersten Mal haben sie die ersten drei Plätze belegt – Respekt! Auch bei der Gestaltung der Homepage haben sie bewiesen, dass sie wissen, worauf es ankommt. Sie führt

Homepage Rüpprich Medienelektronik

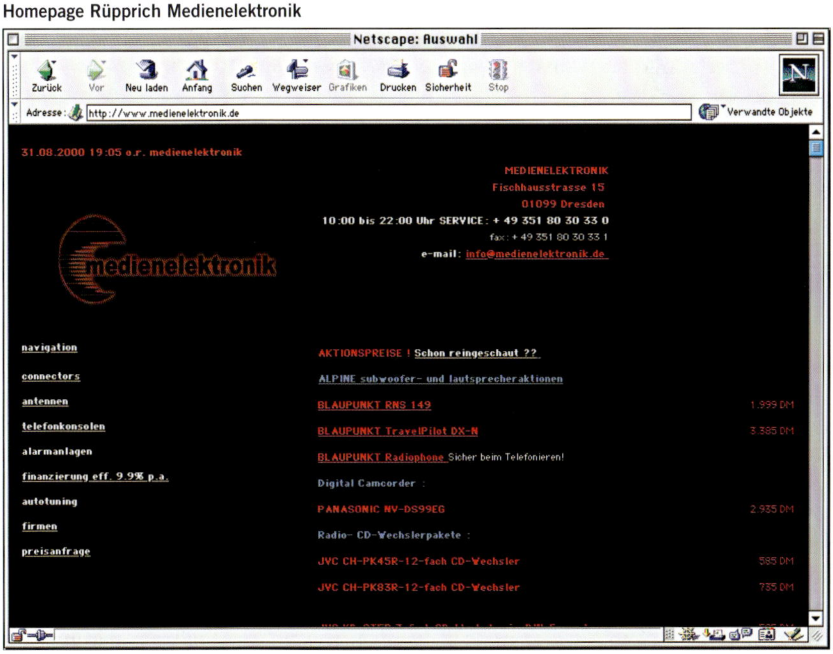

nach Marken geordnet durch das Sortiment, das neben Car-HiFi-Anlagen und Navigationshilfen auch verschiedenes anderes Autozubehör einschließt. Ein kleines Extra sind die Termine zu Messen und Fantreffen.

Social Nation Auto Hifi

http://member.aol.com/snelec/htmlib.htm

Ob Hoch- oder Tieftöner, Qualitätskabel, Endstufen, Aktivweichen, Power-Kondensatoren, hochbelastbare Basslautsprecher oder Free-Air-Subwoofer: das Angebot von Social Nation Auto Hifi, der Internetseite der Social Nation Electronics, ist genauso vielfältig wie qualitativ hochwertig. Die Namen einiger Hersteller (u.a. Monacor und Kenford) belegen das. Ein Bestellformular mit Preisangaben liegt zum Ausfüllen bereit.

Orion Car Hi-Fi

http://www.orion-audio.com/newbrowser.htm

Seit 1984 baut die Firma Orion Audioausstattungen. Ein Hauptlieferant war von Anbeginn das Militär, die Anlagen sind von daher nicht grundlos als kugelsicher zu bezeichnen. Die Homepage informiert über ihre Hochleistungsverstärker, wenngleich die Gestalter der Site zu viel des Guten wollten und alles technisch machbare auch eingebaut haben. Wer den vollen Genuss erleben möchte, ist zunächst aufgefordert, sich die notwendige Software herunterzuladen. Diese ist zum Glück selbstinstallierend und sorgt dafür, dass es bei der kleinsten Cursorbewegung nur so klimpert, pfeift, tutet und rauscht. Weniger wäre vielleicht mehr gewesen, aber eigentlich gehört so ein Seitendesign inzwischen zum Standard. Und wenn der eigenen PC erst einmal auf Vordermann gebracht worden ist, dann macht so ein Webauftritt doppelt so viel Spaß!

Phonocar

http://www.phonocar.it

Prestigeträchtige HiFi-Anlagen für das Auto werden von dem italienischen Hersteller Phonocar angeboten. Die Ergebnisse jahrelangen Tüftelns haben immer wieder zu Auszeichnungen geführt. Teile der Site sind leider nur in italienischer Sprache anzusehen, aber der Prospektteil ist auf Englisch zu haben. Wem also ein einem respektablen „Woofer-Tweeter-Crossover" gelegen ist, der sollte sich die Möglichkeit nicht entgehen lassen, sich hier über dessen Eigenschaften aufklären zu lassen. Immerhin gibt es in Deutschland 600 Möglichkeiten, sich die begehrten Anlagen zuzulegen.

Pioneer

http://www.pioneer.de

Pioneer, der japanische Spezialist für HiFi, Car Audio, optische Speichermedien und Entertainment bietet einen leicht navigierbaren und umfassenden Überblick über seine Produkte. So kann man sich über die Produktbereiche, aktuellste Produkte und vergangene Meilensteine des Angebotes kundig machen. Ein Veranstaltungskalender gibt Hinweise auf Messen u.ä., auf denen man die neuesten Errungenschaften aus dem Hause Pioneer auch real in Augenschein nehmen kann. Ob Heimkino, DVD oder Boxen für den mobilen Untersatz: Nicht nur Technik-Freaks schlägt hier das Herz höher. Und wer am DJ-Wettbewerb teilnehmen möchte, kann sich mit den geeigneten Mischpulten von Pioneer ausrüsten.

Pötter Car-HiFi GmbH Hamburg

http://www.poetter-car-hifi.de

Die Könige bei den Wettbewerben um den besten Autosound versprechen, den eigenen Wagen dank einer ihrer Anlagen in ein Bodenraumschiff zu verwandeln – wenn das mal nicht zuviel versprochen ist... Spaß beiseite: Der Kofferraum muss nicht mehr mit Musik versorgt werden, aber ein ordentlicher Klang ist nicht zu verachten. Alles, was man dazu braucht, kann man bei Pötter haben. Selbst eine eingebaute Play Station für den Beifahrer ist im Angebot enthalten. Schließlich kann man sich über die neuesten Entwicklungen im Bereich der Navigationssysteme beraten lassen, was zugegebenermaßen zu den realistischeren Angeboten zählt.

Sony

http://www.sony.de

„It's a Sony": Ausgereifte Technik, zeitgemäßes Design, klare Bedienerführung: Der Anspruch, den Sony an seine Produkte stellt, gilt auch für den Web-Auftritt. Sony Deutschland Online ist ein umfangreiches und faszinierendes Informations-, Kommunikations- und Service-Angebot, welches einen zu allen Themen rund um Sony auf dem Laufenden hält. Die Themenbereiche sind klar gegliedert und reichen von umfassenden Produktinfos über aktualisierte News bis hin zu (europaweiten!) Jobangeboten. Auch auf dem Sektor der Car-HiFi heißt es immer öfter: It's a Sony.

VDO Dayton

http://www.vdodayton.de

Wer einen Wagen mit den Soundqualitäten eines Umzugswagens der Love Parade besitzen, aber trotzdem einen Parkplatz finden möchte, der statte sich einfach mit den exquisiten Car Audio-Systemen VDO Dayton aus. Wie man daran kommt? Beispielsweise über die ausgetüftelte High-End-Homepage des Unternehmens, die online ihre Auto-Radios, Verstärker und Lautsprecher vorstellt und sogar deren Bedienung virtuell ermöglicht. Zum Angebot gehören auch GPS-gestütze Navigationssysteme, deren Qualitäten in einem Spiel erprobt werden können: Die Taxifahrer Hank und Walter müssen mit Kundenaufträgen versorgt und zeitsparend durch den Großstadtdschungel manövriert werden. Dabei können Kleinigkeiten wie die Wahl

Homepage VDO Dayton

der richtigen Musik während der Fahrt über die Höhe des Trinkgeldes entscheiden. Alles in allem eine aufwendig und liebevoll gestaltete, informative und witzige Site!

Velocity

http://www.velocity.de

In den Staaten noch nicht lange auf dem Markt und bei Insidern schon ein Begriff: Die Rede ist von Velocity. Dahinter steckt eine Range von hochwertigen Car-Audio-Komponenten, die auch die deutsche Auto-HiFi-Szene begeistern. Die volle Ausstattung kann an den angegebenen Adressen erworben werden. Darüber hinaus werden praktische Tipps und Tricks zum Einbau einzelner Elemente gegeben, um ein optimales Klangerlebnis im eigenen Wagen zu gewährleisten.

Reifen

Bridgestone

http://www.bridgestone.com

Bridgestone ist bekannt für seine Errungenschaften in der Autoreifentechnik – und zwar nicht nur für sündhaft teure Rennwagen. Genau darum dreht sich auf der offiziellen Homepage der Firma einiges. Erfahren Sie mehr über die Gummibeläge ihrer Räder. Unter der deutschen Internetadresse dreht sich alles hauptsächlich um die Motorradbereifung. Die motorisierten Zweiräder auf der Homepage der Reifenspezialisten weisen Ihnen dabei den Weg zu „Technik & Reifen", zur Pressestelle oder zum Event-Guide.

Dayton

http://www.bridgestone-eu.com/dayton/default.htm

Experten schwören auf Dayton. Dayton ist eine Tochter der Bridgestone-Unternehmensgruppe, die sich vornehmlich um Gummi kümmert. Allerdings um Kautschukstoffe, die den Asphalt zieren. Reifen sind die Produkte, die Dayton (neben Bridgestone und Firestone) in mannigfacher Anzahl anfertigen und auf den Markt bringen. Ob nun die D100- oder die D200-Serie: Die Experten sind sich (s.o.) einig – es muss ein Dayton sein!

Firestone

http://www.bridgestone-eu.com/fs/default.htm

Firestone gehört zur Bridgestone-Company und macht in – na klar, Reifen. Alles was rund ist, ist Sache der feurigen Reifenhersteller, deren Firmengründer Harvey Firestone mit diesem Nachnamen nahezu prädestiniert schien, eine ebensolche Firma ins Leben zu rufen. Die schöne, flash-animierte Site des Gummi-Unternehmens zeugt vom Verlauf der wechselvollen Firmengesichte seit Anbeginn des 20.Jahrhunderts. Und analog zu ihren Vorzeigeprodukten fällt auch das Fazit zur Homepage der Reifenhersteller aus: eine rundum runde Sache.

Continental

http://www.continental.de

Alles, was Autofahrer mit der Straße verbindet, sind vier Reifen. Na und, denkt der Laie – und biegt, sprich surft, flott um die Ecke. Am besten gleich auf die Website von Continental, denn dort wird vortrefflich dargestellt, wie viel Wissen und Erfahrung in jedem Reifen steckt. Nicht nur, weil die komplette Produktpalette auf den Bildschirm rollt oder das „Reifen ABC" mal endlich erklärt, wofür eigentlich „205/55 R 16 W" steht. Ausführlich verrät Continental auch, welche Härtetests jeder Reifen vor der Produktionsfreigabe durchläuft:

auf der Straße und im Computer, was im Web sehr anschaulich wird! Passenderweise liefert „Conti" gleich noch einen Screen-Saver und ein Online-Spiel mit. Und sonst? Natürlich kommen auch die anderen Geschäftsbereiche des Konzerns voll zur Geltung: Conti-Tech, Zweirad- und Nutzfahrzeugreifen, um nur zwei Beispiele zu nennen. Im Conti-Shop erwarten digitale Kunden tolle Poster, Taschen oder Geldbeutel aus der exklusiven Kollektion. Für optischen Zusammenhalt sorgen klare Menüleisten in der Firmenfarbe Orange.

Dunlop

http://www.dunlop.de

Als einer der führenden deutschen Reifenhersteller prägt Dunlop mit herausragenden Entwicklungen seit jeher die Geschichte der Reifentechnologie. Die Website zeigt das Profil eines innovativen Unternehmens, das neue Technologien entwickelt hat. Hier bekommt der Kunde einen Einblick in den Konzern, seine Entwicklung und die neuesten Erkenntnisse rund um die Themen Reifen und Zubehör. Durch aktuelle Aktionen wie „Winterfit" bleibt der Leser dieser Seiten immer auf dem neuesten Stand.

Goodyear

http://www.goodyear.de

„[...] Je nach Größe werden die Reifen für 12 bis 25 Minuten bei 300 Grad gebacken. Sobald sich die Presse öffnet, springen die Reifen aus der Heizform auf ein langes Förderband [...]": Was eher nach einem Rezept für Zimtwaffeln oder ähnlichem Gebäck klingt, ist ein Ausschnitt aus der blumigen Beschreibung der Reifenherstellung bei der Firma Goodyear. Auch die Geschichte der Gummiherstellung und der Autobereifung ist hier nachzulesen. Daneben kann man sich aber auch als potenzieller Franchisenehmer über den Konzern erkundigen oder auf dem Stellenmarkt direkt in das Metier einsteigen. Die Produktpalette und das Serviceprogramm sind selbstverständlich dabei.

Michelin

http://www.michelin.de

Ein Branchenriese stellt sich vor: Über 120.000 Beschäftigte hat Michelin weltweit, dazu Verkaufsorganisationen in über 170 Ländern und über 80 Werke in 19 Ländern. Die produzieren Reifen für alle Fahrzeuge (28.000 unterschiedliche Produkte), man verfügt über Technologiezentren mit eigenen Teststrecken und hat (1998) einen Konzernumsatz von 81,9 Milliarden Franc vorzuweisen, was einem Weltmarktanteil von rund 18 % entspricht. Die sehr aufwendig gestaltete Homepage von Michelin bietet aber weit mehr als die bloßen Zahlen über den Verkauf von Reifen für PKW und Motorräder. So berichtet die Firma mit dem marshmellow-ähnlichen Maskottchen über Rennsportereignisse wie z.B. die Rallye-Weltmeisterschaft, die Motorrad-Straßen-WM oder den Worldcup für Mountainbiker. „Innovascope" führt Sie durch eine Entdeckungsreise über Michelin-Innovationen, vermittelt Ihnen einen Eindruck von den Reifen der Zukunft und liefert die notwendigen technischen Hintergründe. Alles was Sie für Ihre Reise brauchen, finden Sie bei „Karten und Führer", und wenn Sie Lust haben, stöbern Sie qua virtuellem Besuch ein wenig in der Michelin-Boutique in Paris. Kampagnen wie z.B. „Sicher durch den Winter", bei der Sie beim Kauf von Michelin-Reifen 40 DM verdienen können und Gewinnspiele runden den beeindruckenden Web-Auftritt der Franzosen ab. Was fehlt? Ach ja: Das Maskottchen heißt übrigens „Bibendum" und wird Ihnen auf dieser außergewöhnlichen Site auch ein wenig näher gebracht.

Nokian

http://www.nokianrenkaat.fi

Wenn hier jemand nur Finnisch versteht, versteht er richtig – nämlich gar nichts. Die Suomis produzieren erstklassige Reifen, die deutsche Domain dazu wartet leider noch auf einen Abnehmer. Eigentlich unverständlich, denn die runden Gummigeschosse aus finnischer Produktion belegen in schöner Regelmäßigkeit bei Reifentests die vorderen Ränge, wie der aktuelle Sommerreifentest des ADACs belegt: Dort landete der Nokian NRV auf dem Siegerpodest.

Pirelli

http://www.pirelli.de

Ganz in den Firmenfarben Rot und Gelb präsentiert sich der traditionsreiche Autoreifenhersteller Pirelli. Neben den Reifen, dem klassichen Pirelli-Standbein, findet sich hier auch allerlei „abseits der Straße“: Zum einen gibt es hier stets brandaktuelle News aus dem Motorsport, zum anderen finden Sie wunderschöne, ästhetische und teilweise sehr erotische Fotos von international renommierten Fotografen aus dem aktuellen Pirelli-Kalender, dessen Ursprung auf das Jahr 1964 zurückreicht und der längst zu den Klassikern artifizieller Fotografie gehört. Und natürlich informiert Pirelli auch ausführlich über die gesamte Produktpalette.

Reifendirekt.de

http://www.reifendirekt.de

Eine reife Site – genauer: eine Reifen-Site. Nicht irgendeine, sondern eine richtig gute. Reifen bis zu 50 Prozent günstiger und Lieferung frei Haus an die Heimatadresse oder eine Werkstatt nach Wahl, das verspricht diese Page. Besonders gut: die Suchmaschine für Montagebetriebe. Postleitzahl eingeben, schon spuckt der Rechner die Montagewerkstätten in der Nähe aus.

Reifen Flöer HG

http://www.tyre.com

Hinter der Adresse von Tyre.com befindet sich eine Art Reifendatenbank, dank der Sie Reifen bestellen und Infos zum Thema Reifenwechsel beziehen können. Wenn Sie Händler sind, können Sie hier u.a. auch Softwarepakete ordern, die Ihnen die Lagerhaltung erleichtern.

Homepage Reifendirekt.de

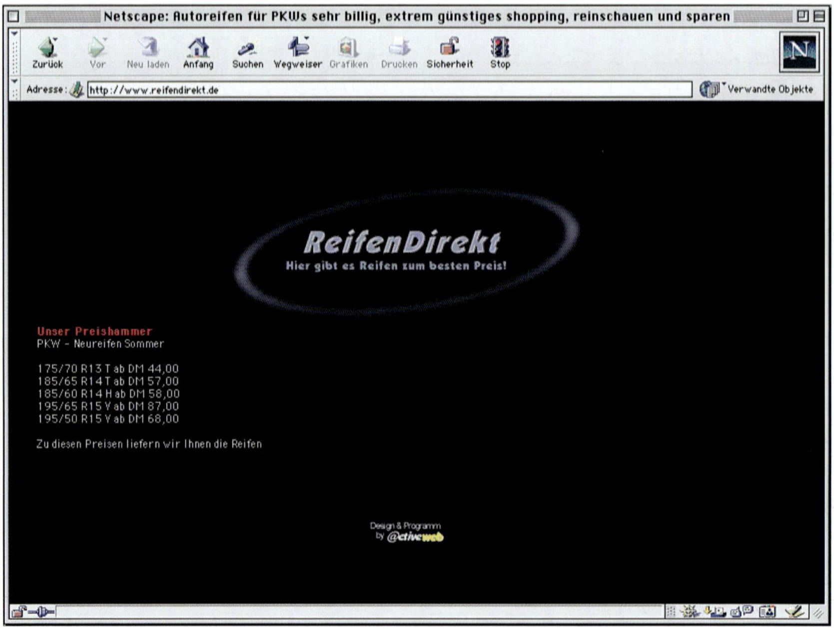

Uniroyal

http://www.uniroyal.de

„Lust auf Reifen?“ begrüßt einen ganz undogmatisch die Homepage des Reifenherstellers Uniroyal. Die „Königlichen“ haben einen flash-animierten Webauftritt hingelegt, der so manch älteren Rechner in arge Verlegenheit stürzen wird. Wie dem auch sei: Diejenigen, bei denen das Aufrufen der Uniroyal-Seiten nicht zum Tod von Netscape führt, können sich an einer schön inszenierten Warenvorstellung erfreuen, bei dem es wahrhaftig rund (zu-)geht. Der neueste Stand in Sachen Reifentechnologie wird anhand diverser Modelle dokumentiert, inklusive Highlights, Testergebnissen und dem Lieferprogramm. Man kann – darauf legt Uniroyal anscheinend sehr viel Wert – zur Webpräsenz und allen anderen Belangen, die die Reifenfirma betreffen, auch unmittelbares Feedback geben. Zum Beispiel darüber, dass nur die Hälfte der Website von betagteren PCs einzusehen ist...

Sonderfahrzeuge & Umbauten

Karosseriebau Senft

http://www.action-protection.de

Eines ist doch klar: Was es im Kino oder Fernsehen gibt, darf im Internet nicht fehlen. Wenn britische Spezialagenten also mit eigens angefertigten Hochsicherheits-Karosserien durch die Lande fahren, dann muss es ein vergleichbares Angebot im World Wide Web geben. Und hier ist es: Auf der Site von Action Protection kann man sich überfall- und kugelsichere Fahrzeuge nach Wunsch erstellen lassen. Die Site wirbt außerdem für Schutzausrüstungen, Fahrlehrgänge und Verhaltenstrainings, denn die Fahrzeuge verändern durch das erhöhte Gewicht ihre Fahreigenschaften.

Anhänger Wolf innovativ

http://www.anhaenger-wolf.de

Sehr sympathisch kommt uns dieser Anbieter von Anhängern aller Art daher. Das liegt nicht zuletzt an der Hintergrundmusik (Harold Faltermeyers „Axel F.“), die einen fortwährend begleitet. Auch die Produkte aus dem Hause Wolf können sich sehen lassen: Egal ob Sie sich für einen Standardanhänger oder einen nach Ihren Wünschen gefertigten Sonderanhänger entscheiden, die Qualität bleibt immer erstklassig. Wahre Prunkstücke sind die Wolf-Kühlanhänger, die neueste Errungenschaft auf dem PKW-Anhängermarkt, die eine optimale Kühlung bei geringem Energieverbrauch und wenig Raumbedarf gewährleisten. Wer nicht sofort kaufen möchte (eine Finanzierung mit einem effektiven Jahreszins von 2,99 % (!) ist möglich), hat auch die Möglichkeit, das Gewünschte zu mieten. Interessantes bietet die Site in der Sparte „Wissenswertes“, wo Sie z.B. zulässige Höchstgeschwindigkeiten für Anhänger und Reifenluftdrucktabellen für Anhänger finden. Die relevanten Links vervollständigen ein positives Bild, das man schon während der Sondierung der verschiedenen Angebote gewonnen hat.

Belzinger Fahrzeugbau (BEFA)

http://www.befabelzig.de

Seit gut zehn Jahren stellt die Belzinger Fahrzeugbau in den neuen Bundesländern Spezialfahrzeuge für den Holztransport her. Auf der Homepage kann man sich über die Produktion, die Technik dieser Fahrzeuge und die Serviceleistungen des Unternehmens informieren. Zusätzlich werden Gebrauchte in Wort und Bild angeboten, für die man sich direkt weitere Informationen anfordern kann.

Mikes Trikes

http://www.behindertenfahrzeuge.de

Die Firma rewaco informiert hier über Trikes und schafft außerdem ein Forum, auf dem man sich umfassend über Behindertenumbauten bei fahrbaren Untersätzen und dementsprechenden Themen informieren kann. Eine kurze und ansprechende Geschichte des "Autos mit drei Rädern" wird neben gelungenen Informationen zu verschiedenen Modellen, Vermietungsmodalitäten und Sondermodellen ebenso in einem unauffälligem Design geboten. "Mikes Trikes" ist übrigens auch im Immobilien-Handel in Spaniens Costa Brava tätig und informiert in diesem Rahmen auch ein wenig über Land und Leute.

Fahrzeugwerke Böckmann

http://www.boeckmann.com

Sie haben ein Transportproblem? Dann sind Sie bei Böckmann richtig. Ob Autotransport-, Baumaschinen- Dreiseiten-, Koffer-, und Kastenanhänger oder Pferde- und Viehanhänger: die Fahrzeugwerke Böckmann, lösen alles. Getreu dem Motto: Anhang Erster Klasse!

Brandt Kühlfahrzeugbau

http://www.brandt-polarus.de

Die coolste Seite kommt jetzt: Kühlwagen nach Maß für die Lebensmittelbranche aus dem Hause Polarus – brr, da fröstelt's einen schon vom Hinsehen! Da der Transport von Frischfisch ganz andere Anforderungen an einen LKW stellt als Brot oder Backwaren, werden die Wagen individuell zusammengebaut. Ein Fragebogen zum Herunterladen liegt vor, damit das genaue Anwendungsprofil entwickelt und Modellvorschläge gemacht werden können. Auf der Website können unterschiedliche Fahrgestelle und Aufbauten angesehen werden. Kühlboxen, Ladehilfsmittel und anderes Fahrzeugzubehör kann auch gleich bestellt werden. Natürlich dürfen die Adressen der Niederlassungen in Deutschland nicht fehlen.

Homepage Mikes Trikes

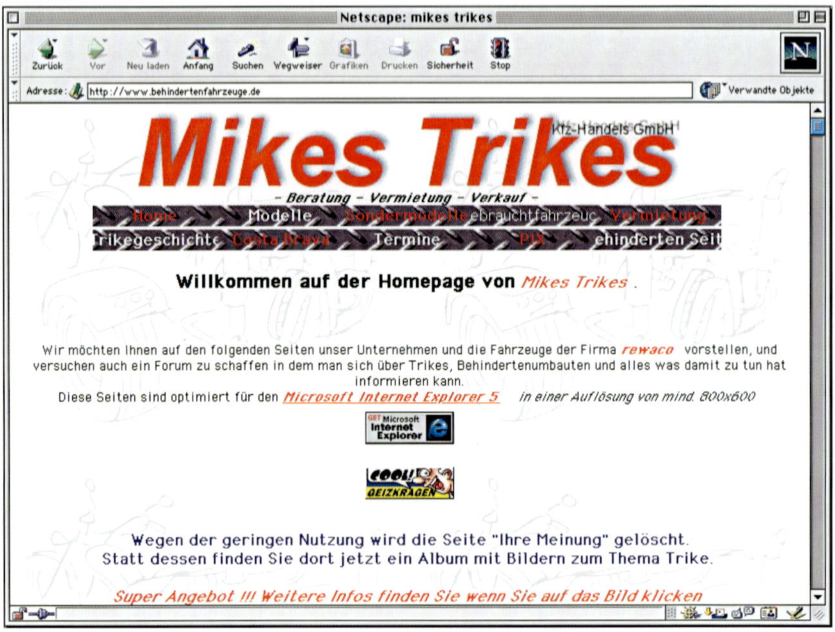

Euro-Modul-Systeme Ulm GmbH

http://www.ems-ulm.de

Ambulanzfahrzeuge mit wiederverwertbaren Aluminium-Kofferaufbauten sind das Spezialgebiet der Firma Euro-Modul-Systeme Ulm GmbH (EMS). Zur Verfügung stehen Ihnen u.a. Modelle wie der Ford E-350 Van, Chevrolet GMT 600 oder der Mercedes Benz 412. Die kompletten Intensivmodelle gibt's mit Klinikbett, Intensivtrage oder Inkubator. Ferner erteilt die EMS Systemberatung und gibt Hilfestellung im medizintechnischen Ausstattungsbereich oder zu Notfallausrüstungen der unterschiedlichen Hersteller. Ein After-Sales-Service mit Ersatzteilservice und Expressdienst und einer EMS-Info-Hotline für technische Fragen sorgt für eine kundenorientierte Rundumversorgung. Leasing, Mietkauf und Finanzierung der Fahrzeuge sind im Rahmen eines „Starthilfeprogramms" möglich.

Era Beschichtung GmbH & Co. KG

http://www.era-beschichtung.de/index.htm

Die Schönheit eines Auto definiert sich auch durch die Gestaltung seines Innenraumes. Diesem Aspekt widmen sich die Oberflächengestalter von „era", die umweltfreundliche Fahrzeug-Innenräume entwickeln und liefern. Ausstattungskomponenten für Arm- und Rückenlehnen, Sitze, Armaturentafeln, Airbags, Sonnenblenden, Hutablagen, Kopfstützen usw. lassen auch Ihr Auto von innen glänzen. Namhafte Kunden wie Chrysler, Ford, Opel, BMW, Mercedes und Porsche können dies bestätigen.

Schank Klimatechnik

http://www.frankenline.com/schank.html

Die guten alten Trabbis haben sich einen Hauch von Noblesse erhalten. Das rührt nicht nur daher, dass sie inzwischen den Status eines Oldtimers erlangt haben. Tatsächlich wird auch nach dem Produktionsende eifrig daran gewerkelt, den Leichtbau im Nachhinein mit zusätzlichem Komfort auszustatten. Marco Schank vertreibt über das Internet Klimaanlagen für den Trabbi. Wie es sich für einen Wagen wie diesen gehört, wird auch hier die Entscheidung zwischen den Modellen einfach gemacht, da es nur ein Warmluft- und ein Kaltluftgebläse gibt. Trotzdem ist die Seite elegant und nobel aufgemacht und hat deswegen die Höchstpunktzahl schon in der B-Note verdient!

Gimmel Fahrzeugbau GmbH: Pferdetransporter

http://www.gimmel.de/pferde.htm

Die Gimmel Fahrzeugbau GmbH baut seit 150 Jahren Fahrzeuge und seit 40 Jahren solche, die für den Pferde-Turniersport gemacht wurden. Genug Zeit, um zu verstehen, was Pferde wünschen. Und nicht nur die Tiere kommen auf ihre Kosten: Die Laster können auch mit Wohnkabinen ausgestattet werden. Egal, ob es sich um den Bereich für das Pferd oder den Betreuer handelt, für beide gibt es Ausstattungen wie in einem First-Class-Hotel. Einige Ausbaumöglichkeiten werden als Beispiel präsentiert, so dass man seine Wünsche nicht ins Blaue formulieren muss.

Karl Eckart Fahrzeugbau

http://www.hessennet.de/firmen/eckart_fahrzeugbau

Jürgen und Karl Eckart präsentieren Ihnen außer den branchenüblichen Anhängerkupplungen und Anhängern mit dem Stage-Mobil 2500 einen mobilen Anhänger, der die Möglichkeit bietet, flexibel, wetter- und ortsunabhängig Bühnenveranstaltungen und Events durchzuführen. Besonderer Clou: der „Kuhumschmeißer". Das ist ein einachsiger Transportanhänger mit einem hydraulisch betätigten Schwenkarm. Damit sind Sie zur Aufnah-

me eines 90°-schwenkbaren Klauenpflege- und Behandlungsstandes bereit, auf dem Ihren Kühen die Klauen bearbeitet oder die Tiere anderweitig behandelt werden können. Eine „umwerfende" Idee!

H & S Elektronik

http://www.hs-elektronik.com

Eine Motorsteuerung besteht aus einem kleinen Mikrocomputer, der für verschiedene Regelungsaufgaben die Werte bestimmt und einstellt, wobei die Hauptaufgabe die Bestimmung der angeforderten und maximal möglichen Einspritzmenge ist. Wer darauf angewiesen ist, die Beschleunigung und Höchstgeschwindigkeit zu Ungunsten des Benzinverbrauchs zu steigern, der erhält hier nicht nur einen neuen Chip für den Bordcomputer, sondern auch Beratung und eine TÜV-Abnahme. Weiterhin kann man verschiedene Möglichkeiten erwägen, seinen Tachometer an die höheren Geschwindigkeiten oder an die Farbe der Ledersitze anzupassen.

Jelschen – Behindertengerechte Fahrzeuge

http://www.jelschen.de

Welcher Rollstuhlfahrer hätte noch vor einigen Jahren daran gedacht, sich per Lift mit Infrarot-Fernbedienung ins Fahrzeug zu begeben, unter ein höher gelegtes Lenkrad zu rollen und loszufahren? Diese Frage richtet Jelschen auf seiner Homepage an seine Besucher, um die gewaltigen technischen Fortschritte im Bereich der behindertengerechten Fahrzeuge zu illustrieren. Kombiniert mit zwei Jahrzehnten Erfahrung kommen unterschiedliche Modelle aus den Werkstätten, die im virtuellen Vorführraum bestaunt werden können. Auch Gebraucht- und Vorführwagen sind zu haben.

Karcoma Armaturen

http://www.karcoma.com

Das Geschäft der Karcoma Armaturen aus dem schwäbischen Sindelfingen beschränkt sich nicht, wie man meinen könnte, auf Badezimmereinrichtungen. Karcoma fertigt vielmehr für die Automobilindustrie. Und zwar Dekompressionsventile, Kraftstofffilter und „Kraftstoffhahnen" für vorwiegend deutsche Fabrikate und Maschinenbauunternehmen. Darunter befindet sich so namhafte Kundschaft wie z.B. der Motorgerätehersteller Stihl, der Karcoma übrigens als Lieferanten des Jahres ausgezeichnet hat, aber auch große Namen aus der Automobilindustrie wie BMW und Mercedes Benz. Die Website der Firma ist daher auch eher an Firmenkunden gerichtet; Information ist in diesem Sinne weitaus wichtiger aus Unterhaltung. Wer sich dennoch amüsieren möchte, hat die Möglichkeit, sich die englischsprachige Übersetzung von „Kraftstoffhahnen" anzuschauen...

Korona Iso Kühlfahrzeuge

http://korona-iso.de

Damit Frisches auch frisch bleibt, braucht es Spezialfahrzeuge, um die hitzeempfindlichen Güter von einem Ort zum anderen zu transportieren. Kühlfahrzeuge wachsen bekanntermaßen nicht auf Bäumen, weswegen sich eine überschaubare Branche dem Bau (respektive: Umbau) von Kühlfahrzeugen widmet. Korona-Iso kümmert sich um Solches, so betätigen sich die Bayern aus dem lautmalerischen Örtchen Hufschlag u.a. auf den Feldern der Kastenwagenisolierung, Kühlkofferaufbauten und Kühlsysteme. Entsprechend ihrer Profession haben die Mitarbeiter auch eine schön animierte Seite ins Netz gestellt, wo es neben detaillierter Produktbeschreibung auch eine Bildergalerie mit den Modellen der coolen Fahrzeuge zu bestaunen gibt.

Metz Feuerwehrtechnik GmbH & Co KG

http://www.metz-online.de

Die Jungs, die immer noch nicht erwachsen werden wollen, oder diejenigen, die ihren ersten Berufswunsch verwirklicht sehen wollen (oder haben), sind hier im Paradies. Bei Metz gibt es Feuerwehrautos, wie sie schöner nicht sein könnten. Egal, ob Drehleiter, Löschfahrzeug, Rüstwagen oder andere Sonderfahrzeuge: Diese Homepage stellt die Automobile vor, die von echten Männern gefahren werden. Alle Fahrzeuge werden en Detail mit Bild vorgestellt. Dabei weiß das Unternehmen immer, wovon es spricht, denn der Firmengründer Carl Metz hat immerhin die – nun ja – zündende Idee zur Gründung der freiwilligen Feuerwehren gehabt.

Mittelstädt Sonderfahrzeuge

http://www.mittelstaedt-sonderfahrzeuge.de

Besondere Anforderungen erfordern besondere Maßnahmen. Dies gilt insbesondere für Sonderfahrzeuge wie z.B. Rettungs- und Krankentransporter. Gut, dass es für die Lieferung dieser Spezialfahrzeuge Partner gibt, auf die man sich verlassen kann. Die Firma Mittelstädt ist einer dieser zuverlässigen Partner, denn im Angebot befinden sich neben Rettungsfahrzeugen auch Taxen, Spezialtransporter und andere. Mittelstädt ist seit 1987 im Sonderfahrzeugbau tätig. Zusätzlich bietet das Unternehmen eine Reihe weiterer Dienstleistungen an. So kann die Firma beim Ausfall eines Fahrzeuges innerhalb von vierzehn Stunden das Ersatzfahrzeug vor Ort schaffen. Darüber hinaus bietet Mittelstädt verschiedene Services wie das Leasing von Fahrzeugen oder einen Buchhaltungsservice an.

Heidrich Multicar

http://www.multicar-heidrich.de

Wer über Buckelpisten und Kraterlandschaften zu fahren hat, braucht ein technisch höchst ausgefeiltes Automobil. Ausgerichtet auf die Bedürfnisse der Kunden und die Einsatzgebiete stehen bei Multicar nach dem Baukastenprinzip konzipierte Grundfahrzeugvarianten zur Verfügung. Die Fahrzeuge werden nach Wunsch verwindungsfähig, erhalten Kippaufbauten, Hubarbeitsbühnen oder Müllpressen. Verschiedene Anwendungsbereiche werden hier mit den technischen Besonderheiten vorgestellt. Wer dann nicht mehr still sitzen kann, sollte sofort eine E-Mail abschicken und das umfangreiche Prospektmaterial anfordern.

Metallverarbeitungsgesellschaft mbH (MVG): Anhängerkupplungen etc.

http://www.mvgmbh.com

MVG entwickelt, konstruiert und produziert seit 1972 Anhängerkupplungen und Elektrosätze für PKW und Nutzfahrzeuge. Und das sehr erfolgreich, wie namhafte Automobilhersteller bestätigen. Anhängerkupplungen mit starrer und abnehmbarer Kugelstange und Elektrosätze mit reichlich Zubehör gewährleisten die sichere und zuverlässige Verbindung zwischen Zugfahrzeug und Anhänger. Die MVG hat so viele Anhänger gewonnen...

Piepenbrink Fahrzeugkühler

http://www.piepenbrink.de

Diese Seiten gehören selbstredend nicht einem norddeutschen Agrarökonom, sondern einem Spezialisten in Sachen Fahrzeugkühler. 1929 wurde das Unternehmen gegründet; seitdem kann Piepenbrink auf ein stetes Wachstum zurückblicken. Mittlerweile bieten sie ihren Kunden auch den Einbau von Standheizungen sowie Service und Wartung von Klimaanlagen an. Wem der Weg nach Gelsenkirchen nicht zu weit ist, der sollte sich die Produktpalette dieser Ruhrgebiets-Firma auf der übersichtlich gestalteten Homepage ansehen und dem Weg analog der Anfahrtsskizze folgen.

PrimeLinx Plates

http://www.primelinx.de

Haben Sie eine eigene Homepage und wollen diese bekannter machen? Benutzen Sie doch einfach Ihr Auto als Werbeträger! Bei PrimeLinx können Sie die URL (Web-Adresse) Ihrer Website oder Ihre E-Mail-Adresse als „URL Plate" bestellen, also als 3D-Schriftzug ähnlich den Typenschildern der Autohersteller, wahlweise selbstklebend oder magnetisch. Das sieht professioneller aus als ein simpler Aufkleber und hält jedem Wetter und jeder Wagenwäsche stand. Einziger Wermutstropfen: Die Mindestbestellmenge liegt bei zwei Plates – aber Sie können sich ja mit einem Bekannten zusammentun. Eine pfiffige Idee, auch als Geschenk!

PWG

http://www.pwg-rod.com

Für diese Homepage sollte man etwas Geduld mitbringen, denn das sehr anspruchsvolle Layout verbraucht einiges an Ladezeiten. Wer aber vorhat, sich mit Karosseriebau zu befassen und dabei insbesondere auf Aluminium als Material zurückgreifen möchte, der kann sich unter dieser Adresse über einen versierten Zulieferer der Automobilindustrie informieren. Die Verformung von Aluminiumprofilen hat PWG zur Perfektion getrieben, und das Leistungsangebot reicht von der Anfertigung von Prototypen bis zur Serienproduktion. Dies wird in allen Einzelheiten auf der Homepage vorgestellt, und bei Bedarf gibt es die Ansprechpartner und Standorte gleich dazu.

Räuchle GmbH & Co.

http://www.raeuchle.de

Alles über „Mehrspindeldrehautomaten" und „Trowalisierung" findet man hier! Räuchle gilt als leistungsstarker und kompetenter Zulieferer von Präzisionsdreh- und Kaltfließpressteilen für die verschiedensten Bereiche der Industrie, überwiegend Automobil. Seit 1992 präsentiert sich das Familienunternehmen Räuchle in neu erstellten Verwaltungs- und Produktionsräumen, die virtuell im Netz begehbar gemacht wurden. Hier erfahren potenzielle Kunden auch, welche Bearbeitungsgänge dank der qualifizierten Kräfte und des großen Maschinenparks im Leistungsangebot enthalten sind.

Reutter Fahrzeuge

http://www.reutter-fahrzeuge.de

Die Fahrzeugpalette der Firma Reutters mit Sitz in der Nähe des Bodensees erstreckt sich vom Bau von Pferdetransportern und Nutzfahrzeugen über Reisemobile bis hin zu Spezialfahrzeugen. Wenn Sie an den Leistungen bzw. Fahrzeugen interessiert sind, können Sie via Internet mit der Firma in Verbindung treten. Dass Reutters vor allem auf eine genaue Beratung und Planung baut, beweist der eigens dafür eingerichtete Link. Denn die Firma weiß: Nur die ständige Zusammenarbeit mit der Kundschaft während des Herstellungsvorgangs garantiert einen erfolgreichen Arbeitsablauf. Vorbildlicher Service!

Rolli Cars: Behindertengerechte Fahrzeuge

http://www.rolli-cars.com

Solange Menschen durch die Bau- und Konstruktionsweisen der öffentlichen Verkehrsmittel (und nicht nur der) behindert werden, eröffnen die Maßanfertigungen, wie sie von Rolli Cars angeboten werden, eine ganz neue Perspektive für das Fortkommen. Neben den aktuellen Umbaubeispielen kann man sich über Gebrauchtwagen und Messeneuheiten ins Bild setzen lassen. Die Chefs von Rolli Car haben konsequent weitergedacht, und außerdem eine Fahrschule ins Leben gerufen, über deren Konditionen man sich hier ebenfalls informieren kann.

Rolli Mobil: Behindertengerechte Fahrzeuge

http://www.rolli-mobil.de

Wenn nur alle Seiten im Internet so nützlich wären wie diese: Mit Rollstuhl auf Weltreise ist kein Traum mehr. Hier wirbt eine Wohnmobil-Vermietung für Luxus-Liner, die sogar behindertengerechte Toiletten und Duschen an Bord haben. So erlangt man größtmögliche Unabhängigkeit von der Infrastruktur des angepeilten Urlaubsortes. Auf der Homepage kann man die Innenraumgestaltung und das Cockpit bestaunen, die Preise einsehen und sich Word-Unterlagen mit den Vertragsbedingungen herunterladen. Eine kleine Linksammlung führt zu anderen Homepages zum Thema „Behinderung und Reise".

SAI Automotive

http://www.sai-automotive-ag.de

Die Nummer eins in Europa unter den Zulieferern für den Innenraum ist die SAI Automotive AG. Der Spezialist für Entwicklung und Design von Innenräumen der Fahrgastzellen ist ein Qualitätslieferant für nahezu alle internationalen Automobilhersteller. Die Palette der Produkte, die aus Kunststoff, Holzfaser oder Textil bestehen, reicht von der Instrumententafel über die Tür- und Seitenverkleidung bis zur Kofferraumverkleidung. Kunden wie BMW, Mercedes, Audi, Opel und Jaguar wissen die Dienste dieses Konzerns mit weltweit 14.000 Mitarbeitern und einem Umsatzvolumen von ca. 3,7 Milliarden DM (1998) schon lange zu schätzen.

PACCO

http://www.schutzaufkleber.de

Wollten Sie schon immer Ihr Firmenlogo oder Ihren Namen auf Ihrem Auto werbewirksam anbringen? Dann sollten sie bei PACCO vorbeischauen, denn dieses Unternehmen bietet eine Vielzahl von Beschriftungs- und Beklebungsmöglichkeiten an. Die Produktpalette reicht vom einfachen Stoffbedruck über Folienschriften von 30 mm bis hin zu 1,2 Metern. Unter der Rubrik „Beschriftungsbeispiele" geben die hier ausgestellten Autos einige Anregungen für eigene kreative Schriftzüge. Weiterhin sind Schutzaufkleber für viele Autos im Sortiment, die den Wagen vor lästigen Kratzern schützen sollen. Alle Angebote lassen sich bequem und übersichtlich auf den Seiten abfragen und, wenn gewünscht, auch online bestellen.

Sekurit Saint-Gobain

http://www.sekurit.com/sekurit/deutsch/index.htm

Sekurit Saint-Gobain beliefert drei Märkte: den Erstausrüstermarkt, den Transportbereich mit LKW und Bussen sowie den Ersatzteilmarkt. Wo auch immer man sich dazuzählt, an alle wurde hier gedacht. Folglich kann man sich hier über Kommunikationssysteme informieren, die in der Stretch-Limousine den Kontakt zwischen Chauffeur und Fahrgästen möglich machen. Scherz beiseite: Wir sind nicht in Hollywood und deswegen dürften die Schilderungen interessanter sein, die beispielsweise das Sicherheitsglas oder die Klimatechnik betreffen. Ebenso wird das weltweite Vertriebssystem vorgestellt.

Sellner GmbH

http://www.sellner.de

Die Sellner GmbH macht vor keinem Material halt, das am Auto Verwendung findet. Seien es feinste Edelhölzer, Metalle oder Kunststoffe – dieser Betrieb bringt es in die gewünschte Form. Hier wird geschnitzt, gepresst und gegossen, was die moderne Technik und die Wünsche der Kunden hergeben. Auf der Homepage ist man gut aufgehoben, wenn man an ersten Informationen zu diesem Gebiet interessiert ist. Auch was die Veredelung angeht, werden hier verschiedene Möglichkeiten mit ihren Vorzügen vorgestellt. Zum Glück wird auch in kleinsten Stückzahlen gefertigt, weshalb jedermann die angebotenen Kontaktmöglichkeiten per E-Mail oder Snail-Mail ganz unverbindlich ausnutzen sollte.

Temic Automobil-Elektronik

http://www.temic.de

Von A(BS) bis Z(ündung) umfasst das Produktspektrum von Temic alles rund um die Autoelektronik. Genauso modern wie die Produkte und Technologien des Unternehmens zeigt sich auch die Homepage: Detailaufnahmen von Motoren und elektronischen Schaltkreisen dienen als Orientierungshilfen beim Durchstöbern des Informationsangebotes. Besonders lobenswert ist das Engagement bei der Förderung des personellen Nachwuchses, denn Temic bietet neben einem Stellenmarkt auch eine Praktikums- und Diplomarbeitsbörse an. Ein guter Einstieg für technisch versierte Automobilfans mit Berufswunsch.

Härtel Cabrioverdecke

http://www.verdeck.de

Diese Homepage ist am schönsten im Winter anzusehen, denn sie schafft dank Steeldrum-Klängen binnen Sekunden ein karibisches Klima. Genau das Richtige für Cabrio-Besitzer, die sich mit südländischem Savoir-vivre bestens auskennen. Diejenigen unter ihnen, die nicht mehr unter einem schwarzen Himmel fahren möchten, haben hier die Möglichkeit, Sonderausführungen von Cabrio-Verdecken für alle Modelle zu erstehen, die es üblicherweise in keinem Katalog gibt. Lieber Englischgrün oder Flieder? Hier ist das kein Problem, wie auch die Bildergalerie belegt. Die Auswahl verschiedener Verdecke ist so groß, dass es auf der Site nur eine kleine Auswahl anzusehen gibt. Den Katalog und die Preislisten liegen als Dateien zum Herunterladen vor, außerdem können Farbmuster online bestellt werden.

Oxford Automotive – Gebr. Wackenhut GmbH

http://www.wackenhut-nagold.de

Die Kunst des Stanzens, Schweißens und Pressens wird von den Angestellten des Wackenhut'schen Karosseriebau-Unternehmens bestens beherrscht. Für alle, die besonders im Bereich Prototypen- und Karosserierohbau sowie deren anschließende Lackierung tätig sind, dürfte diese Homepage von Interesse sein. So listet sie z.B. die technischen Gegebenheiten in den Werkstätten auf. Auch die Bereiche Werkzeugbau und CAD-Technik werden beworben. Da die Automobilindustrie ein Netzwerk ist, in dem eng kooperiert wird, führen Links folgerichtig zu den Partnerunternehmen.

Wagon Automotive GmbH

http://www.wagon-gmbh.de

Für die drei Unternehmensbereiche Automotive-, Lager- und Präzisionstechnik stehen der Firma Wagon 21 Produktionsstätten in neun Ländern zur Verfügung. Wie diese große Unternehmung strukturiert ist, wie sie gesteuert wird und was als Endprodukt dabei herauskommt, beleuchtet diese Website. Um es vorweg zu nehmen: Autotüren bilden den Dreh- und Angelpunkt. Namhafte Kunden werden auf der URL vorgestellt wie auch die neuesten Konzernentwicklungen. Dazu kommt die aktuelle Stellenbörse, die manchem die Autotür in einen neuen Wirkungsbereich öffnen könnte.

Webasto Fahrzeugtechnik

http://www.webasto.de

Die Webasto Fahrzeugtechnik AG hat sich darauf spezialisiert, den fahrbaren Untersatz etwas komfortabler zu gestalten. Deswegen gehören vor allem Schiebedächer, Standheizungen und Klimaanlagen zum Programm des Autozulieferers. Dass ein Schiebedach auch ästhetische Aspekte hat, davon kann man sich auf dieser grafisch gut gemachten Seite überzeugen.

ZATO GmbH

http://www.zato.de

Ökologisch ist es heute nicht mehr zu verantworten, Metallkarosserien herzustellen. In diesem Sinne hatte der Trabbi anderen Autos einiges voraus. Bei Zato wird ähnlich und doch ganz anders gedacht, und deshalb hat man sich hier auf Leichtbaukarosserien aus Verbundstoffen spezialisiert. Die Homepage informiert über die Möglichkeiten im Bereich des Prototypenbaus und Kleinstserienfertigung. Exemplarisch wird der vielbeachtete L3 vorgestellt. Im virtuellen Firmenarchiv kann man öffentliche Auftritte der bei Zato in Handarbeit hergestellten Autos Revue passieren lassen.

Tuning

Aerodynamische Anbauteile Vertriebsgesellschaft mbH

http://www.aav.de

Dieses junge Unternehmen kann nur auf sechs Jahre Firmengeschichte zurückblicken, aber genau dies ist der Garant für innovative Produkte. Die Solidität bezieht die Firma aus den Erfahrungen der Firma „Spoiler & Co", aus der sie hervorgegangen ist. AAV übernahm die Fertigungsanlagen für die Produktion von Nutzfahrzeugwindleitteilen und baut diese kontinuierlich aus. Schnell wurde mit eigenen Formen, Modell- und Prototypenbau bei Spoilern, Sonnenblenden und Rahmenverkleidungen begonnen. So sind in der kurzen Firmengeschichte wieder einige bemerkenswerte Windleitsysteme für verschiedene LKW-Typen entstanden. Eine Site, die trotz windschnittiger Thematik nicht unbedingt stromlinienförmig daherkommt.

AC Schnitzer

http://www.ac-schnitzer.de

Das Unternehmen AC-Schnitzer hat eine interessante Entwicklung gemacht. Ursprünglich konzentrierte sich der Spezialist für automobile Technik ganz auf den Rennsport, beziehungsweise auf die Deutsche Tourenwagenmeisterschaft. Heute hat man den Technologietransfer vollzogen und bietet auch für Nicht-Rennfahrer Straßentuning für alle BMW-Modelle an. Dazu gehört ein komplettes Spezialteileprogramm, besonders leistungsstarke Motoren, dezentes Karosserietuning und Fahrwerkslösungen, die eine „perfekte Symbiose zwischen sportlichem Handling und hervorragendem Fahrkomfort" versprechen. Anklicken und Gas geben!

Alpina

http://www.alpina.de

Alkohol und Autofahren – wie passt das zusammen? Mitunter hervorragend, wie die exquisite Homepage von Alpina demonstriert. Die offizielle Homepage von Alpina, der Tuningfirma für BMW-Boliden, präsentiert Ihnen die BMW-Modelle „B3 3.3", „B10 3.3", „D10 Biturbo", „B10 V8" und „B12 6.0 E-Kat" in verschiedenen Ausführungen. Alpina setzt Maßstäbe im BMW-Design und erfreut sich nicht nur innerhalb Deutschlands großer Beliebtheit. Neben den ausführlichen Daten über Motortuning, Karosserie, Kraftübertragung, Fahrwerk, Ausstattung und Interieur überrascht das Unternehmen mit der Aussage, Importeur für Weine zu sein. Geschäftsführer Burkhard Bovensiepen erhebt eingangs das Glas auf Ihr Wohl und lädt Sie zu einem virtuellen Rundgang ein, der den Lebensstil für bewusste Genießer vortrefflich dokumentiert. Dementsprechend ist die Site auch ein Hochgenuss für

(Kfz-)Ästheten. Trotzdem: sollten Sie einen (womöglich Alpina-getunten) Wagen steuern, verzichten Sie bitte auf das Quantum (ggf. alpina-importierter) Alkoholika. An dieser Seite können Sie sich jedoch nach Herzenslust berauschen.

Alfa Romeo Ophoff

http://www.ar-ophoff.com

Ein Tuning-Sektor, der vom Spider mit sechs Zylindern bis zum Alfa 166 alles möglich macht, detaillierte Ersatzteilsuche nach Fahrzeugtyp (z.B. Giulia Super) oder Genre (z.B. Auspuffanlagen), News zum Thema „Alfa Romeo", Neu- und Gebrauchtwagen mit Bildern und Preisen und ein Reparaturdienst, der laut eigener Aussage sogar „Bananen wieder gerade machen" kann – all das macht Alfa Romeo Ophoff zu einer wichtigen Adresse für alle Alfa-Romeo-Fahrer. Da bleibt kein Auge trocken, kein Problem ungelöst und kein Wunsch offen.

BBS

http://www.bbs-ag.com

Seit drei Jahrzehnten rauchen die Köpfe in der Entwicklungsabteilung von BBS. Mit dem Ergebnis, dass fast die Hälfte aller Formel-1-Boliden auf ihren Rädern über die Pisten rollen. Auch unter Normalsterblichen sind die Felgen mittlerweile sehr begehrt, denn Leichtmetallräder sind längst mehr als Design- und Liebhaberstücke. Ein leichtes Rad verbessert die Fahreigenschaften, spart Kraftstoff und entlastet die Umwelt. Die Firmensite stellt nicht nur Ansprüche und Ziele des Unternehmens vor, sondern auch das Radsortiment, durch das man mit dem ausführlichen „Radgeber" geführt wird. Zudem kann man sich mit allerlei Kleidungsstücken und Accessoires ausstatten, mit denen man beim nächsten Besuch des Hockenheimrings glänzen kann.

Der Beetster – New-Beetle-Tuning by Kamei

http://www.beetster.de

Ein Käfer oben ohne: Unter der Website www.beetster.de bietet die Autoveredelungsfirma

Homepage BBS

Kamei eine bunte Palette an Informationen zu ihrem neuesten Produkt, dem New Beetle. Und zwar als sportlichen Roadster, so ganz ohne Verdeck, denn dieser zweisitzige Fun-Roadster ist ein fahrfähiger Prototyp, den es nur als offene Version gibt. Angefangen bei den Äußerlichkeiten wie Front- oder Scheinwerferblende, Griffmuscheln, Trittbrett-, Heck- und Doppelauspuffblende bis hin zu den lederbezogenen Schalensitzen mit Vierpunkt-Gurten im Inneren: der Beetster präsentiert sich in einer „blendenden" Aufmachung. Dank der Spezialisten des Kamei-Teams. Wer seine Freunde aus dem örtlichen Beetle-Fanclub beglücken möchte, kann virtuelle Postkarten verschicken oder sich in Bälde selbst im Merchandise-Shop umschauen. Zur Betrachtung des „Virtual Beetle" benötigt man allerdings das Quicktime Plug-In von Apple.

Bertone

http://www.bertone.it

In welchen Schritten gelangt ein Automobil von der Idee zum fertigen Serienmodell? Wird die Form des Motors den Wünschen des Designers angepasst, oder muss der sich ganz nach der Technik richten? Fragen wie diese werden auf der Homepage von Bertone beantwortet, jener Firma, die selbst zumindest die Schritte bis zum Prototyp mitgeht und das massenhafte Stanzen von Blechen dann ihren Kunden überlässt. Sei es der Fiat Punto oder der schnittige Porsche Karisma: Bertone stellt auf seiner Homepage die gelungensten Werke aus der eigenen Prototypenwerkstatt vor – und das bis zu den Anfängen des Unternehmens im Jahre 1912!

Cartuning.com – Der Tunertreff

http://www.cartuning.com

Cartuning.com – Der Tunertreff: Das Autotuning-Forum, bietet praktisch alles, was das Liebhaberherz begehrt. Von Felgen und Fahrwerken über Markentuner und Sportauspuffe bis hin zu Fachzeitschriften und Motortuning präsentiert die Homepage von Cartuning.com ein breit gefächertes Angebot. Dazu gibt's Service vom Feinsten mit vielen News, Veranstaltungstipps und Kleinanzeigensektor, für Unterhaltung sorgt u.a. „Car-tooning", während der Chat dem Tuning-Begeisterten die Gelegenheit bietet, sich mit Gleichgesinnten direkt auszutauschen. Und wer Lust hat, kann sogar an einer Auktion teilnehmen und das eine oder andere Schnäppchen ergattern.

Colani

http://www.colani.ch

Der deutsch-schweizerische Produktdesigner Luigi Colani vertritt zwar sehr zweifelhafte politische Auffassungen, doch das hat seinem Ansehen als Gestalter von Alltagsgegenständen nicht geschadet. Die Site Colanis ist überraschend wenig durchgestylt, dafür aber übersichtlich. Sie bietet eine Biografie des Mannes, der neben Autos auch die Biertulpe und die Wimperntusche zum Designobjekt gemacht hat. Außerdem werden seine Maximen zur Gestaltung der menschlichen Umgebung vorgestellt, die neben den Zukunftsvisionen des Top-Designers stehen. Wer nicht genug bekommen kann, der klicke sich am besten durch in den Online-Shop, wo es neben erschwinglichen Produkten vom Reißbrett auch Bücher über den Meister gibt, die auch größere Objekte seines Œuvres präsentieren.

CRB Road Tuning

http://www.crb-roadtuning.ch

CRB Road Tuning verleiht Ihrem Auto ein eleganteres und sportlicheres Design. Wählen Sie einfach aus den Katalogen für Leichtmetallräder, sportliches Zubehör und MLK-Tuning (Opel-Zubehör) und geben Sie Ihrem Fahrzeug ein völlig neues Erscheinungsbild.

Wenn Sie nicht glauben, wie gut das aussehen kann, können Sie die Beispiele aus der Bildergalerie bewundern.

Fittipaldi

http://www.fittipaldi.de

Nachdem Emerson Fittipaldi der Welt des Motorsports das Fürchten gelehrt hat, macht der ehemalige Weltmeister nun in Alu-Felgen. In seiner Zeit als aktiver Sportler hat er gewiss ausreichend technisches Know-how gesammelt, so dass er nun als kompetenter Ratgeber (und Hersteller) für verschiedene Felgen in Erscheinung tritt. Neben seiner sportlichen Biografie bietet seine Homepage eine Auswahl verschiedener Aluminiumfelgen, zu deren Kauf er rät. Bei Interesse gibt es ein Verzeichnis mit den Händlern in der Nähe.

Irmscher

http://www.irmscher.de

Ein großer Name hinter einer prächtigen Homepage. Tatsächlich hat der Webmaster des Irmscher-Teams besonders viel Wert auf Detail und Design gelegt und hat sich zu diesem Zwecke der Shockwave-Technik bedient. Wenn man dieses Plug-In noch nicht hat, empfiehlt es sich, Zeit mitzubringen, denn die Installation dauert etwas. Danach geht's aber rund im Tuning-Motodrom: professionelle Programmierung, aussagekräftiges Design sowie eine umfangreiche Informationsquelle zum Unternehmen – Irmscher lässt nichts aus. Neue Produkte, Veranstaltungstermine und „Irmscher intern" – die Remshaldener versorgen ihr Publikum, überraschen auf allen Ebenen. Kannte man den Schriftzug der Firma bislang nur von hyper-getunten Opel Mantas, so ist man angenehm überrascht, wie dezent der Web-Auftritt gestaltet ist. Anhand dieser Homepage kann man den Paradigmenwechsel nachvollziehen: Heutzutage ziert das Firmenlogo hauptsächlich Renn- und Tourenwagen, der Manta ist passé, stattdessen werden Astra, Vectra und Zafira getunt, wobei das Tuning wesentlich anspruchsvoller und schöner geworden ist.

JMS-Tuning

http://www.jms-fahrzeugteile.de

Lust auf einen Plausch mit Gleichgesinnten? Dann kommen Sie in den Tuning-Chat und tauschen Sie sich mit anderen Tuning-Fans aus. Die Tuning-Site von JMS-Tuning bietet Ihnen zudem die Möglichkeit, Ihr Auto kostengünstig aufzurüsten: Frontspoiler, Windschotts (Wind-Deflektoren), Gewindefahrwerke, Seitenschweller usw. – das Angebot ist vielfältig und reichhaltig.

Kamei

http://www.kamei.de

1952 präsentierte ein gewisser Karl Meier auf dem Genfer Automobilsalon den ersten VW-Käfer mit Frontspoiler – oder wie man damals sagte „mit „Tiefensteuer". Dies war der Grundstein für die bis heute andauernde Erfolgsgeschichte der Firma KA(rl)MEI(er), einem nach eigenem Bekunden „Unternehmen für innovative Autoextras". Viele dieser einst innovativen Extras sind inzwischen Standard geworden wie z.B. Kopfstützen und Kofferraumabdeckung. Innovativ ist Kamei weiterhin; da bildet die URL des Unternehmens keine Ausnahme. Die jeweiligen Neuigkeiten rollen auf einem separaten, kleinen Fenster am rechten Bildrand unaufdringlich über den Schirm, während ein Gewinnspiel zum Mitmachen einlädt. Wer mehr über die Firma erfahren möchte, kann sich im „Background" kundig machen oder den Katalog des Unternehmens kostenlos per Formular bestellen.

Lorinser

http://www.lorinser.de

Das geht aber nicht! Jetzt haben Sie sich schon den Silberpfeil Mercedes S-Klasse gegönnt und müssen nun feststellen, dass Ihr Nachbar auch einen in der Garage hat. Was tun? Ein sportlichere Auspuffanlage muss her, dazu ein modifiziertes Fahrwerk und ein Satz Leichtmetallräder. Spaß beiseite: Wer einfach nur noch ein bisschen mehr aus seinem Mercedes machen will, sollte sich einmal beim Tuner Lorinser umsehen. Der Service gilt natürlich für alle Klassen – „gedopt" wird auch ihr 190er besser aussehen als die S-Klasse des Nachbarn!

MK-Tuningshop

http://www.mk-tuningshop.de

In Neongelb scheint er dem Surfer entgegen, der MK-Tuning-Shop, der alles rund ums Auto verspricht. Felgen, Reifen, Roadster-Bügel oder Gebrauchtwagen – dem Autoliebhaber sind keine Grenzen gesetzt. Als besonderes Highlight werden Preise bis zu 35 % unter Ladenpreis versprochen. Die Kontaktaufnahme ist einfach: Bestellungen sind per Telefon, Fax oder E-Mail möglich.

Nowack Tuning

http://www.nowack-tuning.de

Entdecken Sie völlig neue Potenziale Ihres Autos! Nowack Tuning, dessen Innovationen auf langjähriger Rennsporterfahrung beruhen, beschäftigt sich seit nunmehr 40 Jahren mit dem Tuning von Serienfahrzeugen für den Alltagsgebrauch. Durch die Kombination von klassischem Motortuning und einer Optimierung der Motorelektronik werden Leistungszuwächse realisiert, die Sie vorher nicht vermutet hätten. Die Site dokumentiert diese Leistungszuwächse u.a. anhand der abrufbaren Leistungskurven von Fahrzeugen, die optimiert wurden.

Formel K

http://www.nrw-prompt.de/formelk

Damit man auf dem Asphalt eine gute Figur abgibt, werden prächtige Endschalldämpfer und Sportfahrwerke von der Firma Formel K zum Verkauf feilgeboten. Zur Verdeutlichung der verschiedenen Möglichkeiten der Formel K – Fahrwerke wurde ein Fahrtest durchgeführt. Mit diesem Test sollte belegt werden, dass speziell auf die Anforderungen der Fahrer abgestimmte Fahrwerke Qualität und Sicherheit gewährleisten. Die Ergebnisse dieses Tests sind direkt überprüfbar und legen zur Steigerung der eigenen Sicherheit den Kauf eines Gewindefahrwerks nahe. Alle Produkte können online bestellt werden. Außerdem werden Anfragen per E-Mail zügig bearbeitet.

Oettinger

http://www.oettinger.de

Nach wie vor ist der VW Golf das beliebteste Auto der Deutschen. Und da Autos bei den Deutschen sowieso sehr beliebt sind, ist es auch klar, dass sich Golffahrer nur schwer als Individualisten bezeichnen können. Wer sich trotzdem etwas aus der Masse abheben möchte, sollte einmal darüber nachdenken, ob er nicht seinen fahrbaren Untersatz etwas aufwerten. Infos über Tunings aller Art für VWs und Audis gibt's unter oettinger.de zu sehen. Ob Fahrwerk, Spoiler oder nur eine extralaute HiFi-Anlage – bei Oettinger bekommen Sie fast alles. Wer allerdings aus einem Käfer einen Porsche machen möchte, sollte sich lieber an den Froschkönig wenden. Der hat nur leider keine Homepage...

Pininfarina

http://www.pininfarina.it

Pininfarina: Ein Name, der Kennern der Automobilszene auf der Zunge zergeht. Der Design-Gott aus Italien hat schon Mitte der 60er durch sein unglaublich sportliches Karosseriedesign cw-Werte geschaffen, von denen Konstrukteure der Neuzeit nur träumen können. Apropos „Zeit". Nach dem erfolgreichen Umbau der Pininfarina-Homepage ist es an der Zeit, länger auf diesen (ebenfalls) wunderschön gestalteten Seiten zu verweilen. Auf Englisch (oder Italienisch) wird man durch einen Mikrokosmos modernen Industriedesigns geführt, die Pininfarina-Erfolgsstory wird bis in den letzten Winkel ausgeleuchtet. Dass der Meister aller Design-Klassen auch sonst sein Handwerk versteht, erkennt man allein schon am schnörkellosen Logo der Firma. Folgen Sie dem Verlauf der Kaderschmiede und lassen Sie sich von den beeindruckenden Werken Sergio Pininfarinas & Co. überzeugen, dass es doch noch möglich ist, schöne Autos zu bauen. Oder zumindest zu tunen – welch schnödes Wort für große Kunst.

ProCars.de

http://www.procars.de

„Willkommen in der Welt der 5.7 – XX-Liter!" Was sich wie eine Einladung des zentralen Verbandes der Molkereibetriebe anhört, ist in Wahrheit das Nirwana für Tuning-Freaks. Da wird über Cube-Inches räsoniert, von offenen Vergasern ist die Rede, und auch die Flammrohre dürfen nicht fehlen. Wer also neben Recaro-Sitzen mit Trägergurtbefestigung, dem achten Spoiler an der dritten Heckflosse hinten links (vulgo: Pommestheke) und dem Auspuff im Stalinorgelformat noch weitere Tipps und Tricks bezüglich der Aufrüstung seines liebsten Kindes braucht, der darf hier seitenweise schwelgen (nicht schwellen!).

Renault Design Centrum

http://www.renault.de/special/designzentrum

Die Freude über ein neues Auto ist häufig groß, doch der Geruch des neuen Lieblings schlägt einem oft schon vom ersten Augenblick an (unangenehm) in die Nase. Es wollen beim Design eines neuen Wagens eben alle Sinne angesprochen werden. Aus diesem Grunde gibt Renault den Blick in ihre Konstruktions- und Designabteilungen frei, in denen auf diese Aspekte Rücksicht genommen wird. Die Site glänzt dabei durch ihre elegante Aufmachung, die auf das Zusammenspiel von Farben und Materialien, die menschliche Wahrnehmung, Anforderungen an Serienfahrzeuge und die Zukunftstrends eingeht. Die Besucher werden schrittweise durch die verschiedenen Kapitel geleitet, in denen die Themen ausführlich behandelt werden. Dabei ist es auf vorbildliche Weise gelungen, die Designansprüche auch bei der Gestaltung der Site umzusetzen.

SAS Sport

http://www.sas-sport.de

Extreme Fahrwerke, außergewöhnliche Felgen, ultimative Auspuffanlagen und TÜV-Sondereintragungen verspricht SAS Sport auf seiner Firmenseite. Bei Letzteren ist es möglich, unverbindlich Anfragen per E-Mail abzusenden. Das Bildarchiv ist nach verschiedenen Fahrzeugen geordnet und hält Ideen für zahlreiche Umbauten bereit. Der Teilemarkt verfügt nicht nur über Auspuffanlagen und Stossdämpfer, sondern hat auch ganze Fahrzeuge für und von privat in petto. Eine Überraschung stellt das Clubverzeichnis dar, in dem sich ganz informell alles versammelt, was tiefer gelegt wurde.

Tunerverzeichnis

http://www.tunerverzeichnis.de

Was isst ein Manta-Fahrer am liebsten? Antwort: Tunefisch. Ha ha. Wer den abgedor-

schenen Witz nicht lustig findet, der wird mit Sicherheit mehr Spaß an den Seiten des Tunerverzeichnisses haben. Hier findet sich alles aus der Welt der Schweller und Spoiler, die favorisierten (und autorisierten Tuner) der ganz Großen des Business – von Alfa bis VW – sind sogar verlinkt. Wer also seinem 3er-BMW einen neuen Auspuff in Vierfachorgelform gönnen möchte, der ist gut beraten, sich durchs Tunerverzeichnis beraten zu lassen.

Werkstätten

Abschlepp- und Bergungsdienst Central GmbH

http://www.ad-central.de

Auf in die Hohle des Löwen! Seien wir ehrlich: Diese Website gehört zu denen, die man nur mit einem leichten Schauer auf dem Rücken anklickt – wer sucht schon freiwillig die Nähe von Abschleppunternehmen? Wer trotz allem seine Gründe dafür hat, der ist auf dieser Seite gut aufgehoben, denn sie bietet neben allgemeinen Informationen über das Bergen und Abschleppen von Fahrzeugen und den Pannendienst auch einen Besuch der Werkstatt, in der Abschleppfahrzeuge hergestellt und repariert werden. Veranstaltern von Großereignissen oder ähnlichem wird zusätzlich ein Mietangebot unterbreitet.

Auto- und Fahrradwerkstatt

http://www.a-und-f.com

Normalerweise zerreißt es Auto- und Fahrradfahrern das Herz (und den Geldbeutel), den fahrbaren Untersatz zur Reparatur in eine Werkstatt geben zu müssen. In München hat man die Möglichkeit, mit dem Reparaturauftrag etwas Gutes zu tun. Diese Werkstatt beschäftigt jene, die auf dem Arbeitsmarkt kaum Chancen haben und bildet sie aus. Die Vermittlungsquote liegt bei 100 %, die Azubis haben also wirklich was auf dem Kasten. Wer sich für eine Ausbildung in diesem Metier interessiert, kann sich Informationen beschaffen und sich online zum Arbeitsamt weiterleiten lassen. Dazu wird das Leistungsangebot vorgestellt, das auch den Handel mit neuen und gebrauchten Rädern und Autos vorsieht. Ein durch und durch nachahmenswertes Modell!

Autop Hebetechnik

http://www.autop-hebetechnik.de

Für die, die an der falschen Stelle sparen und sich mit einer „zusammengestückelten" Autowerkstatt zufrieden geben, kann das Arbeiten zu einer unnötigen Tortur werden. Die Firma Autop liefert nicht nur Hebebühnen, sondern komplette Werkstattkonzepte, die auf die individuellen Wünsche der Kunden zugeschnitten werden. Auf der Homepage wird eine Übersicht über das komplette Programm geboten, das von der kundenfreundlichen Annahme über die Bereiche Reparatur und Wartung, Karosseriearbeiten sowie Autopflege bis zu ASU-Prüfungen reicht. Wer auch immer in das Geschäft mit Autoreparatur und Wartung einsteigen möchte, der ist hier an der richtigen Adresse.

HMT Autowaschtechnik

http://www.betaweb.net/hmt-kluge/index.htm

Mit Vertrieb, Vermietung, Transport, Montage und Wartung gebrauchter Autowaschanlagen bietet die HMT Autowaschtechnik saubere Leistungen. Darüber hinaus gibt es auch nagelneue Angebote, so zum Beispiel die Ribea Wasseraufbereitungsanlagen. Wer Interesse hat, braucht lediglich den Fragebogen auszufüllen und per Internet abzusenden. Geschrieben sind die Texte nicht nur auf Deutsch und Englisch, sondern auch auf Italienisch. Schade nur, dass man selbst beim Button „Deutsch" auf englische Texte stößt.

CARGLASS

http://www.carglass.de

„Willkommen bei CARGLASS, dem Spezialisten für Autoglasreparatur und -austausch!" So wird der Surfer eingangs der Carglass-Homepage begrüßt. Willkommen fühlt man sich tatsächlich, gibt diese Seite durch ihre ästhetische Optik und die glasklare Struktur dem surfenden Kunden das Gefühl, den Durchblick zu haben. So findet man unter dem direkt auf der Indexseite erscheinenden Link „Carglass auf einen Blick" eine angenehm kurze slideshowartige Darstellung des Unternehmens und seiner Leistungen. Die Webpräsenz von Carglass ist ein gutes Bespiel für die gelungene Umsetzung der Forderung, jede gute Homepage müsse mit drei Klicks ans Ziel der Nutzerwünsche führen. Wem dies noch nicht schnell genug ist, dem sei die Sitemap empfohlen, die auf einen Blick alle Inhalte aufzeigt. Ein absolut bruchfester Auftritt der Glasspezialisten!

NKA – Autoklima & Technik

http://home.t-online.de/home/NKA-Autoklima/index.htm

„Große Autos, schöne Autos", so tönt es von der NKA-Site. Th. Nordmeyer und R. Kriehn haben nicht nur eine GbR gegründet, sondern auch noch einen Meisterbetrieb für Kfz im Rücken. Und dieser Betrieb hat sich auf alles Klimatische im Auto spezialisiert. Und die Klima- und Heizungsanlagen werden nicht bloß verbaut und repariert, die Kunden erhalten sogar Vollservice. Mitunter (so versprechen es die Werkstattinhaber) auch „Telefonseelsorge" in puncto Auto & Mobiles von den Meistern persönlich. Die Berliner geben sich gewitzt, was sicherlich regen Kundenzulauf erwarten lässt. Auf das sie selbst ins Schwitzen kommen...

Kfz-Meisterbetrieb Siegbert Schulz

http://home.t-online.de/home/Siegbert.Schulz

24 Stunden am Tag und 365 Tage im Jahr stehen Ihnen die Dienste des Kfz-Meisterbetriebes Siegbert Schulz zur Verfügung – dem Internet sei Dank. Die Reparaturarbeiten, ganz gleich ob an Kraft- oder Baufahrzeug, Baumaschine oder Fördertechnik sowie anfallende Arbeiten wie Schnellreparatur, Unfallinstandsetzung, Inspektion, Sofort-Ölwechsel, UVV-Prüfungen, TÜV Vor- und Hauptuntersuchung oder Abgasuntersuchung werden schnell und zu Ihrer vollsten Zufriedenheit erledigt. Die Verkaufsabteilung präsentiert Ihnen Kraft- und Nutzfahrzeuge aller Art, wie z.B. die bekannten Hyster Gabelstapler. Des Weiteren hilft bei Fragen ein Kundendienst mit kompetenter Beratung weiter.

Karosserie Atze

http://www.karosserie-atze.de

Ab einer Körpergröße von zwei Metern aufwärts kann das Autofahren durchaus zum Problem werden. Insbesondere, wenn der Traumwagen ein alter Fiat 500 ist. „Uns Atze" verfügt glücklicherweise über das notwendige Know-how, um aus einem solchen Zwerg eine Stretch-Limousine zu machen – auf Wunsch auch mit Gelenk. Spezialitäten des Hauses sind Restaurierungsarbeiten, einschließlich der Nachfertigung ganzer Teile, sowie sämtliche Arbeiten an Motorsportwagen, egal welchen Alters. Je nach Interesse der Kunden schickt die Firma auf Anfrage weitere Unterlagen zu.

Kienle Automobiltechnik

http://www.kienle-automobiltechnik.de

Für Klaus Kienle wurde ein Traum wahr: 1962 begann er bei Mercedes Benz eine Lehre, nach deren Abschluss er sich bis zum Kfz-Meister in der Abteilung für Sportwagen und Staatskarossen hocharbeitete. 1984 begann er dann seinen Traum zu verwirklichen: Er eröffnetet ein Restaurationsunternehmen nebst Autohaus und Werkstatt, welches sich fast ausschließlich um Mercedes-Modelle kümmert. Ein Traum wird wahr für jeden, der sich auf der Website des Unternehmens einfindet. Die Oldtimer sind mit einer grafischen Gestaltung, die ihresgleichen sucht, in atemberaubend schönen Bildern derart ins (rechte) Licht gesetzt worden, dass einem der Mund offen steht und die Hand unwillkürlich zum Portemonnee tastet, um eine dieser Schönheiten bald sein Eigen nennen zu dürfen. Wo Worte versagen, bleibt nur diese Empfehlung: So gehet hin und schauet!

KSK Autoklinik

http://www.ksk-autoklinik-gmbh.de

Die KSK Autoklinik aus Hückelhoven ist der Ansprechpartner zum Thema Unfallreparaturen, Industrie- und Autolackierungen, Fahrzeugbeschriftung sowie Designlackierung mittels Airbrushtechnik vom Auto bis hin zum PC. Der surfende Gast erkennt sofort: In der Autoklinik wird ein „ganzheitlicher Heilungsansatz" des Vehikels betrieben. Ein Beispiel dafür ist das Windschutzscheiben-Pflaster, das von der Klinik über Internet kostenlos angefordert werden kann, um geringfügig beschädigte Scheiben gegen Schmutz und Feuchtigkeit zu wappnen. Sind die Schäden größer, kann die Klinik mit einem Austausch der Scheibe helfen. Obwohl sich die Homepage noch im Aufbau befindet , hat der künftige Kunde bereits die Möglichkeit, den für ihn richtigen Ansprechpartner zu kontaktieren, alle führenden Angestellten der Firma sind mit Bild, E-Mail-Adresse, Telefon- und Faxnummer aufgeführt. Hier lässt man sein Auto gern „kurieren"!

Peters Garage

http://www.peters-garage.com

Wer träumt nicht davon, einen amerikanischen Straßenkreuzer zu besitzen? Dank „Peters Garage" könnte dieser Traum bald Wirklichkeit werden. Innerhalb von vier Wochen steht dann Ihr amerikanischer Traum, als Neu- oder Gebrauchtwagen, sogar als Oldtimer vor der Tür. Für ganz Eilige geht es mit Luftfracht noch schneller. Geht der Wagen einmal

Homepage Karosserie Atze

kaputt, so ist das auch kein Problem, denn neben dem Import der neuen und gebrauchten Autos gehört auch der Import der Ersatzteile zum Standardangebot. Wie effizient „Peters Garage" arbeitet kann man verfolgen: Auf der weitläufigen Site kann z.B. die Vollrestaurierung eines Ford Mustang in den einzelnen Arbeitsschritten begutachtet werden. Wer hierbei Appetit auf eines der chromstarrenden Schätzchen bekommen hat, der kann die neuesten Angebote gleich abrufen und unter die Lupe nehmen.

Pit-Stop

http://www.pit-stop.de

Sie brauchen einen neuen Auspuff, neue Bremsen, Reifen oder einfach nur einen Ölwechsel? Kein Problem mit Pit-Stop. Egal welche Automarke, das Unternehmen verspricht Service ohne Voranmeldung, Festpreisen und zwei Jahre Garantie auf jedes Ersatzteil. Interessierte erhalten Daten und Fakten über das Unternehmen, Mitteilungen über Projekte und Services sowie aktuelle Stellenangebote. Hilfreich für den nächsten Reifenwechsel: Per Mausklick kann man sich im Renntempo die nächste Pit-Stop-Filiale in der Nähe suchen.

Riemschneider & Unger Hamburg

http://www.riu.de

Wer innerhalb von 16 Jahren von einem Ein-Mann-Betrieb zu einem mittelständischen Unternehmen mit 30 Angestellten kometenhaft aufsteigt, der muss sein Handwerk schon beherrschen. Von A wie „Achsvermessung" bis Z wie „Zubehör" reichen die Leistungen, die von Riemschneider und Unger im World Wide Web präsentiert werden. Vor allem die Versandkunden können sich über günstige Angebote qualitativ hochwertiger Waren informieren.

Sachsenring AG

http://www.sachsenring-ag.de

Seit 100 Jahren liegt eines der Zentren der deutschen Automobilindustrie im sächsischen

Homepage Peters Garage

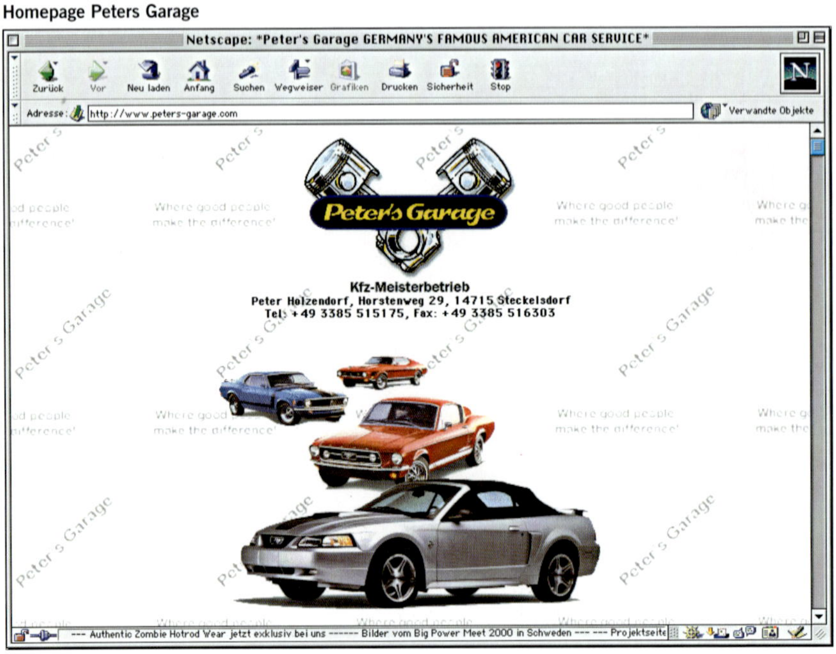

Zwickau. Nach der Wende hat sich die Sachsenring AG auf Forschung und Entwicklung in den Bereichen Fahrzeugentwicklung und Produktionstechnik spezialisiert. Diese Bereiche werden mit den verschiedenen Schwerpunkten ausführlich vorgestellt. Fast wie ein Abenteuerroman liest sich die 100-jährige Geschichte des Unternehmens, die kaum typischer für ein deutsches Unternehmen sein kann. Interessant ist auch die Idee einer eigenen Firmenzeitschrift im Internet, die für die Mitarbeiter, aber auch Freunde des Unternehmens konzipiert wurde.

Schmädicke

http://www.schmaedicke.com

Support your local cardealer! Seit über 50 Jahren schrauben die Mechaniker von Schmädicke an fahrbaren Untersätzen herum, schon vor der Wende bereits an französischen Fabrikaten. Besitzer eines Renaults verschaffen sich hier leicht einen Eindruck, ob sie ihr bestes Stück in die Hände dieses Hauses übergeben. Die Entscheidung wird Ihnen leicht fallen, denn die Seite ist durch und durch vertrauenerweckend, nicht zuletzt, weil die Site einerseits übersichtlich gestaltet wurde und andererseits sehr sachlich und sorgfältig über Neu- und Gebrauchtwagen, aber auch über das Serviceprogramm informiert.

Tachoklinik

http://www.tachoklinik.de

Je besser die Federung des Wagens, desto schwieriger wird es bekanntlich, die eigene Geschwindigkeit einzuschätzen. Um so wichtiger ist es dann, einen zuverlässigen Tachometer zu haben – der Entzug des Führerscheins bringt bekanntlich für manche gewichtige Umstellungen mit sich. Diese Werkstatt hat sich auf die Kalibrierung, Editierung und Reparatur mechanischer, elektrischer und elektronischer Tachometer spezialisiert. Über weitere, teilweise amüsante Sonderleistungen wie die Erstellung eines individuellen Tachodesigns erkundigt man sich unter dieser Adresse.

Homepage Tachoklinik

TBS GmbH Werkstatteinrichtungen

http://www.tbs-aachen.de

Das Herz eines Handwerkers und Bastlers schlägt höher, je länger man sich durch den Katalog dieses Werkstattausstatters klickt: alles vom Schraubschlüssel über Richtwerkzeug bis hin zur Hebebühne. Die Gliederung ist sehr übersichtlich und ermöglicht die gezielte Suche über die Suchmaschine, den Index oder den Katalog. Zu allen Artikeln werden Produktinformationen angegeben. Wenn man dann verständlicherweise nicht mehr still sitzen kann, kann man online Bestellungen aufgeben.

Unfallreparatur.de: Verzeichnis deutscher Unfallwerkstätten

http://www.unfallreparatur.de

Schön, dass man das Thema „Unfallreparatur" grafisch so schön aufbereiten kann! Diese Site sollte ein Vorbild sein für andere Homepages, die ähnlich sachliche Themen behandeln. Und was steckt in der schönen Verpackung? Mit der geografischen Suche finden Besucher die nächstgelegene Werkstatt. Die Suchmaschine macht die Vollextsuche möglich und bei der thematischen Suche sind die Werkstätten nach Angeboten sortiert. Im Online-Verzeichnis findet man viele interessante Links zum Thema Unfallreparatur.

VW Service

http://www.vw-service.de

Je älter ein Fahrzeug, desto anfälliger wird es für kleine Macken und Abnutzungserscheinungen. Und je länger man damit weiterfährt, desto mehr wird aus einer kleinen Macke ein schwerwiegender Schaden. Volkswagen reagiert auf die sehr empfindliche Fahrerseele mit einem neuen Angebot, über das man sich auf der Service-Homepage ins Bild setzen lassen kann. Je länger man mit seinem VW unterwegs ist, desto mehr Serviceleistungen können in Anspruch genommen werden – damit die kleinen Schäden nicht verschleppt werden. Daneben ist ein Gang durch die virtuelle Werkstatt möglich, und selbstverständlich können Händler zwischen dem Nabel der Welt und Hintertupfingen gesucht werden.

Werkstatt Online

http://www.werkstatt-online.net

So etwas gibt es nur im Internet: Das Branchenbuch eines Gewerbezweiges für ganz Deutschland – sogar mit Katalogfunktion! Hersteller und Anbieter von Kfz-Werkstattausrüstung können hier ihre Produktpalette den Werkstätten durch eine einfache Suche nach Produkten und Lieferanten anbieten. Dabei überrascht vor allem die genaue und präzise Unterteilung der Arbeitsgeräte, die dabei keineswegs an Übersichtlichkeit verliert. Vom einfachen Schraubschlüssel über Motortestgeräte bis zur Hebebühne – für Automechaniker ein echtes Paradies!

Zubehör

Auto Teile Unger

http://www.atu.de

Auto Teile Unger ist eine Filialkette, die flächendeckend die deutschen Autofahrer mit dem Notwendigsten versorgt, was es im oder am Auto zu ersetzen oder ergänzen gibt. An 281 Standorten ist die filialste Zubehörkette des Automobilen derzeit präsent und lockt die Kundschaft mit zahlreichen Schnäppchen und Qualitätsware zu günstigen Konditionen. Dazu gibt's Einbau-Festpreise, die größtenteils weit unter dem Niveau von Vertragswerkstätten liegen;

geschultes und engagiertes Fachpersonal ist Ihnen dabei zu jeder Zeit behilflich. Demonstrieren die Ladenöffenungszeiten unter der Woche von 7-20 Uhr schon extreme Kundennähe, so ist die Rund-um-die-Uhr-Präsenz im Internet noch vorbildlicher. Autoradio-Einbau online klappt zwar noch nicht, aber das Adressverzeichnis listet einem die Filiale in der Nähe auf, so dass man auf den klassischen Wegen (Telefon oder Fax) schon einen Termin vereinbaren kann. Des Weiteren informiert die A.T.U.-Site über die Rahmenbedingungen der so genannten A.T.U.-Card, die bargeldlosen und bequemen Einkauf in jeder Filiale ermöglicht.

Automechanik.de

http://www.automechanik.de

Keine Ladenschlusszeiten, alle wichtigen Artikel schnell, bequem, übersichtlich, aktuell und last but not least zu einem besonders günstigen Preis: Die Homepage von automechanik.de fährt wahrlich schweres Geschütz auf, um seine Kunden restlos zufrieden zu stellen. Von Ersatzteilen über Pflegemittel bis hin zum „Car Styling" können Sie im „Shop" all das finden, was Ihr Lieblingsfortbewegungsmittel so braucht. Die „Box" versorgt Sie mit aktuellen Informationen, Tipps und Events, während die Abteilung „Joy" für gute Unterhaltung zuständig ist (unbedingt das Spiel „Racetrack 2002" ausprobieren!).

Autoverwertung 24

http://www.autoverwertung24.com

Auf dieser Site findet man Gebrauchtteile fast aller Autohersteller und Autotypen. Dabei sieht sich der User komfortablen und übersichtlichen Menüs gegenüber. Bei der Autoteilesuche brauchen Sie bloß den Hersteller und Modell des Fahrzeugs anzugeben sowie aus einer Vielzahl von Ersatzteilen das benötigte auszuwählen, schon erscheint eine Liste der angeforderten Artikel und Sie können selbige in ihren virtuellen Warenkorb legen. Für den Fall, dass das erforderliche Teil nicht vorhanden ist, können Sie sich im Menü „Händlersuche" auch direkt an den betreffenden Händler wenden. So sollten diesbezüglich bei Ihnen keine Wünsche offen bleiben.

Krupp Bilstein

http://www.bilstein.de

Dass wir heute bei höheren Fahrgeschwindigkeiten das Gefühl haben, immer sicherer voranzukommen, haben wir u.a. den Herstellern hervorragender Fahrwerke zu verdanken. Zu diesen darf sich auch Krupp Bilstein zählen. Bei Serienwagen und Rennern gehören sie zu den zuverlässigsten Ausstattern. Bei Bilstein weiß man genau, warum man sich im Motorsport engagiert: Das härteste Testlabor liegt immer noch zwischen Start und Ziel. Die Homepage führt durch die Unternehmensgeschichte ebenso wie durch die neuesten Entwicklungen und das aktuelle Programm.

Bosch Kraftfahrzeugausrüstung Handel

http://www.bosch.de/aad

Qualität aus dem Hause Bosch: Hier zeigt die große Marke, dass sie auch im Internet halten kann, was der Name verspricht. Die hervorragend konzipierte Site präsentiert Produkte und Serviceleistungen im Kraftfahrzeugbereich. Eine „Verwendungsdatenbank für Kfz-Produkte" lotst die Besucher sicher und problemlos durch das Angebot. Übersichtlichkeit und anwenderfreundliche Navigationssysteme sind die dicken Pluspunkte, mit denen sich Bosch auch auf dieser Website als kundenfreundliche Adresse auszeichnet.

Brose Fahrzeugteile GmbH & Co. Kommanditgesellschaft, Coburg

http://www.brose.de

Den meisten ist der Automobilzulieferer Brose unbekannt, obwohl Millionen von Autofahrern in aller Welt seine Produkte tagtäglich benutzen. Die Unternehmensgruppe Brose mit rund 4.700 Mitarbeitern und zehn Werken in Europa, Nordamerika und Asien ist führender Hersteller mechanischer, elektrischer und elektronisch gesteuerter Verstellsysteme für Automobilfenster, -türen und -sitze. Mehr als 40 Automobil- und Sitzhersteller werden weltweit mit Fensterhebern, Türmodulen und Sitzverstellern im Wert von über 2,2 Mrd. DM beliefert. Seit nahezu 80 Jahren steht der Name Brose für richtungsweisende Innovationen: So entwickelte das Unternehmen bereits 1986 einen Einklemmschutz für elektrische Fensterheber, dessen Elektronik ernsthafte Verletzungen beim unbeabsichtigten Betätigen des Fensterhebers vermeiden hilft. Die Brose-Website zeigt die neuesten technischen Entwicklungen und gibt Einblicke in die beispielhafte Erfolgsstory eines Unternehmens, das sich in den vergangenen zehn Jahren zum Global Player entwickelt hat.

CoverArt by Menn Werbetechnik

http://www.coverart.de

In einem neuen Glanz lässt CoverArt auch Ihren Geländewagen erstrahlen. Die ultimativen Reserverad-Abdeckungen von Menn Werbetechnik-Gesellschaft werden komplett aus hochwertigem, kunststoffbeschichtetem Gewebe gefertigt und sind mit Radlauffläche und eingenähtem Gummizug versehen. Die darauf aufgedruckten, wetterbeständigen Design-Motive stammen von namhaften Künstlern aus aller Welt und unterliegen weltweiten Schutzrechten. Absolutes Highlight des Angebots von CoverArt sind die Edelstahlcover, die wertvollsten Radabdeckungen aus dem Sortiment dieses Hauses: Ein hochglanzpolierter Edelstahlring mit integriertem Schloss und glänzender Platte aus massivem Hartkunststoff schützt Ihr Reserverad vor Diebstahl und verleiht Ihrem Off-Roader eine ganz persönliche Note. Und falls Sie Sonderanfertigungen mit der Abbildung Ihres Lieblingshundes, dem schönsten Urlaubsfoto oder vielleicht Ihrem Firmenlogo als Motiv wünschen, so macht sich CoverArt gleich ans Werk, Ihre Ideen umzusetzen.

D&W Online Shop

http://www.dundw.de

Mit leicht bekleideten Pin-ups präsentiert der D&W Online Shop sein sportliches Autozubehör. Was Leichtmetallfelgen oder abgedunkelte Heckleuchten mit großen Busen und knallroten Lippen gemeinsam haben, darüber kann sich jeder Mann selbst seine Gedanken machen. Wie dem auch sei: Im Web darf nach Herzenslust in der großen weiten Zubehörwelt geschlendert werden. Und neben bebilderten Listen der Artikel stehen stets auch kleine Bildchen mit hübschen Frauen in aufreizenden Posen. Wer nicht gerne online einkauft, kann sich die Adresse des nächsten D&W-Center heraussuchen.

Hella

http://www.hella.de

Es werde Licht – doch ohne Scheinwerfer geht das nicht. Gegründet 1899 als Spezialfabrik für Laternen, Scheinwerfer und Cornets, hat die Hella-Gruppe mit Stammsitz in Lippstadt heute weltweit über 35 Fertigungsstätten und 22.000 Mitarbeiter. Sie entwickeln und produzieren „Ideen für das Auto der Zukunft“: Eben nicht nur – und diese Erkenntnis gehört zu den Entdeckungen auf der Website – Frontscheinwerfer und Heckleuchten, sondern zunehmend komplette Baugruppen wie etwa die komplette „Nase“ eines Modells. Während das Design der Bildschirmseiten die bekannten Farben des Firmenlogos – blau und goldgelb wie das Licht – geschickt aufnimmt, sitzt das Angebot ungeschickt zwischen allen

Zielgruppen zu sitzen. Normale Konsumenten finden zwar Hinweise auf den Fachhandel sowie aktuelle Zubehör- und Aufrüstlösungen von Hella, dürfen aber nicht online bestellen. Klar zielgruppenorientiert sind dagegen die Stellenangebote sowie Informationen für potenzielle Zulieferer.

Import Performance Page

http://www.importperformancepage.com

Audi, BMW, Fiat, Honda, Hyundai, Mercedes, Porsche, Saab, Volkswagen, Volvo: welche Marke Sie auch immer präferenziell fahren, das Linkverzeichnis der rein englischsprachigen „Import Performance Page" hat für jeden etwas dabei. Ob Ersatzteile, Tuning oder Bestellkataloge – der Autoliebhaber kann aus einem vielfältigen Angebot wählen; wenn er möchte, kann er hier auch einem Autoclub beitreten oder sich die Homepage von anderen begeisterten Autofans anschauen.

JL-Fahrzeugteile:

http://www.jl-fahrzeugteile.de

Von A wie Auspuff, bis Z wie Zündkerzen – weit über 180.000 Artikel führt JL-Fahrzeugteile oder können innerhalb von zwei Tagen beschafft werden. Neben Auto- und Motorradersatzteilen bietet die Firma auch eine breite Werkzeug-Palette an, um die JL wohl von so manchem Heimwerkermarkt beneidet wird. Die stolzen Besitzer eines US-Imports brauchen nun auch nicht mehr langwierig und „für teuer Geld" die Ersatzteile für ihren Liebling in den USA zu ordern, denn auch hier kann JL-Fahrzeugteile schnell und günstig Abhilfe schaffen. Wie günstig genau, klärt sich durch eine Anfrage per Formular auf der Website, die umgehend beantwortet wird. Möchte man allgemein auf dem Laufenden bleiben, empfiehlt es sich, kostenlos und unverbindlich den E-Mail-Newsletter zu abonnieren. Eindeutiges Fazit: Service von A bis Z!

JOM Car Parts & Car HiFi

http://www.jom.de

Vom „Bunten Hund Jürgen" in blau über Einarmwischer bis zum Gewindefahrwerk ist bei JOM Car Parts alles zu haben. Das Angebot ist sehr übersichtlich gegliedert, denn die Artikelfülle wird dadurch bewältigt, dass die Suche mit dem Fahrzeugfilter für verschiedene Marken eingegrenzt wird. Ein besonderer Hit dürfte diese Seite vor allem für diejenigen sein, die aktiv Tourenwagenrennen fahren, denn in der STW-Rubrik findet sich die passende Ausstattung, um seine Konkurrenten in einer Staubwolke zurückzulassen. Die letzten Neuigkeiten von den Automessen werden gesondert präsentiert, und wer selbst einmal bei einer Messe dabei sein möchte, erfährt die nächsten Termine.

Küpper Gruppe

http://www.kuepper-gruppe.com

Die vier Unternehmen der Küpper-Gruppe wissen: Das Automobil ist sowohl Motor der Volkswirtschaft, als auch Produkt eines Prozesses ständiger Weiterentwicklung. Auf Deutsch, Englisch, Französisch und Spanisch präsentieren sich die Internetseiten der Firmen, die sich durch ihr unterschiedliches Leistungsspektrum perfekt ergänzen und Zeichen im Markt setzen. Geliefert werden Motoren, Getriebeteile sowie Fahrzeug- und Lenkungskomponenten – gefertigt im jeweils wirtschaftlichsten Produktionsverfahren. Als Vorgeschmack sind Fotos einiger der Fertigungsstücke abgebildet. Ein Link führt zu der Beschreibung eines Fertigungsverfahrens, so dass dem surfenden Interessenten Einblicke in die qualitativ hochwertige Verarbeitung gegeben wird. Wer weitere Informationen über das Unternehmen erhalten möchte, kann per Internet Kontakt aufnehmen.

Kneisner Technik Import

http://members.aol.com/ktimport

Preiswerte Edelstahl-Auspuffanlagen für moderne und klassische Autos, extra-weiche und maßgefertigte Autohauben in Showroom-Qualität und Oldtimer-Reifen für Autos und Motorräder sind nur ein Auszug des umfangreichen Angebotes von „Kneisner Technik Import", deren Site ein so mannigfaltiges Zubehör-Angebot bereithält, dass keinen Wunsch offen bleibt – und an dieser Stelle leider auch nicht alles aufgeführt werden kann. Lösungsvorschlag: Sie schauen einfach selbst vorbei!

Metzeler Motorradreifen

http://www.metzeler.de

Metzeler: Seit Anbeginn des Motorradzeitalters ist dieser Name ein Begriff. Sicherlich hätte sich Robert Friedrich Metzeler den Erfolg seiner Firma nicht träumen lassen, als er 1863 in München eine Handelsgesellschaft für Gummi- und gummi-elastische Waren eröffnete. Zu dieser Zeit war man von jeder Art von Motorisierung noch weit entfernt. Heutzutage dagegen, so erfahren wir aus der Firmen-Homepage, ist Metzeler ein Vorreiter auf dem Gebiet der Bereifungstechnik. Die Firma, die mittlerweile zum Pirelli-Konzern gehört, hat auch auf ihrer virtuellen Präsenz einiges zu bieten. Eine Bereifungsdatenbank erfasst die Reifenkombinationen, die in Deutschland gegenwärtig in Verbindung mit bestimmten Motorradtypen allgemein verwendet werden können. Wem das zu technisch ist, der kann sich Empfehlungen für gute Motorradtouren weltweit geben lassen. Falls dafür das Geld noch nicht reicht, bleibt immer noch der Bildschirmschoner zum Herunterladen als Trost.

JK Fahrzeugtechnik

http://www.mobile.de/jk

Manchmal ist weniger mehr. Diese Binsenweisheit gilt besonders, wenn es um qualitativ hochwertige Artikel geht. Der Porsche ist solch ein Luxusgut – ein schneller, mit exquisiter Technik ausgestatteter Rennbolide, an dem sich nur qualifizierte Hände zu schaffen machen sollten. Die Mechaniker der JK Fahrzeugtechnik haben solche Hände. Deshalb findet sich auf der Homepage des Karosseriefachbetriebes mit Sitz in Marienrachdorf bei Koblenz lediglich eine kleine aber sehr feine Auswahl dieser „Nobelschlitten", mit Bild und allen Daten versehen, die ein spontaner Käufer braucht. Sollten die eigenen Wünsche jedoch noch spezieller sein, kann bequem per Formular eine Suchanfrage eingegeben werden. Der Clou: Nicht der Kunde, sondern die Firma macht sich auf die Suche.

Off-Road-Part's Troegner

http://www.off-road-parts.de

Darf's auch etwas mehr sein? Diese Frage stellt sich bei Trögner sehr schnell, denn von der kleinsten Schraube bis zum kompletten Wagen mit allen erdenklichen Zubehörteilen ist hier alles zu haben, unabhängig vom Hersteller. Der Händler bietet an, alle Artikel noch am gleichen Tag per German Parcel oder Bahn bei minimalen Versandkosten zu verschicken, und damit wird das Angebot wirklich für Suchende aus dem ganzen Internet brauchbar.

OFTEC GmbH & Co KG

http://www.oftec.de

Hochwertige Autos haben hochwertige Lackierungen, das weiß jeder. Aber wer hat genaue Vorstellungen, wie sich diese bei der Anfertigung von minderwertigen unterscheiden? Wem sagen die Angaben etwas, die in den ebenfalls hochglänzenden Katalogen gemacht werden? Die Firma OFTEC ist ein Zuliefererbetrieb auch für die Automobilbranche und dort für die Produzenten kostspieligerer Wagen. Ferner war OFTEC so umsichtig, eine ausführli-

che wie verständliche Einführung in die Kunst des Lackierens im Internet bereitzustellen. Bei Fragen zum „schwachalkalischen Tauchentfetten" oder ähnlich kompliziert klingende Vorgängen wende man sich vertrauensvoll an diese Adresse!

P.A.R.C.

http://www.parc.de

Mit seinem fahrbaren Untersatz allein ist der Autoliebhaber natürlich kaum zufrieden zu stellen. Beim Anblick zahlreicher Preziosen in Form von aufwendigen Kalendern, Fotografien, T-Shirts und Postern macht das Herz jedoch einen Hüpfer. Diese werden in hochklassiger Qualität von P.A.R.C. hergestellt und vertrieben. Ein Blick auf die Homepage eröffnet die riesige Auswahl an Merchandising-Artikeln zu allen Fahrzeugtypen, egal welchen Jahrgangs oder Ursprungs sie sind. Der Geschenkservice bietet die Möglichkeit, den automobilistischen Fanartikeln noch exklusive Weine in Geschenkverpackung zukommen zu lassen.

PartsVoice: Autoteile Online

http://www.partsvoice.com/de

Für Autohändler und Spezialwerkstätten dürfte dieser international operierende Tauschverbund von höchstem Interesse sein. Alte Teile, die nicht mehr an das Werk zurückgeschickt werden können und das Lager unnötig belegen, werden hier angeboten. Insgesamt 35 Millionen Ersatzteile wurden so mittlerweile zusammengetragen und die Erfolgsgeschichten von glücklich vermittelten Komponenten lassen die Organisatoren in einem guten Licht erscheinen. Wer seine Kunden verblüffen möchte, sollte sich den Zugang zu dieser Fundgrube sichern. Die Suche kann nach der Teilenummer oder nach Beschreibung erfolgen.

Porsche-Shop

http://www.porscheshop.de

Ein Muss für jeden Porschefan! Diese elegante Seite bietet alles, was das Porscheverliebte Herz begehrt – von der Porschekrawattennadel über das Tennisracket bis hin zum Porsche-

Homepage P.A.R.C.

bike kann alles in den Warenkorb gelegt und online bestellt werden. Und wer sich seine Originalausführung des Carrera nicht ins Wohnzimmer stellen möchte, der nehme doch einfach eins der zahlreich angebotenen Modelle...

Steppacher

http://www.steppacher.de

Nur wenige Stunden braucht dieser Großhandel aus Singen, der sich auf Schrauben, Verbindungselemente und Drehteile spezialisiert hat, um Sie mit dem Gewünschten zu beliefern. Ein Mindestlagerbestand von über 500 Tonnen geprüfter Qualitätsware, die von A (wie ABC-Spax-Schrauben) bis Z (wie Zykonanker) reicht und eine computergesteuerte Verwaltung garantieren eine zuverlässige und schnelle Abwicklung aller Aufträge. Qualität, Zuverlässigkeit und die Erfüllung von Sonderwünschen aller Art sind bei Steppacher Standardleistungen, die u.a. die Automobilindustrie als langjähriger Stammkunde zu schätzen weiß.

Turan Motors

http://www.turan.de

Der Online-Versand von Turan Motors macht's möglich: Ordern Sie Ihre gewünschten PKW-Teile einfach und bequem von Ihrem PC aus. Ein Klick auf „shopping", und die Produktsuche kann beginnen. Des Weiteren beinhaltet der Service von Turan Motors Komplett-Inspektionen, TÜV, AU, Bremsen- und Stoßdämpferservice, Motor-, Getriebe- und Differenzialüberholung. Wenn Ihre Auto mal eine Reparatur oder Instandsetzung nötig hat, sind Sie hier goldrichtig.

Westfalia Online

http://www.westfalia.de/Shop

Wer behauptet, Westfalia habe alles, der hat einfach recht. Komplette Fahrzeuge gibt es nicht, aber sämtliche Ersatzteile und Zubehör-Werkzeuge, Textilgaragen, Winterbedarf und Unfallartikel bzw. Pannenbedarf. Dazu ist alles mindestens spottbillig und natürlich direkt online zu bestellen. Aber Vorsicht: Wer nicht aufpasst, bestellt auch noch ein paar Druckerpatronen, einen Hundenapf mit Namen und einen ISDN-Anschluss. Der alte Trick, möglichst wenig Bargeld zum Einkaufen mitzunehmen, nützt hier schon lange nichts mehr...

Weyer

http://www.weyer.de

Seit über 30 Jahren werden unter der Marke Weyer hochwertige Produkte rund um die Autopflege angeboten. Hier kann sich jeder Autoliebhaber umfassend über die Produktpalette der Firma Weyer informieren. Egal ob Mittel zur Lackpflege, Rostbehandlung oder Reparaturhilfe: Es wird das aktuelle Lieferprogramm angeboten. Die Webseiten sind knapp und ohne viel Dekoration und bieten einen schnellen Überblick über das Angebot. Für Freaks sind auch Sonnen- und Gepäckraumrollos, Radzierblenden und Tönungsfolien im Programm.

Wichmann GmbH

http://www.wichmann-os.de

Wichmann stellt Gelenkwellen her, und diese Arbeit mit Gelenken haben sie auch auf der Homepage wörtlich genommen. Man wird herzlich dazu eingeladen, einen Rundgang durch die verschiedenen Abteilungen wie die Hydraulikproduktion oder das obere Einzelteillager zu manchen, und dabei geht es wirklich rund. Wie bei Computerspielen kann man sich in den Räumen drehen und wenden, bis einem schwindelig wird. Von dieser netten Präsentation abgesehen gibt es aber auch nützliche Auskünfte über das Unternehmenskonzept und die Produktpalette.

Alternative Antriebe

Sparrow

http://www.estate-center.com/sparrow/index.html

Er sieht aus wie ein zerknautschtes, überdimensioniertes Überraschungs-Ei auf Rädern: der Sparrow. Dieses Auto ist „der“ City-Flitzer aus den USA und wird elektrisch angetrieben. Man muss unweigerlich schmunzeln, wenn man diesen Wagen, der wie eine dreidimensionale Zeichnung der Toon-Fabrik Roger Rabbits daherkommt, zum ersten Mal erblickt. Ein Scheinwerfer, drei Räder – das Ganze erinnert stark an die Miniautos (Messerschmitt Kabinenroller u.ä.) der 50er-Jahre, die Deutschland damals ein einzigartiges Straßenbild bescherten. Der Fahrspaß aus Übersee kommt nun auch nach Europa, unterstützt von einer großen Immobiliengesellschaft, unter deren Adresse der Sparrow auch „geparkt“ ist. Designer Mike Corbin ist jedenfalls überzeugt, dass sein Auto den Sprung ins 21. Jahrhundert symbolisiert. Schauen Sie selbst einmal vorbei und lassen sich von dem quicken Fun-Cruiser inspirieren. Zukunftsweisend ist die Sparrow-Site auf alle Fälle, da es dort quietschbunt, aber umso durchdachter und hinsichtlich des Designs als auch der Navigation äußerst professionell zugeht.

General Motors EV1

http://www.gmev.com

Und er steigt und steigt und steigt – die Rede ist vom Spritpreis. General Motors, seit jeher eine der progressiveren Firmen in der Automobilbranche, hat sich diese Missstandes angenommen und kann nun mit einer sowohl umweltfreundlichen als auch rassigen Lösung aufwarten: Dem EV1. Der Wagen vereint die rasante Optik eines Sportwagens mit der zukunftsweisenden Technologie eines Elektroautos. Nicht weniger rasant ist die dem EV gewidmete englischsprachige Website: In einem Design, das dem des Wagens in nichts nachsteht, präsentiert GM seine Vision der Zukunft. Dies beinhaltet Berichte von überzeugten EV-Fahrern (wie Marvin Rush, der maßgeblich an der Entwicklung der Star-Trek-Serien beteiligt ist) sowie eine Fotogalerie. Wer wissen will, was morgen unterwegs ist, sollte diese Seite besuchen.

Honda E-Auto

http://www.honda2000.com

Wer mit dem Gedanken spielt, sich in der nächsten Zeit einen Wagen der Marke Honda zuzulegen, der wird auf der englischsprachigen Website http://www.honda2000.com rundum mit Material versorgt, das ihm die Kaufentscheidung leichter machen soll. Doch hält die Site einen Link parat, der auch in unserer Adressenbeschreibung zu finden ist. Unter der angegebenen Adresse verbirgt sich ein ganz besonderes Gefährt, nämlich die Honda-Studie bezüglich eines E-Autos. Das elektrische Vehikel – vollständige Bezeichnung: „hybrid gasoline-electric personal coupé“ – sieht nicht nur schick aus, sondern markiert in seiner Funktion auch den Wendepunkt eines Branchenriesen hin zum umweltfreundlichen Fahrzeug, dem Quantensprung ins nächste Jahrtausend.

HPV: Human Powered Verhicles

http://www.hpv.org

Der Webraum des Human Powered Vehicles Deutschland e.V. bietet Infos rund um Velomobile, die vom Menschen und nicht von der Maschine angetrieben werden. Wer sich für solche Vehikel interessiert, sollte auf jeden Fall einen Blick auf diese Seite werfen und kann außerdem Begleitlektüre und CD-ROMs aus der Angebotsliste telefonisch bestellen.

PEDI GmbH

http://members.aol.com/pedigmbh/seite1.htm

Schnörkellos präsentiert sich die PEDI GmbH: Auf der Startseite findet man Informationen zur Firmengeschichte und -philosophie. Die Graf Carello Fahrzeuge sind Besonderheiten, denn sie werden elektrisch betrieben. 1976 vom österreichischen Erfinder Siegfried Graf konzipiert und zwei Jahre später mit dem ersten Mobil an die Öffentlichkeit getreten, hat man mittlerweile Ein-, Zwei- und Mehrsitzer im Programm. Das neueste Modell, „Easy Mobil" genannt, wird hier ebenso präsentiert wie die anderen Typen per Detailliste und Foto vorgestellt werden. Bis zu 18 km/h sind die E-Autos „schnell" und verfügen über eine Reichweite von ca. 60 km (ebene Strecke). Wenn Sie wollen, können Sie eine Probefahrt vereinbaren – online, versteht sich.

COMminiCation Elektrofahrzeuge

http://www.pils.de/~mkasch/commini.htm

Aus der eigenen Steckdose „tanken" und losfahren – das ist keine Utopie! Die Firma COMminiCation stellt Ihnen den „Evergreen" vor, rein äußerlich ein Mini, wie wir ihn alle kennen, mit unverwechselbaren Charme und sympathischen Design. Der „Evergreen" jedoch funktioniert per Elektroantrieb und erreicht auf diese Weise immerhin eine Höchstgeschwindigkeit von 120 km/h. Zum Aufladen reicht eine gewöhnliche 220 V Steckdose, die für eine Strecke von 100 km fünf Stunden in Anspruch genommen werden muss. Und der Energieverbrauch, der einem Benzinäquivalent von ca. 1,5 l Benzin entspricht, ist schlichtweg sensationell.

Arton

http://www.snafu.de/~arton

Fachleute bestätigen, dass der Rohstoff Erdöl in Zukunft ein extrem knappes und daher unbezahlbares Gut sein wird. Neue Wege müssen eingeleitet werden, Arton hat schon damit begonnen. Fahrspaß ohne Benzin und Abgase – das ist das Motto von Arton. Eine neue Generation von Automobilen mit elektrischem Antrieb, die für eine Strecke von 100 km nur den Energiegehalt von umgerechnet einem Liter Benzin benötigen, läuten einen neuen Abschnitt in der Ära der individuellen Mobilität ein. Sogar Shell und BP-Solar setzen mittlerweile auf Solarzellen-Energie – das könnte ein Hinweis darauf sein, sich mit der E-Auto-Thematik einmal näher zu befassen. Machen Sie den Anfang bei Arton. Übrigens: Auch in puncto Design ist Arton herkömmlichen Modellen schon einen Schritt voraus, wie die Fotos und Studien auf den Arton-Seiten belegen.

Think by PIVCO

http://www.think.no

Man stelle sich ein Fahrzeug vor, das maßgeschneidert ist für den Stadtverkehr, ökologisch verträglich und zugleich ökonomisch überzeugend. Unmöglich? Die Website des Elektroautos „Think" aus Norwegen belehrt Pessimisten eines Besseren. Im Think ist es möglich, seine Insassen bis zu 85 km weit zu transportieren, bevor ihm die Puste ausgeht. Selbst dann ist es ein Leichtes, den Wagen wiederzubeleben: das integrierte Ladekabel einfach in die nächste Steckdose stecken und fertig. Dies sind nur einige der Vorzüge, die Think bietet; die modern und visuell ansprechende Site lädt weiterhin zum Verweilen ein. Wahlweise in Englisch oder Norwegisch wird zum Beispiel von einer Testphase des Vorgänger-Modells im ÖPNV San Franciscos berichtet, die weltweit Aufsehen erregte. Aber lesen Sie selbst...

Twike

http://www.twike.ch

Die Firmen TWIKE AG und S-LEM S.A. haben sich zusammengeschlossen und eines der zauberhaftesten Geschöpfe auf Europas Straßen konstruiert. Es nennt sich ebenfalls Twike, ist ein komplett verkleidetes Dreirad für zwei Insassen und ermöglicht sanftes Fahren qua motorisiertem Stromantrieb und den Gebrauch durch „human power". Auf den Straßen der Schweiz ist das Gefährt bereits zugelassen und erfreut sich dort einiger Beliebtheit. In Bern kann man probeweise ein(en) Twike mieten und erste Freundschaft schließen. Immerhin finden bereits ganze Gruppenreisen und Rennen mit dieser absolut ökologischen Variante des Automobils statt. Ausführliche Reportagen sind hier nachzuschlagen.

Carbike Leichtfahrzeuge

http://www.w-4.de/~carbike

Eigentlich, so denkt man, hat sich doch am Automobil im Laufe seiner Geschichte wenig geändert: Sie sind immer noch benzinbetrieben und verdammt schwere Kolosse, laut und stinkend wie vor 100 Jahren – von der einen oder anderen Verbesserung im Fahrkomfort großzügig abgesehen. Dass aber im Verborgenen eine Menge getan wird, um das gesamte Wesen zu verändern, zeigt diese Homepage von ein paar ambitionierten Erfindertypen, die alles daran setzen, den Komfort zu erhalten und doch ein ganz neues Fahrzeug zu konstruieren. Das dabei entstandene Leichtfahrzeug wird nicht nur bereits von einer Familie genutzt, sondern auch ausführlich auf der Homepage vorgestellt. Gute Ideen brauchen Geld, und deswegen kann, wer möchte, gleich Gesellschafter werden.

Zebra Motors

http://www.zebramotors.com

Wer beim Gedanken an Elektroautos immer noch kleine, eckige Kästen im Kopf hat, die mit 15 km/h durch die Stadt surren, der hat den Fortschritt an sich vorüberziehen lassen. Von der Firme Zebra Motors mit Sitz in den USA werden inzwischen ansehnliche und recycingfähige Sportwagen mit Elektrobetrieb hergestellt, die im Preis endlich in die Nähe von herkömmlichen Autos gerückt sind. Auf der Homepage der Zebras wird das Modell Z in allen Einzelheiten gezeigt, dazu gibt es eine Reihe von Links, die in die Welt der Electric Vehicles („All About EV!") führen.

City-el

http://www-public.rz.uni-duesseldorf.de/~stupp/city-el/index.html

Tja, so sehen sie aus, die kleinen Flitzer mit dem alternativen Antrieb. City-el heißen die Gefährte, die aussehen wie ein Kabinenroller vergangener Tage und 50 km/h in der Spitze fahren können. Die Homepage versteht sich als ein „unabhängiges Forum", und wer sich über die E-Autos austauschen möchte oder mehr Infos haben will, der sollte einen Besuch dieser URL nicht versäumen.

Benzinpreise

Auto-Dünki AG

http://www.auto-duenki.ch/Benzinpreise.htm

Das gab's bislang noch nicht: Eine Tankstelle, die ihre Benzinpreise online schaltet. Die Auto-Dünki AG aus dem schweizerischen Neftenbach hat diese kolossale Lücke im Internet geschlossen und verkündet stolz die tagesaktuellen Kurse in Sachen Sprit. Super gibt's übrigens nicht mehr, praktischerweise werden dafür die Umrechnungstabellen DM/Franken mitgeliefert. Wer also bis nach Neftenbach fahren möchte...

Benzinpreis.de

http://www.benzinpreise.de

Ja, ja – die Ölmultis sind schuld: Ständig klettern die Benzinpreise, nur in den wenigsten Fällen purzeln sie. Schuld, so sagen dann die Ölmultis, hat die Regierung. Das stimmt meist nur bedingt, denn schließlich erhöht die Regierung die Besteuerung nicht immer unmittelbar vor den Ferien... Wie sehr die Preise für den Sprit steigen (oder fallen) kann man der sehr schönen Site von benzinpreise.de entnehmen. Hier wird minutiös aufgeführt, was die Autofahrer abführen – und zwar an sauer verdientem Geld. Das gesamte Werk liest sich dann wie ein Benzinpreisvergleich; man kann sehen, welche Regionen besonders teuer oder entsprechend preisgünstig sind. Doch vor der Übersichtlichkeit haben die Götter die Mitarbeit gesetzt: So ein Regelwerk kann nur entstehen, wenn möglichst viele mitmachen. Weswegen die Initiatoren der Site händeringend nach fleißigen Mitarbeitern suchen, die günstig (oder auch nicht) tanken und ihr persönliches „Tankstellenerlebnis" dann der ungeduldig harrenden Internetgemeinde verkünden. Das Formular zum Ausfüllen liegt auf der Homepage bereit. Na dann tanken Sie mal schön... Übrigens: Auch unter www.spritpreis.de lässt sich diese hübsche Tabelle einsehen.

Veedol präsentiert: cleverfahren.de

http://www.cleverfahren.de

Clever fahren, dabei sparen: So lautet das Motto dieser preissparenden Homepage. Die Veedol GmbH gibt nützliche Tipps, wie man kraftstoffschonend durch die Gegend braust – oder eben nicht. Es werden dazu Seminare online angeboten (in Kooperation mit dem Deutschen Kraftfahrzeuggewerbe) und jede Menge Tricks verraten, wie die eigene „Kiste" auf Vordermann gebracht werden kann – was sich umgehend in einem günstigeren Kraftstoffverbrauch niederschlägt. Wer's besonders sparsam liebt, der kann an den Sparmeisterschaften teilnehmen: Dem sparsamstem Autofahrer Deutschlands winkt ein VW Beetle als Hauptgewinn. Wer sparen möchte, sollte mit einem Besuch dieser URL nicht geizen. Wir ersparen Ihnen nichts: Deswegen auch das abschließende Lob für die exquisite Gestaltung dieser geldwerten Page.

Clever-tanken.de

http://www.clever-tanken.de

Na gut, Sie sind schon Autopilot im wortwörtlichen Sinne. Aber wollten Sie einmal etwas anderes pilotieren? Wie wäre es mit einem Job als Preispilot? Wie das geht? Ganz einfach: Sie tanken. Und das möglichst oft und an verschiedenen Stellen. Und teilen diese Ergebnisse mit. An die Homepage von clever-tanken.de. Andere tun das auch. Was dann entsteht, ist ein Netzwerk, das den Preisvergleich nicht scheuen braucht – weil es der große Benzinpreisvergleich schlechthin ist. Was Sie gewinnen können? Erfahrung und geldwerte Vorteile. Wenn's nämlich funktioniert, dann gehören Sie zu den Ersten, die erfahren, wo es Treibstoff besonders günstig gibt.

Europaweite Benzinpreise

http://www.oeamtc.at

Man klicke sich auf die Homepage des österreichischen Pendants zum deutschen ADAC, den ÖAMTC, und schon tut sich ein grenzüberschreitendes Nirwana in puncto Benzinpreise auf. Von Belgien und Bulgarien über Kroatien und Slowenien bis hinunter nach Ungarn (rein alphabetisch betrachtet) reicht die Tabelle mit Benzintarifen und Preisschwankungen. Für alle, die noch in den Urlaub fahren wollen, heißt das, dass man sich unbedingt die Rubrik „Reisen & Touristik", Unterrubrik „Reisen in Europa", Abteilung „Europa Info" anschauen sollte. Hier kann man übrigens wunderbar ersehen, wo der deutsche Benzinpreis im paneuropäischen Vergleich steht.

Mineralölfirmen

Agip

http://www.agip.de

Schon längst kann man an Tankstellen mehr als nur Benzin tanken. Das gilt auch für die Website des Ölmultis Agip, der in geradezu grandioser Weise italienische Lebenslust verbreitet. Lecker sind nicht nur die Kochrezepte für typische Speisen der Römer wie Carpaccio oder diverse Spaghetti. Appetit auf eine Italienreise macht auch ein lockerer Sprachkurs in zwei Lektionen: „Begleiten Sie die attraktive Touristin auf ihrer Urlaubsfahrt durch Italien". Dazu zapft Agip Informationsquellen zu den Regionen Italiens an, spendiert einen Wetterbericht und offeriert auch noch ein Gewinnspiel. Und bevor man es so recht merkt, ist ein Stündchen vor dem Bildschirm abgelaufen. Ach so: Natürlich fehlen auch Informationen zum Unternehmen inklusive Stellenmarkt sowie ein Verzeichnis von Agip-Stationen nicht.

Aral AG

http://www.aral.de

Online tanken ist bis jetzt noch nicht möglich – dennoch ist aral.de einen Blick wert. Die grafisch sehr ansprechende Website der größten deutschen Tankstellenkette hat einiges zu bieten: Im Aral-Store können Sie von der CD bis zur Straßenkarte alles online bestellen. Für Motorradfahrer interessant: Der „Biker Internet Club". Per E-Mail werden News, Tipps und Infos – stets aktuell – in Ihr Wohnzimmer serviert. Fürs Surfen durch das Aral-Angebot sollten Sie allerdings ein wenig Zeit mitbringen: Einfach unglaublich, was für eine Fülle von Angeboten hier zu finden ist. Da scheint es nur logisch, dass die Website von Aral bei dem Wettbewerb der Wirtschaftswoche „Die besten Internetadressen" unter den untersuchten Online-Angeboten der 500 größten deutschen Unternehmen einen respektablen achten Platz belegte.

Aral Waschstrassen

http://www.aral-waschstrassen.de

Auch Autos haben es verdient, dann und wann einen Ausflug zu einer Schönheitsfarm unternehmen zu dürfen. Die Waschstraßen von Aral bieten weit mehr als gewöhnliche Portalwaschanlagen. Sie sind empfehlenswerte Etablissements für jene, die ihre vierrädrigen Freunden mal wieder richtig einschäumen möchten. Die Homepage führt direkt zu den 29 Waschstraßen von Aral, wo man sich über die jeweiligen Leistungen, Preise, Anfahrtswege und Öffnungszeiten informieren kann. Die Pflegetipps fürs Innere und Äußere des Wagens helfen, den unterschiedlichen Materialien die rechte Aufmerksamkeit zukommen zu lassen, und das Pflegelexikon liefert Erläuterungen zu Stichworten wie „Aktivschaum" oder „Unterbodenkonservierung". Zu allen Punkten werden die probaten Mittel aus der Pflegeserie von Aral vorgestellt. Schließlich bleibt zu betonen, dass die Homepage auch durch ihre ansprechende grafische Gestaltung, die klare Gliederung und geringe Ladezeiten glänzt.

BP Amoco

http://www.bpamoco.com

Wenn zwei Benzinriesen wie BP und Amoco fusionieren und zu einem führenden Weltkonzern avancieren, gibt es großen Informationsbedarf für Aktionäre und Verbraucher. Die Homepage soll in Fragen über Investitionen, Produkte und Umwelt Klarheit schaffen.

BP

http://www.bpplus.com

Einer der größten Tankstellenbetriebe (natürlich auch gleichzeitig einer der größten

Mineralölmultis) stellt hier sein Angebot vor. Die aufwendig illustrierte Homepage informiert über den Firmenhintergrund, die Produkte und den Service. Als Extra-Bonus gibt es einen Tankstellen Wegführer und die BP-Card.

Castrol

http://www.castrol.com

Jedem Rennsportbegeisterten ist der Name Castrol ein Begriff. Und das kommt nicht von ungefähr; schließlich ist Castrol als Produzent von Motorenölen und Schmiermitteln schon seit der Entstehung der Formel 1 in den 20er-Jahren aktiv involviert. In diesem Jahr ist Castrol der offizielle Partner und Schmiermittellieferant des BMW-Williams-Teams, welches mit Ralf Schumacher und dem jungen Briten Jenson Button an den Start geht. Wie man auch dezidiert der Castrol-Site entnehmen kann. Ähnlich verhält es sich mit Motorradrennsport: Seit der Jahrhundertwende, also quasi seitdem es Motorräder gibt, ist Castrol ein enger Partner der Motorradindustrie. Auf Grundlage dieser Erfahrungen kann das Mineralölunternehmen auf insgesamt 160 Siege Castrol geschmierter Motorräder zurückblicken. Selbst im Powerboot-Racing läuft dank Castrol alles wie geschmiert!

Conoco/JET

http://www.conoco.com

JET gehört zum Mineralölkonzern Conoco, weswegen man mitunter im Netz ziemlich lange suchen muss, um JET zu finden. Dabei wäre ein Aufspüren der JET-Sites in Zeiten gestiegener Benzinpreise für bundesdeutsche Autofahrer (überlebens-)notwendig, schließlich kommt es derzeit auf jeden Pfennig an. Und für ausgewachsene Pfennigfuchser hat JET an jeder Zapfsäule etwas parat: Sprit, der in der Regel preislich immer ein wenig unter dem der Konkurrenz bleibt. Dazu das Branchenübliche: Frischware aus dem Shop, nett verpackt in kleinen Abteilungen. Wer außer zu JET noch etwas über die Firmenmutter Conoco erfahren möchten, hat hier die Gelegenheit dazu. Doch Vorsicht: Der Spaziergang über die Seiten kann aufgrund der Themenvielfalt ein wenig länger dauern.

DEA Mineralöl AG

http://www.dea.de

Hier kann man richtig auftanken. Die DEA Mineralöl AG zählt zu den führenden Mineralölgesellschaften in Deutschland. Innerhalb der RWE-DEA-Gruppe ist sie für Versorgung mit Rohöl, Mineralölverarbeitung sowie Verkauf von Mineralöl- und petrochemischen Produkten zuständig. Sprich: Einer der Ölmultis, was sich gleich auf der Homepage leicht feststellen lässt, denn die Menüleiste hangelt sich an einem Ölstrahl den Bildschirm runter. Was den normalen Autofahrer interessiert oder interessieren könnte, kann er bei DEA auch online anzapfen. Neben zahlreichen Fakten zum Konzern selbst auch beschwichtigende Informationen zum Benzinpreis, an dessen ärgerlichen Höhenflügen zu 75 % Vater Staat Schuld hat. Ein Routenplaner hilft online bei der Reiseplanung innerhalb Deutschlands, in der gemeinsam mit der Deutschen Verkehrswacht angelegten Mediathek können kostenlos Filme zur Verkehrserziehung angefordert werden, und im Online-Shop finden sich Baseballkappen und andere nette Artikel zu fairen Preisen. Wer mehr zu den Themen Petrochemie, Heizöl oder Schmierstoffe wissen möchte, ist ebenfalls bei DEA richtig.

Deutsche Shell AG

http://www.deutsche-shell.de

Die Deutsche Shell AG, Öl- und Benzinunternehmen, informiert Interessierte über die Welt des Öls und des Motorsports. Umweltthemen werden ebenso behandelt wie die aktuelle Konzernentwicklungen und Jobmöglichkeiten. Dazu gibt es einen Online-Routenplaner. Und als sei das alles noch nicht genug, engagiert sich die Firma mit dem Muschelsymbol neuerdings auch in Sachen Junioren: Die Shell-Jugendstudie(n) sorgen in schöner Regelmäßigkeit für Aufsehen in Presse, Funk und Fernsehen. Und jetzt auch im Internet. Ganz schön clever, denn schließlich ist die Jugend von heute die Shell-Kundschaft von morgen.

Elf Aquitaine

http://www.elf-oil.de

Ein freundliches „Bonjour bei Elf" ist das Erste, was dem Surfenden entgegenstrahlt, bevor er automatisch auf die eigentliche Homepage der Firma Elf Aquitaine weitergeleitet wird. Diese Site ist ihrer Zeit voraus: Mittels Java werden Pop-up-Menüs (im Wortsinne fließende Texte) und andere Raffinessen in Szene gesetzt. Eine Sitemap zwecks schneller Navigation erleichtert das Auffinden von Inhalten. Schnelligkeit war schon immer eine der Stärken von Elf, so wuchs die Firma innerhalb eines Vierteljahrhunderts nach ihrer Gründung zu einem der führenden Weltkonzerne heran. Des Weiteren ist Elf Fördermitglied des „Industrie-Verbandes Motorrad Deutschland e.V. (IVM)" sowie Produzent von Motorrad- und Automobilschmierstoffen wie Motoren- und Getriebeöle, Schmierfetten u.ä. – ein Programm, das durch permanentes Engagement in der Forschung erst möglich gemacht wurde.

Esso

http://www.esso.de

Den Tiger packt Esso schon lange nicht mehr in den Tank – diese Reklame hat zu Ärger mit Tierschützern geführt. Doch der Tiger ist nach wie vor das Markenzeichen des Mineralölkonzerns, dem die Website einen eigenen Bereich widmet, in dem über das Engagement der Esso-Mutter Exxon in Sachen Schutz lebender Tiger berichtet wird, aber auch Tiger-Cartoons für Heiterkeit sorgen. Weitere Online-Dienstleistungen sind eine Tankstellen-Datenbank, Infos zu Benzinsorten und modernen Ölheizungen sowie Geschäftsberichte und Unternehmensdaten. Sportsfreunde sprechen die Seiten über das Motorsport-Engagement von Esso an, und zwei kleine Beigaben sind mit installiertem Shockwave-Plug-In nutzbar: das große Urlaubsspiel und die virtuelle Tankstelle. Apropos: Das Dach einer Tankstelle mit dem Tiger obendrauf schwebt über jeder Bildschirmseite.

Fina

http://www.fina.de

Hier finden Sie neben einer Städte-Suchfunktion für alle Fina-Tankstellen in Deutschland Erläuterungen über das Unternehmen in relevanten Geschäftsberichten und über weitere Serviceangebote für Mineralölprodukte und petrochemische Erzeugnisse.

Mobiloil Deutschland

http://www.mobiloil.de

Da kann der Tankwart einpacken: Der digitale Ölexperte von Mobil gibt online Empfehlungen, welche Sorte dem Motor schmeckt, und im Schmierstofflexikon wird detailliert verraten, was alles in guten Ölen steckt. Zwei starke Seiten einer Website, die es nicht bei Werbung belässt. Denn als Sponsor des Motorsports serviert Mobil Rennfans auch noch aktuelle Berichte aus der Welt der Bleifüße von Formel 1 und GT-Rennen. Leider ist das digitale Angebot ein recht komplexes Gebilde mit animierten Menüs und automatisch aus Datenbanken generierten Seiten. Deshalb läuft nicht immer alles wie geschmiert.

Deutsche Pentosinwerke GmbH

http://www.pentosin.de

Die Firma Pentosin stellt Schmierstoffe, Brems- und Hydraulikflüssigkeiten her. Die Website enthält vor allem zwei interessante Aspekte: Zum einen kann man sich genauer über die Produkte informieren und einsehen, welche der verschiedenen Bremsflüssigkeiten für welchen Einsatz zu empfehlen sind. Zum anderen wird die Verbraucheraufklärung in den Mittelpunkt gestellt. Bekanntermaßen handelt es sich bei diesen Rohölerzeugnissen um ökologisch sehr problematische Stoffe. Wie genau mit diesen Materialien umgegangen wird, um sie bei der Produktion sowie der Entsorgung nicht an die Umwelt abzugeben, wird hier ausführlich und verständlich erklärt.

Total

http://www.total.de

Der Vertrieb von Mineralölstoffen ist das Kerngeschäft der Total GmbH. Chemische Stoffe wie Kleber gehören auch zum Konzern, werden aber durch Tochtergesellschaften vertrieben. Die Rubrik Umwelt informiert über die umweltorientierte Philosophie.

Tankstellen

Biodiesel Suchdienst

http://www.biodiesel.de/suche.htm

Mit dieser kleinen Suchmaschine können Sie schnell die Biodiesel-Tankstelle in Ihrer Nähe ausfindig machen. Sie könne über Namen und/oder Postleitzahlen die Suche starten.

DOS TASK Technology AG – Tankstellensysteme

http://www.dostask.de

Die Firma DOS TASK hat in den vergangenen zwei Jahrzehnten über 16.000 Zapfsäulen installiert und darf mit Recht als erfahrener Anbieter auf diesem Gebiet angesehen werden. Die Firma bietet nicht nur Tanksäulen, die in vorhandene Systeme eingebaut werden, sondern ganze Tankstellen, ganz gleich, ob unbemannt oder mit Personal. So reicht das Programm von der Videoüberwachung über die Waschanlage bis zum Shopping. Die Daten können dokumentiert und gespeichert werden und sind als aktuelle Managementinformation jederzeit verfügbar. Die Darstellungen auf der Homepage sind so umfangreich, dass sie die Qualität eines ersten Beratungsgespräches haben.

Original 010: Tankkartenanbieter

http://www.dvz.de/original/org010.htm

Bargeldlose Bezahlung wird heutzutage immer wichtiger. Vor allem an Tankstellen setzen viele Firmen und Privatleute auf Plastikgeld. Welche Firmen Tankkarten anbieten und in welchen Bereichen diese Karten gelten, lässt sich hier in Erfahrung bringen.

Eller Montan Tankstellen

http://www.eller-montan.de

Eingebunden in eine durch Kohle und Stahl geprägte Region gründete Max Ernst Eller im Jahre 1917 ein Unternehmen, das heute in Nordrhein-Westfalen ein dichtes Tankstellen-Netz aufgebaut hat. In den Anfängen bestand die Unternehmenstätigkeit aus dem Handel von technischen Produkten für den Bergbau und Schmierstoffen. Das bei der Verkokung im Bergbau anfallende Benzol wurde erstmals 1919 als Motorenbetriebsstoff gehandelt. Im gleichen Jahr wurden die ersten fahrbaren Zapfstellen aus Belgien importiert. 1923 eröffnete sie die erste öffentliche Straßentankstelle Deutschlands in Duisburg. Die verschiedenen Filialen können auf der Landkarte in die eigene Route eingeplant werden. Wer sich für den Umweltschutz auf der Tankstelle interessiert, erfährt hier mehr.

Esso-Stationen im Internet

http://www.esso-tankstelle.de

Wer den Service einer Esso-Tankstelle in Anspruch nehmen will, aber nicht weiß, wo sich die nächste befindet, sollte diese Datenbank in Anspruch nehmen, die nach Städten, Postleitzahlen und Straßennamen die gewünschte Esso Station sucht.

Jet-Tankstelle Essen A.Weimer & D.Sauerbier GmbH

http://www.jet-essen.de

Jet gehörte seit jeher zu den Tankstellen(ketten), die ihren Kraftstoff arbeitnehmerfreundlich, weil preisgünst(iger), anbieten. Die Jet-Tankstelle Essen bildet da keine Ausnahme. Von Weimer und Sauerbier betrieben und zu einer GmbH umfunktioniert gibt's den Preiskampf gegen den Benzin-Jetlag jetzt auch in Form einer Cybertankstelle im Netz. Nach der futuristischen Startseite geht es auf den restlichen Seiten zwar etwas konservativer zu, dennoch bleibt das Hauptmerkmal der Preis. Und der ist in Essen derzeit besonders heiß, da besonders günstig. Also: vorbeigeschaut und aufgetankt!

Billigtankstellen in Österreich

http://www.oeamtc.at

Der ÖAMTC ist in vielerlei Hinsicht vorbildlich. U.a. auch darin, dass die Österreicher auf ihrer Homepage viele Tankstellen nennen, wo das Tanken besonders zu empfehlen – weil preiswert – ist. Man wählt „Reisen & Touristik", folgt dem Pfad über „Europa Info" und gelangt so „Treibstoffpreise in Europa", von wo aus ein Link zu den billigen Jakobs in puncto Sprit führt. Und dort kann man sich das Bundesland seiner Wahl aussuchen und dann erhält man städte- bzw. ortsweise die Anzahl der Tankstellen mit Adresse und den aktuellen Tarifen aufgelistet.

Georg Oest Mineralölwerk & Tankstellen

http://www.oest.de/oestind.htm

Die Oest Firmengruppe Freudenstadt besteht aus einem Mineralölwerk, 120 Tankstellen unter dem Namen AVIA und einem Maschinenbauzweig. Man wird eingeführt in die Struktur des Konzerns und findet hier die Kontaktadressen.

Autobahn Tank & Rast AG

http://www.tank.rast.de

Hier gibt's den rasenden Geldsack. Kein Scherz, auf den Seiten der Autobahn Tank & Rast GmbH flitzt tatsächlich ein kleiner gelber Geldbeutel auf zwei Rädern über die Startseite. Die Tank & Rast GmbH ist die Gesellschaft, unter deren Dach sich viele Tankstellen entlang den Autobahnen versammelt finden. In Zahlen ausgedrückt bedeutet das, dass der Konzern in 1998 Umsatzerlöse von über 370 Mio. DM einfuhr, allein die Personalkosten schlugen mit rund 41 Mio. DM zu Buche – und das bei über 520 Mitarbeitern. Rund 330 Tankstellen finden sich im weit verzweigten Netz, im Internet hält man hier an, um Infos zu tanken. Neben den Statistiken gibt es einen Serviceteil, der neben einem Tankstellen- und Raststättenverzeichnis auch noch Wetter und Straßenzustände beinhaltet.

Aral Tankstellen

http://www.tankstelle.de

Wenn Sie mal wieder eilig tanken müssen, hilft Ihnen diese Website vielleicht, eine passende Tankstelle zu finden. Eine Suchfunktion findet sofort alle Aral-Tankstellen in Ihrer Nähe. Natürlich gibt es auch einen Link zur offiziellen Aral-Homepage. Netter Gag am Rande: Achten sie einmal darauf, welchen Domainnamen sich die Aral AG hierbei hat sichern lassen...

Impressum

Die Deutsche Bibliothek – CIP-Einheitsaufnahme

deutsche-internetadressen.de – Auto & Motor online/
hrsg. von Jörg Krichbaum und Jens Fricke
1. Auflage, Köln: Arcum Verlag, 2000
ISBN 3-930912-55-4
NE: Krichbaum, Jörg [Hrsg.]; Piskar, Petra [Ill.]

1. Auflage

Printed in Germany.

Idee und Konzeption:
Jörg Krichbaum, Köln
Endredaktion: Jens Fricke
Grafik: Petra Piskar, con-dere, Köln
Herstellung: Druckhaus Maack, Lüdenscheid
Gedruckt auf Profistar 150 gm^2.